浙江茶叶气象

娄伟平　孙　科　编著

内容简介

本书主要论述了以下几个方面的内容：一是在分析春季茶叶生产与气象条件关系的基础上，建立了分茶树品种的茶叶经济产出模型；二是从茶叶品质与气象条件的关系着手，提出了茶叶气候品质认证方案；三是针对春季霜冻已成为浙江省茶叶生产的主要气象灾害，提出了分品种的春季茶叶霜冻灾损评估方法和霜冻风险分析，并在此基础上设计了茶叶霜冻农业保险产品和茶树品种搭配方案；四是分析了茶叶冬季低温冻害、春季霜冻、高温、干旱等茶叶气象灾害的时空变化，探讨了茶叶气象灾害防御措施。

本书可供茶学、农业气象学科技工作者及茶叶管理、生产部门参考。

图书在版编目(CIP)数据

浙江茶叶气象/娄伟平，孙科编著．—北京：气象出版社，2013.12

ISBN 978-7-5029-5868-8

Ⅰ.①浙…　Ⅱ.①娄…　②孙…　Ⅲ.①农业气象-关系-茶树-栽培技术　Ⅳ.①S16②S571.1

中国版本图书馆 CIP 数据核字(2013)第 309976 号

Zhejiang Chaye Qixiang

浙江茶叶气象

娄伟平　孙　科　编著

出版发行：气象出版社

地　　址：北京市海淀区中关村南大街 46 号　　**邮政编码**：100081

总 编 室：010-68407112　　**发 行 部**：010-68409198

网　　址：http://www.cmp.cma.gov.cn　　**E-mail**：qxcbs@263.net

责任编辑：吴晓鹏　杨柳妮　　**终　　审**：章澄昌

封面设计：博雅思企划　　**责任技编**：吴庭芳

印　　刷：北京京华虎彩印刷有限公司

开　　本：700 mm×1000 mm　1/16　　**印　　张**：12.25

字　　数：226 千字

版　　次：2013 年 12 月第 1 版　　**印　　次**：2014 年 4 月第 4 次印刷

定　　价：48.00 元

序 一

茶叶生产、茶叶品质与天气气候条件息息相关。浙江地处亚热带季风气候区，境内以丘陵山地为主，适宜的天气条件和丰富多样的气候资源十分适合茶叶种植，是我国最重要的茶叶产区之一。浙江同时也是气象灾害多发、频发的省份之一，受西风带和东风带天气系统的双重影响，冰雪、寒潮、干旱、台风、暴雨、高温等气象灾害在一定程度上影响着茶叶经济和茶叶产业的发展，每年因天气灾害造成的茶叶行业损失可达数亿元。但与此同时，合理开发和利用天气气候条件，充分发挥气象“趋利”作用，可以极大地促进茶叶产业效益的提高和名特优茶叶的培育发展。

为进一步加强天气气候条件与茶叶生产的相关性研究，着力提升茶叶气象服务水平，新昌县气象局娄伟平博士等科研人员历时数年，进行了大量的气象与茶叶生长、品质影响的观测、调查、分析和试验工作，深入分析了茶叶生长与气象条件的关系、茶叶冻害指标、开采期预报、茶叶鲜叶成分与气象要素的关系、茶叶气候品质认证、茶叶政策性农业保险产品设计、茶叶气象灾害分布及变化趋势等，编写完成了《浙江茶叶气象》一书。在此，谨代向付出辛勤劳动的专家和研究人员表示衷心感谢，向本书的出版表示祝贺。

相信本书的出版，将为全省合理布局茶业生产、有效减少茶农损失、优化提升茶叶品质提供重要参考。对于进一步做好茶叶气候区划布局以及防灾减灾、趋利避害服务等具有很好的借鉴意义。也衷心希望气象工作者在服务茶叶生产的实践中继续加强研究，进一步丰富茶叶气象服务产品、创新茶叶气象服务方式、提升茶叶气象服务质量，为强化茶叶防灾减灾和趋利避害能力、提升茶叶品质和行业效益作出新的贡献。

浙江省气象局 黎健

2013年12月6日

序 二

案头放置着一本书稿，名为《浙江茶叶气象》，这是新昌县气象局娄伟平同志历经数年潜心研究，结合实践探索与理论钻研而写成的一本专业书籍。全书共分10章，细细阅览之，有茶叶与气象的关系分析，有各种数据的详尽体现，有趋利避害的方案设计，分析鞭辟入里，数据全面鲜活，方案因地制宜、切实可行，字里行间足可见作者对此书的用心之细，用功之深。

曾有诗云："茶香山高云雾质，水甜幽泉霜雪魂。"茶叶自生长到采摘完全处于露天状态，其色、香、味与温度、湿度和光照等气候条件休戚相关。生活中便有不少这样的谚语，如"要想茶叶好，三晴三雨最为妙"、"春雨绵、茶发尖，夏雨少、发不了"等等。早在唐代，茶圣陆羽就总结出"阳崖阴岭"的环境最适合茶叶生长，宋代学者也曾指出茶树"畏日、畏寒"，不宜太阳直射，适宜于多雾露、气候冷凉的山区，所谓"高山云雾出好茶"便是此理。到了近现代，虽然茶叶生产科技含量与日俱增，但气候依然是制约茶叶尤其是名优茶发展的重要因素之一。

气候之于新昌茶叶发展的影响，尤为明显，这源于新昌这方土地特殊的地理环境和气象条件。一方面，新昌位于龙井三大产区之一的越州产区，被天台山、四明山、会稽山三山环抱，境内红壤广布、气候温和、雨水丰富，山中常年云雾缭绕，是种茶产茶的天然胜境。新昌茶叶发轫于汉代，而盛兴于六朝隋唐，自宋以来皆居全国产茶大县名列。20世纪80年代，新昌"天坛牌"珠茶曾获得西班牙马德里第23届世界优质食品评比会金奖，被誉为"绿色珍珠"。90年代以来，新昌茶叶生产果断转型，由"圆"到"扁"，走上了名优之路，抢占了市场先机，先后成为中国名茶之乡、全国十大重点产茶县、全国茶叶标准化示范县和全国茶叶科技创新示范县。区域品牌"大佛龙井"也从无到有，从弱到强，蝉联浙江省十大名茶，荣获中国著名品牌、全国农业名牌产品，并成为全国首个龙井茶类中国驰名商标。目前全县近1/3的农业产值和近1/7的农民人均收入源自茶叶。另一方面，新昌地属亚热带，处于中、北亚热带过渡区，同时又具有典型山地气候特征，一年四季气候分明，水平、垂直方向差异明显。春季常低温霜冻，夏季易高温少雨，灾害性天气较为频繁，往往会对名优茶的生产时间和茶农的经济收入带来不利影响。

为此，娄伟平同志与新昌县气象局的同事们多年来一直致力于开辟茶叶气象服务新路径，积极开展茶叶防雪霜冻试验、气候品质认证，为茶农提供冻害指数、采摘指数、开采期和高温干旱等精细化气象预报，默默无闻、日复一日地为新昌茶叶发展贡献着、付出着。为使茶叶气象服务经验在更大范围内得到推广，娄伟平同志又在全面梳理历史气象数据的基础上，总结工作经验，探索自然规律，多年笔耕不辍，终于写成《浙江茶叶气象》一书。虽非煌煌巨制，亦无华美装帧，但内容翔实、有理有据，可指导，可应用，可操作。希望通过本书的出版，能真正帮助全国各地合理利用气候资源，提高茶叶经济效益，成为茶农增收致富的指南针、好帮手。

新昌县人民政府 梁理明

2013 年 12 月 18 日

前 言

浙江省国土面积的70%为山区，适宜发展茶叶生产，是我国茶叶生产最大的省份之一。20世纪90年代以来，随着农业结构调整，各地不断引进推广优良早发茶树品种，大力发展绿茶，绿茶出口量占全国绿茶的50%以上，其中浙江省已成为全国乃至世界上最大的绿茶生产地和出口大省。生产茶叶已成为浙江省山区农民的主要经济收入来源。2007年浙江省人民政府把茶叶列为新一轮重点扶持的十大主导产业之一。

浙江省位于中低纬度的沿海过渡地带，地形起伏较大，同时受西风带和东风带天气系统的双重影响，冰雪、寒潮、干旱、高温等各种气象灾害频繁发生，影响和制约了茶叶经济发展。同时随着茶叶产业化、规模化和精品农业、效益农业建设，单位面积产出有了较大提高，气象灾害造成的茶叶经济损失也越来越大。因此，开展茶叶气象研究对各地因地制宜发展茶叶生产具有十分重要的意义。

作者从20世纪90年代开始从事茶叶气象服务工作，针对浙江省茶叶生产从以前的夏秋大众茶生产为主转为名优茶生产，以及茶叶经济价值增加的同时受气象条件的影响越来越大，采取边研究边应用的方法，开展名优茶生产的相关茶叶气象研究。本书内容为作者多年从事茶叶气象研究的结果。

全书共分10个章节：第1章简要概述了茶叶生产情况、茶叶生长对气象条件的要求和浙江省茶叶气候资源分布；第2章介绍了春季气象条件对茶叶生产的影响，建立了春季茶叶经济产出模型；第3章介绍了气象条件对春茶生化成分的影响，设计了茶叶气候品质认证方案；第4章介绍了浙江省冬季低温冻害的空间分布；第5章介绍了春季茶叶霜冻灾害指标、茶叶霜冻经济损失率评估方法和基于遥感技术的茶叶霜冻经济损失率评估方法；第6章定义了茶叶霜冻风险度，介绍了浙江省以县为单位的霜冻风险度和新昌县精细化到100 m×100 m网格点的霜冻风险度，设计了茶叶霜冻农业保险产品，分析了气候变化对茶叶霜冻风险的影响，介绍了根据各茶树品种霜冻风险度大小进行茶树品种搭配方案；第7章介绍了浙江省7—9月高温、干旱的空间分布；第8章介绍了浙江省茶叶冬季低温冻害风险、春季霜冻风险、春季气温对采摘期的影响、高温风险、干旱风险的时间变化趋势；第9章介绍了覆盖防霜冻、风扇防霜冻、遮阳网覆盖防高温干旱等茶叶气象灾害防御技术；第10章介绍了浙江省茶叶冻害服务系统；最后，附录针对茶叶气象服务需要介绍了茶叶气象采摘指数和霜冻指数、茶叶观测方法。

本书第1章到第9章及附录由娄伟平撰写，第10章由孙科撰写。孙科制作了书中的全部插图，娄伟平完成了最后的统稿工作。

我们在撰写本书过程中，得到了浙江省气象局、绍兴市气象局领导和专家，南京信息工程大学邱新法、申双和、缪启龙等教授以及浙江大学屠幼英教授的指导，并得到了陈海燕、赵慧娟、林迢等同志的大力帮助。此外，在编写过程中，先后得到诸晓明、王东方、吉宗伟、吴利红、孙利育、梁红、石梦千、石品铨、邓盛蓉、陈文尧、周永忠、黄建明、庞盛荣的帮助。在此一并表示感谢。

由于编著者水平有限，书中难免存在不当之处，敬请读者批评指正。

娄伟平

2013年10月

目　录

第1章　浙江省茶叶气候概况

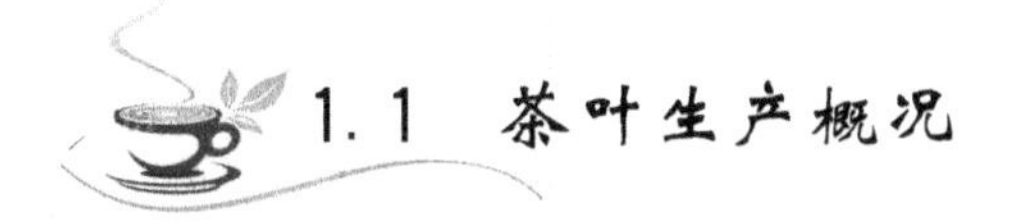

1.1　茶叶生产概况

1.1.1　世界茶叶生产情况

茶树[*Camellia sinensis*(*L.*)*O. Kuntze*]属于山茶科山茶属的一种，为多年生常绿木本植物。中国的西南地区，包括云南、贵州、四川，是茶树原产地中心。

人类发现和利用茶树，最早是采自野生，用作药用。按照《神农本草经》中的记载推算，中国利用茶已有五六千年的历史。随着茶树从药用发展为饮用，野生茶树已不能满足需要，人们或采茶籽，或掘取野生茶苗进行栽培和繁殖。根据东晋(317—420 年)常璩所著的《华阳国志・巴志》记载推断，在公元前1000 多年已经有人工栽培茶树，因此茶树栽培距今已有 3000 多年历史。

茶树在中国的传播，首先从四川传入当时政治文化中心陕西、甘肃一带，但由于自然条件的限制，不能大量栽培。秦汉以后，茶树由四川传到长江中下游一带，由于地理气候上的有利条件，逐渐取代了巴蜀在茶业上的中心地位。

到了唐、宋时期，茶叶已成为日常不可缺少的物品。茶叶产区遍及四川、陕西、湖南、湖北、福建、江苏、浙江、安徽、河南、广东、广西、云南、贵州等 14 个省区，几乎与近代茶区相当，达到了有史以来的兴盛阶段；同时，茶叶从一种地区性的小农生产变成了一种全国性的社会经济、社会文化的产物。统治阶级制定了各种制度来控制茶叶的生产、贸易、税收等。自此，茶叶的生产作为一种产业逐渐普及、发展起来。

6 世纪下半叶，随着佛教界僧侣的相互往来，茶叶首先传入朝鲜半岛；唐代中叶(805 年)，日本僧人最澄和尚来中国浙江省天台山学佛，回国时携带茶籽种于日本滋贺县，这是中国茶种传向国外的最早记载。1684 年，德国人由日本输入茶籽在印尼的爪哇试种，没有成功。又于 1731 年从中国输入大批茶籽，种在爪哇和苏门答腊，自此茶叶生产在印尼开始发展起来。印度于

1788年由中国首次输入茶籽，但种植失败。1834年以后，英国资本家开始从中国输入茶籽，雇用熟练工人，在印度大规模发展茶叶种植。之后，又相继在斯里兰卡、孟加拉等地发展茶场。19世纪50年代，英国利用其殖民政策，在非洲的肯尼亚、坦桑尼亚、乌干达等国开始种茶，至20世纪初，茶业在非洲已具有相当规模。俄罗斯于1833年由中国引入茶苗在黑海东部的格鲁吉亚种植，经过30多年试验，于1883年开始大面积发展，20世纪以后，格鲁吉亚已成为茶叶生产的主要区域。

1.1.2 浙江省茶叶生产概况

浙江省不仅是一个古老的茶区，而且也是中国茶文化发源地之一。世界上的第一部茶叶专著——《茶经》，就是我国茶圣陆羽隐居湖州苕溪时所著。

浙江省产茶始于东汉时期(25—220年)天台山。隋代以后，日渐有名。到了唐代，茶区遍及全省大部分地区。唐代陆羽《茶经》"八之出"中写道："浙西以湖州上，常州次，宣州、杭州、睦州、歙州下……浙东以越州上，明州、婺州次，台州下。"宋代高似孙在《剡录》中说："越产之擅名者，有会稽之日铸茶、山阴之卧龙茶、诸暨之石览岭茶、余姚化安之瀑布茶、嵊县之西白山瀑布茶……而以日铸茶为著。"

浙江省古代茶叶贸易在唐代以后渐多记载，据唐人杨晔《膳夫经手录》所载，当时各地所产茶叶都形成了各自相对固定的运销路线和市场，浙江省婺州及邻省歙州、祁门、婺源方茶"制置精好，不杂木叶"。据《唐国史补》记载："常鲁公出使西番，烹茶帐下。赞普问曰：'此何物'，鲁公曰：'涤烦解渴，所谓茶也'。赞普曰：'吾亦有'。遂命出以指曰：'此寿州者，此舒州者，此顾诸者……'"可见浙江省茶业在唐代已出现边销。

大约在18世纪初，浙江省茶叶开始出口。道光22年(1842年)开放五口通商，当时浙江省出口茶叶达4万吨，其中通过宁波这个茶叶外销口岸出口的珠茶和其他红绿茶达2万吨。据记载，1869—1879年，在中国销美绿茶中，约半数以上为浙江省所产的平水珠茶。1912年，全国出口绿茶达1.55万余吨，其中浙江省出口为1.3万余吨。根据《中国实业志》记载，1933年浙江省茶园面积为3.5万公顷，产茶为2.2万吨，其中绿茶占86%，红茶占14%。抗日战争期间，茶业衰落。1949年，全省茶园面积仅为2.12万公顷，产茶仅为6600吨。

新中国成立后，浙江省茶叶生产获得了快速发展。2010年全省茶树种植面积达270万亩*(见图1.1)，产量达16.6万吨，产值达86亿元，居全国首位。

---

* 1亩≈666.67平方米。

1990年以前，浙江省茶树种植品种以鸠坑等本地传统茶树品种为主，茶树在3月下旬至4月中旬进入开采期，茶叶生产以4—9月的茶芽生产珠茶为主。1990年以来，随着浙江省农业结构调整，农户的茶叶生产从珠茶生产转向生产期在2月下旬到5月上旬价格在200元/kg以上的名优茶生产，到2010年春季名优茶总产量达6.5万吨，产值达78亿元，占2010年浙江省茶叶总产值的90.7%。名优茶上市越早，价格越高，一批早发茶树良种被大面积推广。进入21世纪，浙江省茶树种植品种分为3类：以乌牛早茶树品种为代表的在2月中旬到3月中旬进入开采期的早发品种，以龙井43茶树品种为代表的在3月上旬到3月下旬进入开采期的中发品种，以鸠坑茶树品种为代表的在3月下旬到4月中旬进入开采期的迟发品种。

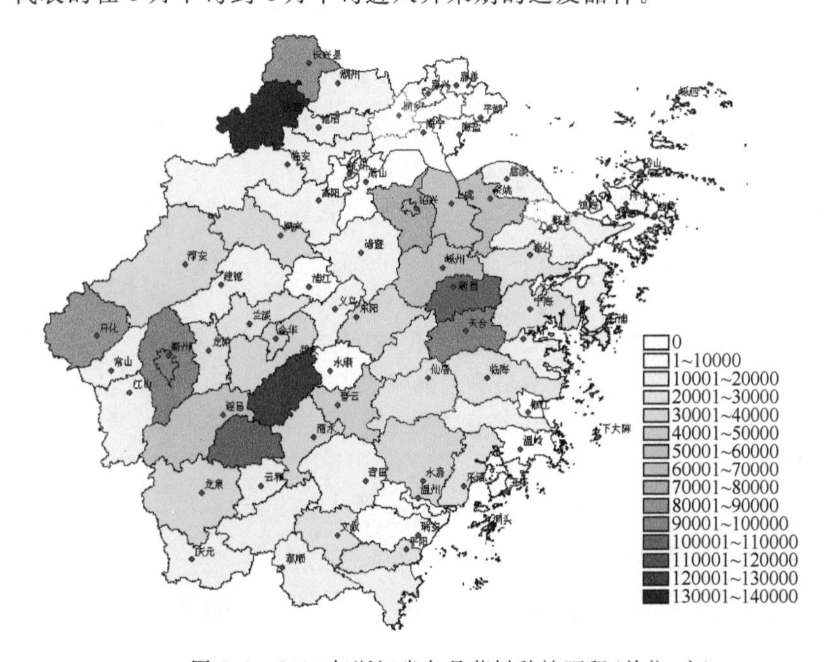

图1.1 2010年浙江省各县茶树种植面积(单位:亩)

1982年，中国农业科学院茶叶研究所根据生态条件、生产历史、茶树类型、品种分布、茶类结构，将全国划分为四大茶区，即华南茶区、西南茶区、江北茶区和江南茶区。其中浙江省属于江南茶区。

浙江省茶园大都分布在山区、半山区和丘陵地带。20世纪50年代以前，浙江省划分为四大茶区，即平水茶区、遂淳茶区、温州茶区和杭州茶区。新中国成立50年来，浙江省茶叶生产有了很大发展和变化，原来划定的四个茶区已不能反映和代表现今茶叶生产状况。因此，根据浙江省自然条件、气候、土壤、山脉、生产布局以及行政区域，重新划分为浙西北、浙东、浙南和浙中等四大茶区。现将四大茶区简介如下。

浙西北茶区包括临安、余杭、富阳、建德、淳安、桐庐、萧山、西湖、开化、安吉、德清、长兴等县(市、区),茶树的生态环境十分优越,茶叶自然品质优异,传统名茶种类丰富、知名度高,如西湖龙井、天目青顶、径山茶、雪水云绿、千岛玉叶、开化龙顶、安吉白茶、莫干黄芽、长兴紫笋等,是我国重要的出口眉茶基地,该区茶叶产量占浙江省茶叶的35%左右。

浙东茶区主要分布在会稽山、四明山、天台山、括苍山及其丘陵山地,行政区域包括绍兴、宁波、台州和舟山等,主要产茶县(市、区)有嵊州、诸暨、绍兴、新昌、上虞、天台、临海、黄岩、仙居、三门、温岭、象山、宁海、奉化、鄞县、余姚、镇海、普陀等。该区茶园面积占浙江省总面积的30%以上,茶叶产量占浙江省茶叶的45%左右,是浙江省重点茶区,茶类有珠茶、杭炒、越红、烘青等,也是浙江省主要的珠茶外销基地。生产的名优茶主要有大佛龙井、越乡龙井、会稽龙井、诸暨绿剑茶、石笕茶、华顶云雾、仙店碧绿、普陀佛茶、泉岗辉白、日铸茶等。

浙南茶区包括乐清、永嘉、瑞安、文成、平阳、苍南、泰顺、青田、云和、丽水、景宁、松阳、遂昌、缙云、龙泉、庆元等县(市、区),著名的温绿、温州黄汤、雁荡毛峰、香菇寮白毫、承天雪龙、三杯香、松阳银猴、金奖惠明茶、永嘉乌牛早、平阳早香茶、遂昌龙谷丽人茶等都出自本区。

浙中茶区主要分布在金衢盆地,行政区域包括金华和衢州两市,主要产茶县(市、区)有东阳、义乌、浦江、金东、婺城、衢江、江山、常山、武义、永康、兰溪、磐安等。生产的大宗茶主要有茉莉花茶、杭炒、烘青,名优茶主要有双龙银针、江山绿牡丹、东阳东白、兰溪毛峰、常山银毫、仙华毛尖、武阳春雨、磐安云峰等。

1.2 茶树生长发育对气象条件的要求

茶树是多年生的亚热带常绿植物,对气候条件有一定的要求。早在8世纪,唐代学者陆羽通过自己的调查和实践,总结出好茶生在"阳崖阴岭"这种最适合于茶树生长的生态环境,并指出"烂石"是最好的立地条件;采茶的时间是按照不同地区的气候与不同茶树的生长规律来规定的,关键是看茶芽的生长情况,以"紫者上""笋者上""叶卷上",而且要做到"有雨不采、晴有云不采,晴采之"。唐代韩鄂和宋代赵汝砺、宋子安等指出,茶树适宜于多雾露、气候冷凉山区,并提出茶树"畏日""畏寒",不宜太阳直射(朱自振,1993)。一般茶树生长需年平均气温在13℃以上,全年大于10℃积温在3000 ℃·d以上,年最低气温多年均值在-10℃以上(-12℃以下低温会使

茶树遭受严重冻害),年降水量为1150～1400 mm,因此茶树主要分布在亚热带和热带地区(李倬和贺龄萱,2005)。

一般认为,春季根系分布层土壤温度达到5℃左右时,茶树根系开始生长,生长速度随土壤温度升高而加快;当土壤温度上升到25℃时,根系生长最为发达;当土壤温度上升到35℃时,根系生长又将趋于缓慢。

关于茶树冬季休眠期现在有两种观点。一是Burna的光周期反应理论:当冬季天文白昼小于11小时15分时,茶树需要经过一个相对休眠期;当春季天文日昼达到11小时15分以上时,茶树开始萌动。二是温度衡量理论,即低温抑制茶芽生长,当温度达到某一界限温度后,茶芽开始萌动。叶克铨和李有明(1990)根据试验资料综合了上述两种观点,确定了乌牛早春茶萌动期:在永嘉县2月18日(天文白昼长达11小时15分)后,5 d平均温度稳定通过8℃的初日,是当地乌牛早茶树萌动日期,从萌动期到二叶普展期需积温为90～100 ℃·d。

在我国江南地区,影响春季茶芽萌动的主导因子是温度(陈荣冰,1987)。在江西婺源,茶芽萌动的起始温度:早芽种(如婺早1号)为6℃、中芽种(如浙农12)为8℃、迟芽种(如政和大白茶)为11℃(王怀龙等,1981)。陈荣冰等(1988)分析表明,福建茶区各类型茶树品种越冬芽的萌动温度及萌动至开采期所需的有效积温分别为:特早芽种迎春为8℃、(134.0±15.3) ℃·d;早芽种福鼎大白茶为10℃、(128.3±10.1) ℃·d;中芽种福安莱茶为10～12℃、(137.6±15.7) ℃·d;迟芽种政和大白茶为14℃、(121.8±9.2) ℃·d。

茶树生长的最适温度也因品种及地区而异。有的品种在20℃左右,而另一些品种为30℃,多数品种在20～30℃。茶树的生物学最高温度,一般认为是35℃或日平均温度为30℃,在这样的温度条件下,新梢生长缓慢或停止,连续几天则枝梢枯萎,叶片脱落;温度高于48℃会导致茶树死亡。

为利于开展春季茶树开采期预报,钱书云和陈荣冰(1986)利用1月各旬气温、降水量、日照时数建立气象因子与福建省福安市迎春茶树萌动期、福鼎大白茶茶树萌动期的线性预测方程,以及利用3月中旬平均气温和3月下旬降水量建立政和大白茶茶树萌动期日期的线性预测方程。

在杭州3—4月份,冷空气活动频繁,气温呈波浪形上升,影响界限温度初始日期的确定,以及利用萌动起始温度法、积温法进行茶树开采期的预报。陈志银和范兴海(1988)根据杭州龙井茶开采期与气温、地温的关系,利用3月上、中旬平均气温和5 cm、10 cm地温建立龙井茶开采期线性回归预报模型。朱永兴和过婉珍(1993)利用浙江省临安县和余姚市共20年气象资料和相应的鸠坑茶树春季开采期调查资料,上年10—12月的蒸发量和晴雨指数,当地3月份日照时数,3月下旬大于8℃的有效积温,以及4月上旬大于 8℃的有效积温、日照时数及晴雨指数，建立鸠坑茶树开采期预报模型。

茶叶产量与气象的关系和一地气候对茶叶生产的适宜程度有关（Willson and Clifford，1992；Stephens et al.，1992；刘富知，1986）。在较高纬度，温度是茶叶月产量的主要影响因子；在低纬度（南北纬 25°以内），降水量是茶叶月产量的主要影响因子（黄寿波，1982）。

春季，我国南方为多阴雨天气，影响茶叶人工采摘，同时茶叶叶片带水不能正常加工。连阴雨天气或强降水过程，使土壤含水量高、通透性差，从而影响根系的生长和吸收，同时光照不足影响茶树的光合作用，气温日较差低不利于有机物质积累，从而使春茶歉收（韦泽初等，1990；吴国林，2003）。

茶叶中含茶多酚、蛋白质、氨基酸、维生素、生物碱、有机酸等多种对人体有保健功能的有机化合物（Dufresne and Farnworth，2001；Cooper et al.，2005；Cheng，2006；Zaveri，2006；Khan and Mukhtar，2007；Nie and Xie，2011）。优质绿茶的产生，决定于栽培条件、茶园小气候、地形、土壤。相对低温、高湿、多云雾是高山名茶的主要气候生态环境特点（黄寿波，1986；程德瑜，1987；汪春园和荣光明，1996）。

胡振亮（1985）、赵应中（1991）、罗晓丹和潘启日（2010）等研究表明：气象条件对咖啡碱、水浸出物的影响较小，鲜芽叶中氨基酸含量与采摘前期的气温、日照时数呈反相关，与采摘前期的相对湿度呈正相关；茶多酚与采摘前期的气温、日照时数呈正相关。

茶树性喜湿润，适宜经济栽培的地区要求年降雨量在 1100 mm 以上，生长期的月降雨量要求多于 100 mm，而干旱则会影响茶树体内水分状况以及生理和代谢过程，导致产量降低以及芽叶品质变劣（刘玉英等，2010）。旱害和热害同时出现会使茶树生长停止，顶部幼叶萎焉干枯；受害严重的则会整叶枯焦、自行落叶，然后嫩梢干枯，最后茶树死亡（黎健龙等，2007）。春季气温回升，茶树萌芽后对低温的抵抗能力降低，如出现 0℃以下低温会使茶树芽叶遭受霜冻（Christersson，1971；Huang，1989；Sykes et al.，1996；李倬和贺龄萱，2005），随着名优茶开发，茶树开采期提前，春季霜冻成为茶叶生产的主要气象灾害（娄伟平，1996）。

1.3 茶树热量资源

浙江省茶树热量条件较优。常年平均温度在 16～18.7℃，浙江省中南部大部地区（除泰顺县外）年平均温度在 17～18.5℃，浙北年平均温度在

16～17℃(图 1.2)。春季平均气温在 13～18℃，气温分布特点为由内陆地区向沿海及海岛地区递减；夏季平均气温在 24～28℃，气温分布特点为中部地区向周边地区递减；秋季平均气温在 16～21℃，东南沿海和中部地区气温偏高，西北山区气温偏低；冬季平均气温在 3～9℃，气温分布特点为由南向北递减，由东向西递减。最冷月(1 月)平均气温为 3.2～8.3℃，最热月(7 月)平均温度为 26.9～29.7℃，无霜期为 230～270 d。≥10℃ 的积温年平均为 5145～6271 ℃·d，从南至北逐渐递减。

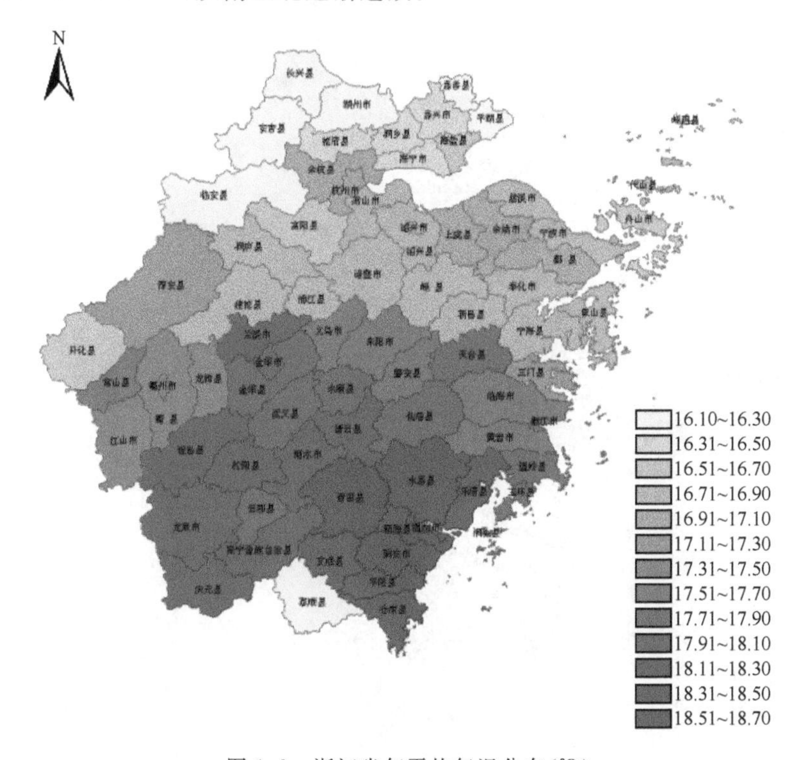

图 1.2 浙江省年平均气温分布(℃)

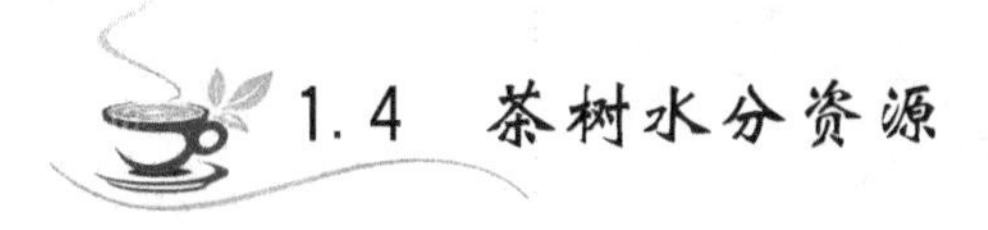

1.4 茶树水分资源

浙江省年降水量呈现东南、西南多，逐渐向东北减少的趋势，全省年平均雨量在 980～2000 mm(图 1.3)。浙南的南部和浙中的西部大多在 1600～1800 mm。浙南的北部和浙中的大部、浙北的南部均在 1400～1600 mm，浙北的北部少于 1400 mm。浙西南降水较多，主要是因为这一带夏季强对流天气多以及梅雨期降水量大引起的；浙东南则主要受台风影响，带来丰沛的降水。春季全省降水量在 320～700 mm，降水量分布为由西南地区向东北沿海地区逐步递减；全省各地雨日为 41～62 d。夏季各地降水量在 290～750 mm，东部山区降水量较多，海岛和中部地区降水相对较少；全省各地雨日为 32～55 d。秋季降水量在 210～430 mm，中部和南部的沿海山区降水量较多，东北部地区虽降水量略偏少，但其年际变化较大；全省各地雨日为 28～42 d。冬季各地降水量在 140～250 mm，除东北部海岛偏少明显外，其余各地差异不大；全省各地雨日为 28～41 d。

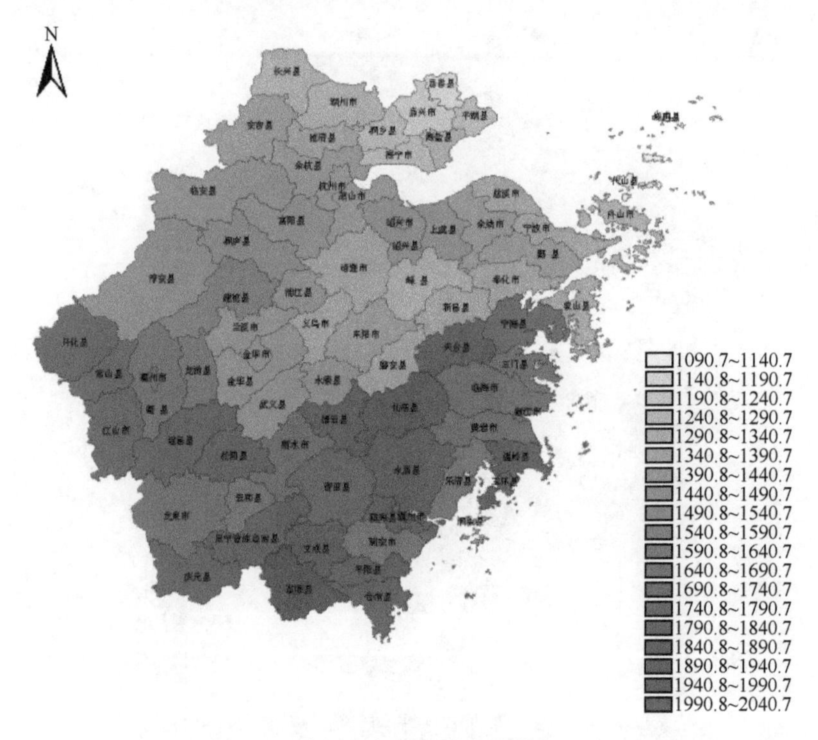

图 1.3　浙江省年平均降水量分布(mm)

1.5　茶树光照资源

浙江省光照资源丰富，常年平均日照时数在 1000～2100 h。年日照时数呈现东南、西南多，逐渐向东北减少的趋势。浙江省中南部大多在 1500～2100 h；浙北的西部和东部在 1300～1500 h；浙北的南部和北部在 1000～1300 h(图 1.4)。

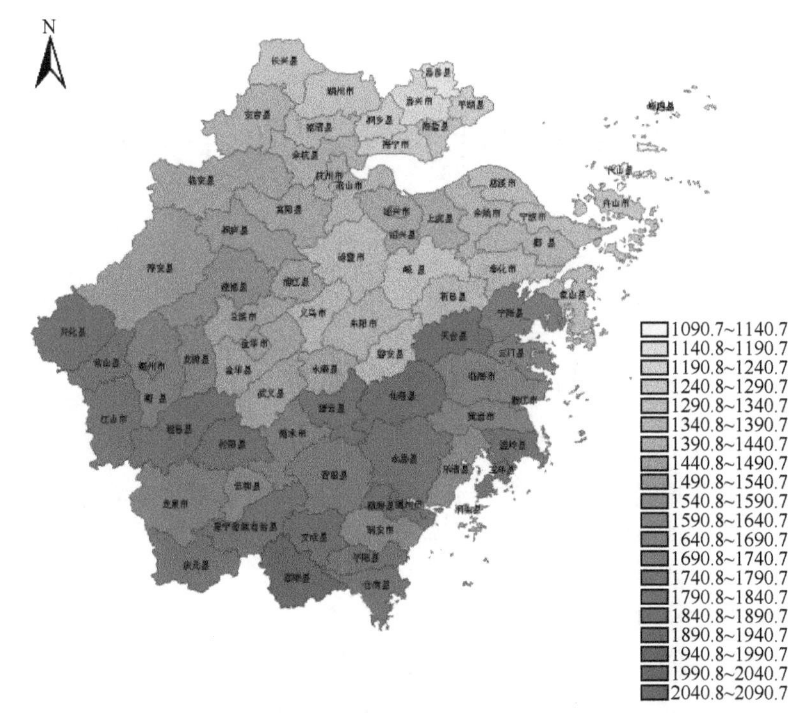

图 1.4 浙江省年平均日照时数分布(h)

浙江省总辐射在 4332.19～4870.66 MJ/m²,东部沿海多,北部、西部少;年光合有效辐射在 2060.16～2310.07 MJ/m²(表 1.1)。

表 1.1 浙江省各地太阳总辐射和光合有效辐射分布(单位:MJ/m²)

地区	太阳总辐射	光合有效辐射	地区	太阳总辐射	光合有效辐射
湖州	4557.83	2164.97	金华	4706.55	2240.32
嘉兴	4659.70	2213.36	衢州	4633.87	2210.36
杭州	4403.22	2095.93	丽水	4353.62	2085.38
绍兴	4556.07	2173.25	临海	4466.65	2139.53
鄞州	4521.96	2161.5	温州	4347.74	2091.26
定海	4728.12	2260.04			

第 2 章　春季茶叶生产与气象条件的关系

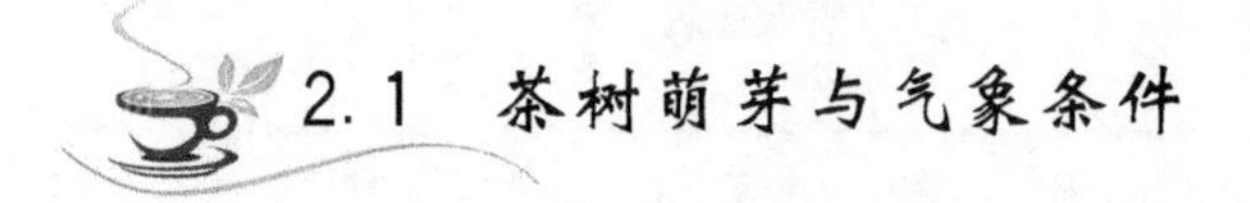

2.1　茶树萌芽与气象条件

茶树萌芽期是指茶树营养芽开始膨大到鳞片开展期。单位面积营养芽中，有 10%～15%芽头的鳞片开展为萌芽初期，50%以上的芽头鳞片开展为萌芽盛期。影响茶树萌芽期的因子主要有气象条件、土壤条件、茶树品种特性、修剪时间、采摘技术以及病虫害等。但在上述诸因子中，气象因子的影响往往是最大的。浙江省气候湿润，热量条件是影响春季茶树萌芽的主要因子，春季茶树越冬芽萌动是在积累了一定热量之后才表现出来的。

根据绍兴市茶叶气象服务示范基地观测结果，在浙江省新昌县，乌牛早茶树在 6 日滑动平均法确定的 7℃初日后≥5℃有效积温达到 50 ℃・d，乌牛早茶树进入萌芽初期；在 6 日滑动平均法确定的 7℃初日后≥5℃有效积温达到 85 ℃・d，乌牛早茶树进入萌芽盛期。在 6 日滑动平均法确定的 10℃初日后≥5℃有效积温达到 70 ℃・d，龙井 43 茶树进入萌芽初期；在 6 日滑动平均法确定的 10℃初日后≥5℃有效积温达到 90 ℃・d，龙井 43 茶树进入萌芽盛期。在 6 日滑动平均法确定的 10℃初日后≥5℃有效积温达到 70 ℃・d，迎霜茶树进入萌芽初期；在 6 日滑动平均法确定的 10℃初日后≥5℃有效积温达到 85 ℃・d，迎霜茶树进入萌芽盛期。在 6 日滑动平均法确定的 10℃初日后≥5℃有效积温达到 70 ℃・d，浙农 113 茶树进入萌芽初期；在 6 日滑动平均法确定的 10℃初日后≥5℃有效积温达到 95 ℃・d，浙农 113 茶树进入萌芽盛期。在 6 日滑动平均法确定的 12℃初日后≥5℃有效积温达到 50 ℃・d，翠峰茶树进入萌芽初期；在 6 日滑动平均法确定的 12℃初日后≥5℃有效积温达到 80 ℃・d，翠峰茶树进入萌芽盛期。在 6 日滑动平均法确定的 12℃初日后≥5℃有效积温达到 50 ℃・d，鸠坑茶树进入萌芽初期；在 6 日滑动平均法确定的 12℃初日后≥5℃有效积温达到 85 ℃・d，鸠坑茶树进入萌芽盛期。

2.2 茶树开采期预测

茶树开采期是指茶树芽叶达到制作龙井茶特级茶标准，即茶树蓬面每平方米有一芽一叶初展的芽为10～15个，芽长于叶，芽叶均齐肥壮，芽叶夹角度小，芽叶长度不超过2.5 cm的日期。

茶树作为多年生木本常绿植物，在早春气温回升到生物学下限温度以上并持续一定的时间时，地上部分休眠状态被打破，进入萌发状态。当气温再度下降到生物学下限温度以下时，植物的生长和发育就会受到抑制，暂时停止生长，但植物体还是活着的。由于植物的阶段生育过程具有不可逆性，当气温再次回升时，再次进行其生育活动。因此，对多年生木本常绿植物茶树不能简单采用“5日滑动平均法”，应采用多种步长滑动平均来确定其萌动的生物学下限温度初日(王怀龙等，1981)。茶树的开采期与其萌动后到开采之间的气象要素有关，可通过建立二者的回归方程来进行预测(Huang，1989)。对于同一茶树品种，萌动的生物学下限温度相同，同一区域内各地茶树种植方式一致。茶树萌动后的气象要素是影响茶树开采期的主要因素。即各地茶树开采期之间的差异是由各地间茶树萌动的生物学下限温度初日和初日后影响茶树开采期的气象要素差异造成的。因此，茶树开采期可用下式来进行预测：

$$Y = a_0 + \sum_{i=1}^{n} b_i x_i + a \tag{2.1}$$

式中，a_0为参考地的常数项，a为各地茶树萌动的生物学下限温度初日与参考地的差；b_i为回归系数，x_i为茶树萌动前2旬到开采期之间与开采期相关的气象要素。

作者收集了浙江省各地2004年以来茶树主栽品种开采期资料，在此基础上建立了3个代表性茶树品种的开采期模型，简介如下。

2.2.1 乌牛早茶树

乌牛早茶树开采期与6日滑动平均法确定的7℃初日显著相关。浙江省南部乌牛早茶树开采期在2月中旬到3月上旬，中部在2月下旬到3月中旬，北部在3月上旬到3月下旬。乌牛早茶树开采期所在时期是当地气温变化幅度最大的时期，经常出现日平均气温为5℃以下甚至0℃以下的天气，使茶芽生长停止，甚至进入休眠状态。茶芽生长需要一定积温，利用积温法分析发现，6日滑动平均法确定的5℃初日到乌牛早茶树实际开采期间≥5℃有效积温至少需要110 ℃·d以上。利用积温法和线性回归法建立乌牛早茶树开采期预测模型：

$$y_w = 78.6 - 2.3352x_w + a_w \tag{2.2}$$

式中，y_w 为乌牛早茶树开采期，x_w 为各茶场历年7℃初日平均值所在候的前1候到后2候共4个候的平均气温值；如该茶场与新昌县气象站历年7℃初日平均值在同一候，a_w 为0，如不在同一候，a_w 为该茶场与新昌县气象站历年7℃初日平均值所在候的差乘以5。

如果6日滑动平均法确定的5℃初日开始到根据式(2.2)计算的乌牛早茶树开采期≥5℃有效积温在110 ℃·d以上，则式(2.2)的计算值为该茶场乌牛早茶树开采期，否则以6日滑动平均法确定的5℃初日开始≥5℃有效积温达到110 ℃·d以上的日期作为乌牛早茶树开采期。

2.2.2 龙井43茶树

龙井43茶树开采期与6日滑动平均法确定的10℃初日显著相关。浙江省南部龙井43茶树开采期在2月下旬到3月中旬，中部在3月上旬到3月下旬，北部在3月中旬到4月上旬。龙井43茶树开采期所在时期日平均气温基本在0℃以上，利用线性回归法建立龙井43茶树开采期预测方程：

$$y_l = 95.6 - 2.3094x_l + a_l \tag{2.3}$$

式中，y_l 为龙井43茶树开采期，x_l 为各茶场历年10℃初日平均值所在旬的前1旬到后1旬共3个旬的平均气温值；如该茶场与新昌县气象站历年10℃初日平均值在同一旬，a_l 为0，如不在同一旬，a_l 为该茶场与新昌县气象站历年10℃初日平均值所在旬的差乘以10。

2.2.3 鸠坑茶树

鸠坑茶树开采期与6日滑动平均法确定的12℃初日显著相关。浙江省南部鸠坑茶树开采期在3月中旬到3月下旬，中部在3月下旬到4月上旬，北部在4月上旬到4月中旬。利用线性回归法建立鸠坑茶树开采期预测方程：

$$y_j = 113.8 - 1.8908x_j + a_j \tag{2.4}$$

式中，y_j 为鸠坑茶树开采期，x_j 为各茶场历年12℃初日平均值所在旬的前1旬到后1旬共3个旬的平均气温值；如该茶场与新昌县气象站历年12℃初日平均值在同一旬，a_l 为0，如不在同一旬，a_l 为该茶场与新昌县气象站历年12℃初日平均值所在旬的差乘以10。

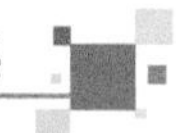

2.3 开采期空间变化

2.3.1 开采期的地理影响因子

温度是影响茶树开采期的主导因子，通过建立茶树开采期与温度的线性回归方程并考虑积温条件，可以推算各茶树品种的开采期。

温度是经度、纬度、海拔高度、地形等地理因子的函数（Beniston，2003）。根据茶树开采期与温度、温度与地理因子的关系可推知，茶树开采期随地理因子变化而变化。

利用浙江省各县级气象站1981—2010年气象资料建立30年乌牛早茶树、龙井43茶树和鸠坑茶树的开采期序列，得到各县3个茶树品种平均开采期，然后分别与所在站点经度、纬度、海拔高度求相关，发现3个茶树品种平均开采期与纬度、海拔高度的相关系数通过0.01显著性检验水平，与经度相关不显著。

利用绍兴市范围内的气象资料分析3个茶树品种平均开采期与坡度、坡向、海拔高度的关系。绍兴市气象局下属有绍兴县气象站、诸暨市气象站、上虞市气象站、嵊州市气象站、新昌县气象站等5个气象站。新昌县气象站和嵊州市气象站位于县城附近的小山上，观测环境一直保护得很好，气象资料经均一性检验（吴利红等，2005），资料均一性好。绍兴县气象站、诸暨市气象站、上虞市气象站由于观测环境变化，分别在2004年、2005年、2006年进行了搬迁。首先利用支持向量机和绍兴县气象站、上虞市气象站、诸暨市气象站迁站时两年的对比观测资料，建立均一性较好的1981—2012年气象资料序列。绍兴市气象局从2004年开始在各县建设间距在5～8 km的自动气象站，到2010年12月建成了108个自动气象站（图2.1）。利用5个县级气象站资料和108个自动气象站建站到2012年资料，结合支持向量机模型将108个自动气象站气温资料回推到1981年。利用开采期模型，得到108个自动气象站所在地的3个茶树品种开采期。108个自动气象站所在地的3个茶树品种平均开采期分别与所在站点坡度、坡向、海拔高度求相关，发现3个茶树品种平均开采期与坡度、坡向、海拔高度的相关系数均通过0.01显著性检验水平。

利用支持向量机进行平均开采期影响因子的敏感性分析（Changere and Lal，1997），得到3个茶树品种平均开采期对纬度、坡度和坡向的敏感性与对海拔高度的的敏感性之比（表2.1）。从表2.1可看出，3个茶树品种平均开采期对纬度变化最敏感，其次是海拔高度，然后是坡度，最后是坡向。也就是在4

个影响茶树开采期的地理因子中，纬度是影响茶树开采期的主要地理因子，海拔高度对茶树开采期影响的重要性低于纬度，其次是坡度，然后是坡向。

图 2.1　绍兴市气象站分布

表 2.1　3 个茶树品种平均开采期对影响因子的敏感性与对海拔高度的的敏感性之比

茶树品种	纬度/海拔高度	坡度/海拔高度	坡向/海拔高度
乌牛早	2.1296	0.8969	0.8231
龙井 43	2.3688	0.6701	0.6317
鸠坑	1.5096	0.5329	0.5149

2.3.2　开采期随纬度变化

利用浙江省各县乌牛早茶树、龙井 43 茶树和鸠坑茶树的平均开采期、纬度和海拔高度资料，经支持向量机计算得到 3 个茶树品种平均开采期随纬度的变化曲线(图 2.2)。茶树平均开采期并不简单随纬度增加而推迟，在浙江省南部的庆元、泰顺、瑞安、文成、平阳和苍南，在其他地理因子相同情况下，3 个茶树品种平均开采期不随纬度变化而变化。在 27.9°N 以北，3 个茶树品种平均开采期随纬度增加而推迟。

在浙南地区，乌牛早茶树平均开采期在 2 月下旬，每增加 1 个纬度，平均开采期推迟 0.5 d；浙中地区，乌牛早茶树平均开采期在 3 月上旬，每增加 1 个纬度，平均开采期推迟 0.6 d；浙北地区，乌牛早茶树平均开采期在 3 月中旬，每增加 1 个纬度，平均开采期推迟 0.3 d(图 2.2a)。

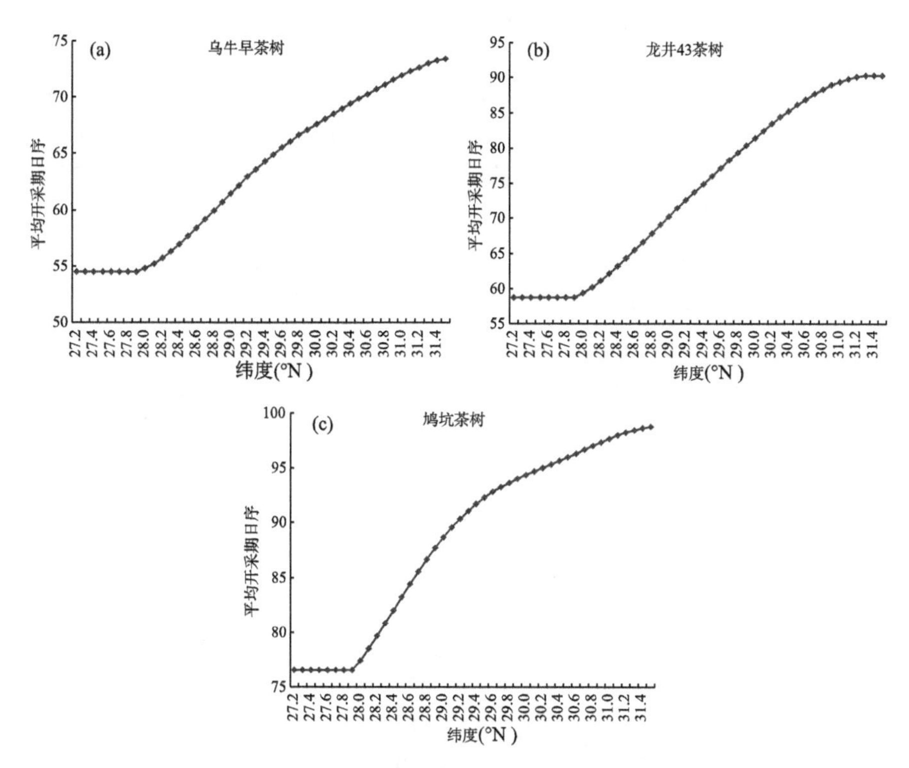

图 2.2　3 个茶树品种平均开采期与纬度的关系

(注：日序为 n，表示这天为该年的第 n 天)

在浙南地区，龙井 43 茶树平均开采期在 2 月第 6 候到 3 月第 2 候，每增加 1 个纬度，平均开采期推迟 1.1 d；浙中地区，龙井 43 茶树平均开采期在 3 月中旬，每增加 1 个纬度，平均开采期推迟 1.1 d；浙北地区，龙井 43 茶树平均开采期在 3 月下旬，每增加 1 个纬度，平均开采期推迟 0.8 d(图 2.2b)。

在浙南地区，鸠坑茶树平均开采期在 3 月第 4 候到 3 月底，每增加 1 个纬度，平均开采期推迟 1.2 d；浙中地区，鸠坑茶树平均开采期在 4 月第 1 候，每增加 1 个纬度，平均开采期推迟 0.5 d；浙北地区，鸠坑茶树平均开采期在 4 月第 2 候，每增加 1 个纬度，平均开采期推迟 0.4 d(图 2.2c)。

2.3.3　开采期随海拔高度变化

在绍兴地区，3 个茶树品种平均开采期随海拔高度增加而增加(图 2.3)。

在海拔 250 m 以下的低丘平原地区，乌牛早茶树平均开采期在 3 月第 2 候，海拔高度每增加 100 m，平均开采期推迟 1.6 d；在海拔 250～400 m 地区，乌牛早茶树平均开采期在 3 月第 3 候，海拔高度每增加 100 m，平均开采期推迟 2.5 d；在海拔 400 m 以上山区，乌牛早茶树平均开采期在 3 月第 4

候，海拔高度每增加 100 m，平均开采期推迟 1.4 d(图 2.3a)。

在海拔 150 m 以下地区，龙井 43 茶树平均开采期在 3 月第 4 候，海拔高度每增加 100 m，平均开采期推迟 1.4 d；在海拔 150～350 m 地区，龙井 43 茶树平均开采期在 3 月第 5 候，海拔高度每增加 100 m，平均开采期推迟 2.2 d；在海拔 350～500 m 地区，龙井 43 茶树平均开采期在 3 月第 6 候，海拔高度每增加 100 m，平均开采期推迟 2.6 d；在海拔 500 m 以上地区，龙井 43 茶树平均开采期在 4 月上旬，海拔高度每增加 100 m，平均开采期推迟 1.5 d(图 2.3b)。

在海拔 250 m 以下地区，鸠坑茶树平均开采期在 4 月第 1 候，海拔高度每增加 100 m，平均开采期推迟 0.8 d；在海拔 250 m 以上地区，鸠坑茶树平均开采期在 4 月第 2 候，海拔高度每增加 100 m，平均开采期推迟 0.9 d(图 2.3c)。

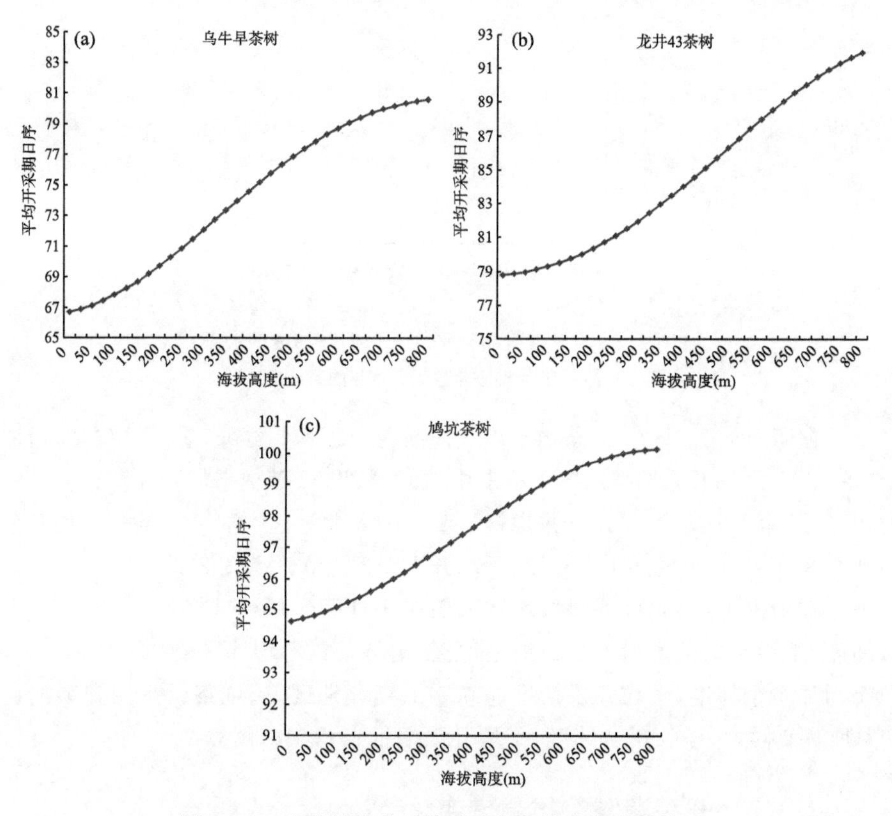

图 2.3　3 个茶树品种平均开采期与海拔高度的关系

2.3.4　开采期随坡度变化

茶树种植于平地和缓坡上，在陡坡上鲜有茶树种植。在绍兴地区，3 个茶树品种对坡度的敏感区间为[0，32°]，坡度大于 32°时开采期随坡度变化不明显。茶树开采期随坡度增加而推迟，坡度每增加 10°，乌牛早茶树平均开

采期推迟 1.8 d，龙井 43 茶树平均开采期推迟 2.8 d，鸠坑茶树平均开采期推迟 0.6 d。如图 2.4 所示。

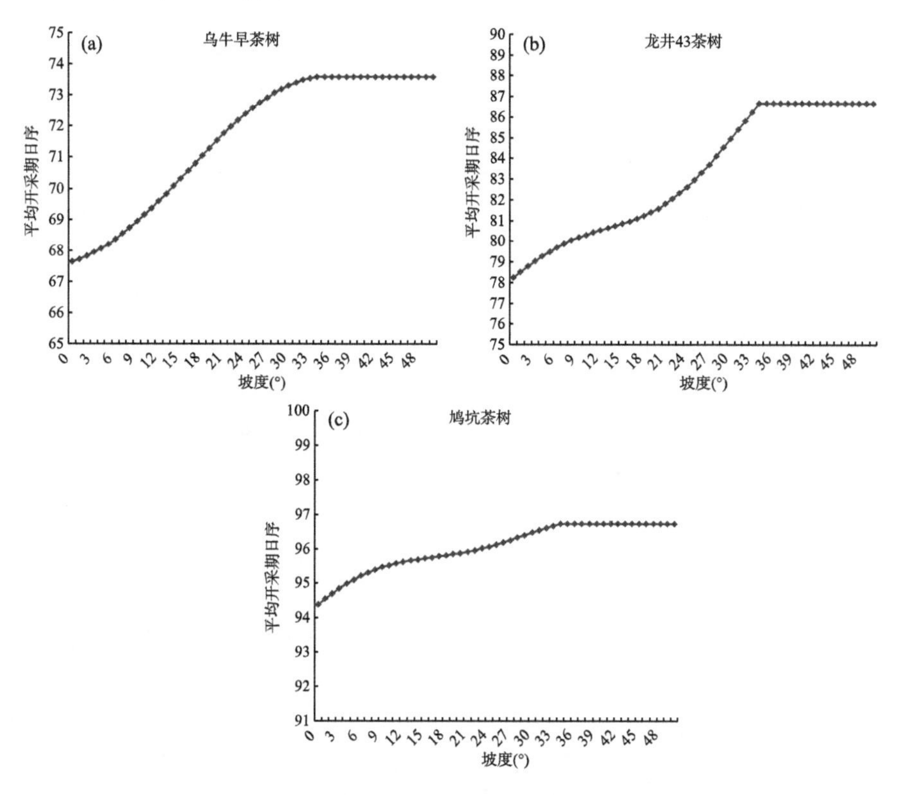

图 2.4　3 个茶树品种平均开采期与坡度的关系

2.3.5　开采期随坡向变化

3 个茶树品种平均开采期随坡向变化较一致，各坡向间开采期差异较小，其中朝北坡比朝南坡推迟 1～2 d。

2.4　茶树芽叶生长模型

根据《GB/T 18650—2008 地理标志产品　龙井茶》标准，生产龙井茶的茶树芽叶质量根据芽叶长度和芽上叶片数分为特级、1 级、2 级、3 级和 4 级五个等级，低于 4 级的以及劣变、受冻害芽叶不得用于加工龙井茶。各等级的分级标准见表 2.2。

表 2.2　茶树芽叶质量分级标准

等级	芽叶要求
特级	一芽一叶初展，芽长于叶，芽叶长度不超过 2.5 cm
1 级	一芽一叶至一芽二叶初展，一芽二叶初展不超过 10%，芽叶长度不超过 3.0 cm
2 级	一芽一叶至一芽二叶，一芽二叶不超过 30%，芽叶长度不超过 3.5 cm
3 级	一芽二叶至一芽三叶初展，一芽三叶初展不超过 30%，芽叶长度不超过 4.0 cm
4 级	一芽二叶至一芽三叶，一芽三叶不超过 50%，芽叶长度不超过 4.5 cm

根据新昌县各茶场 2004 年以来茶树物候资料，分别统计每年茶树芽叶质量为特级茶、1 级茶、2 级茶、3 级茶和 4 级茶采摘期间的活动积温和≥3℃、≥4℃、≥5℃、≥6℃、≥7℃、≥8℃的有效积温，统计结果以≥5℃的有效积温标准差最小，因此以≥5℃的有效积温作为乌牛早、龙井 43 和鸠坑茶树特级茶、1 级茶、2 级茶、3 级茶和 4 级茶五个采摘阶段的有效积温(表 2.3)。

表 2.3　3 个茶树品种各级鲜芽叶采摘期间≥5℃的有效积温(单位:℃·d)

茶树品种	特级	1 级	2 级	3 级	4 级
乌牛早	10.0	25.5	30.0	31.5	69.5
龙井 43	26.5	35.0	38.5	47.5	87.5
鸠坑	41.5	65.0	85.0	78.5	81.5

对应春季茶叶采摘期间的五个采摘阶段，将春季茶叶采摘期间的芽叶生长划分为特级、1 级、2 级、3 级、4 级五个生长阶段，采用“积温法”模拟春季茶叶采摘期间的芽叶生长，以每个生长阶段≥5℃的有效积温作为模型生长参数建立茶树芽叶生长模型(李荣平等，2005)，茶树芽叶生长速率表达式为：

$$D_{j,t} = T_e / TSUM_j \qquad (j = 1,2,3,4,5) \tag{2.5}$$

式中，$D_{j,t}$ 为 j 阶段 t 时刻的茶树芽叶生长速率(d^{-1})，T_e 为≥5℃的有效温度，$TSUM_j$ 为完成某一生长阶段所需的有效积温，j=1、2、3、4、5 分别对应特级、1 级、2 级、3 级、4 级五个生长阶段。

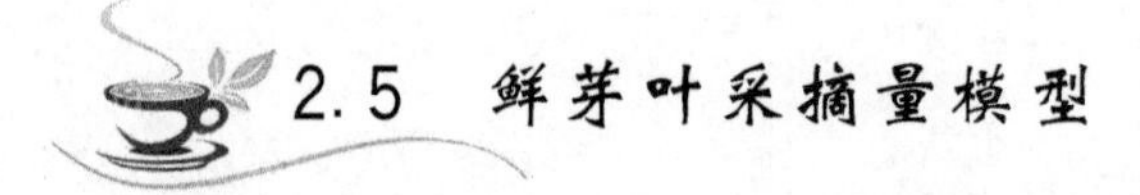

2.5　鲜芽叶采摘量模型

根据各个茶场的茶叶生产资料和茶农调查资料，茶园正常生产需要采茶工在 45 人/hm²，制作 1.0 kg 茶叶需要 4.3 kg 鲜芽叶。在晴好天气下，一名采茶工在春季茶叶不同采摘阶段的每天鲜芽叶采摘量为：

$$Q_q = 1.06 + 0.8928 \times d_p - 0.0536 \times d_p^2 \tag{2.6}$$

式中，Q_q 是晴好天气下一名采茶工的每天鲜芽叶采摘量(kg/人/d)；d_p 为采摘时间，取值从 0 到 5，其中 0 表示开采期，1、2、3、4、5 分别表示特级茶、1 级

茶、2 级茶、3 级茶、4 级茶采摘阶段最后 1 天的时间。

对式(2.5)积分，

$$D_{j,d} = \int (T_e / TSUM_j) \mathrm{d}T_e \tag{2.7}$$

式中，$D_{j,d}$为 j 阶段第 d 天的时间，如 $D_{j,t}=1$ 表示该天是 j 采摘阶段的最后 1 天。

j 阶段第 d 天在采摘期的时间 $AD_{j,d}$ 为：

$$AD_{j,d} = j - 1 + D_{j,d} \qquad (j = 1,2,3,4,5) \tag{2.8}$$

把式(2.8)代入式(2.6)，得到

$$Q_q = 1.06 + 0.8928AD_{j,d} - 0.0536AD_{j,d}^2 \tag{2.9}$$

降水对茶树鲜芽叶采摘量的影响是通过影响人工采摘来体现的。夜间降水对茶树鲜芽叶采摘影响不大；白天降水量为小到中雨时，由于春茶价格高，茶农会冒雨采摘，出现中到大雨时，茶农停止采摘。

根据各茶场逐日鲜芽叶采摘量与降水量的关系，发现 08—20 时降水量在 5 mm 以上时，当日茶树鲜芽叶采摘量不超过前 1 日(无降水)的 1/2；当 08—20 时降水量在 10 mm 以上时，当日茶树鲜芽叶采摘量为 0。降水量对各茶树品种日鲜芽叶采摘量的影响可用下式来表示：

$$f(RR) = \begin{cases} 1 - RR/10 & (RR < 10) \\ 0 & (RR \geq 10) \end{cases} \tag{2.10}$$

式中，$f(RR)$ 为降水量对茶树鲜芽叶采摘量的影响系数，RR 为采摘当天 08—20 时降水量。

综合式(2.9)和(2.10)，得到一名采茶工每天的鲜芽叶采摘量模型：

$$TAD_{j,d} = Q_q \times f(RR) \tag{2.11}$$

式中，$TAD_{j,d}$ 为一名采茶工在 j 阶段第 d 天的鲜芽叶采摘量(kg/人/d)。

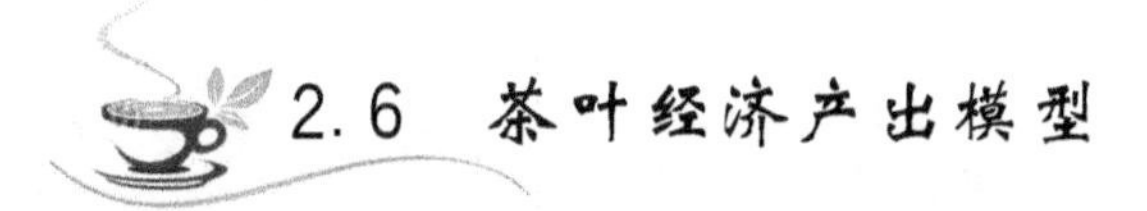

2.6　茶叶经济产出模型

对于某一年份，春季一个茶树品种生产的茶叶经济产出变化除了受国内外市场影响外，主要还受两个因素影响：芽叶质量等级和茶树品种进入开采期的迟早。芽叶质量等级越高，茶叶价格越高，经济产出越高。对于乌牛早等早发茶树品种，当龙井 43 等中发茶树品种进入开采期时，一部分采茶工停止采摘乌牛早茶树转去采摘龙井 43 茶树，使乌牛早茶树产量降低，经济产出减少。对于中发茶树品种，当迟发茶树品种进入开采期时也存在同样的问题。图 2.5 是新昌县 2009 年茶叶价格随采摘期时间($AD_{j,d}$)变化图。根据图 2.5,可得到茶叶价格与采摘期时间 $AD_{j,d}$ 的关系。

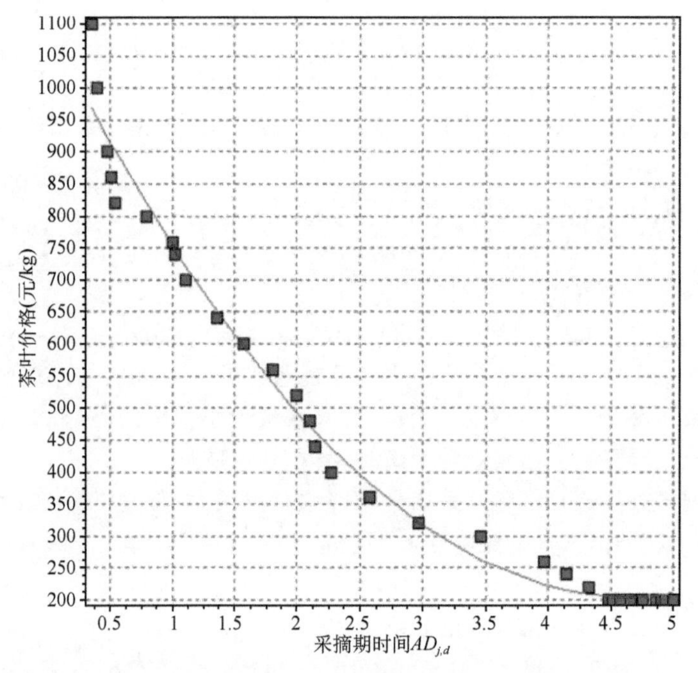

图 2.5a　2009 年乌牛早茶叶价格随采摘期时间 $AD_{j,d}$ 变化

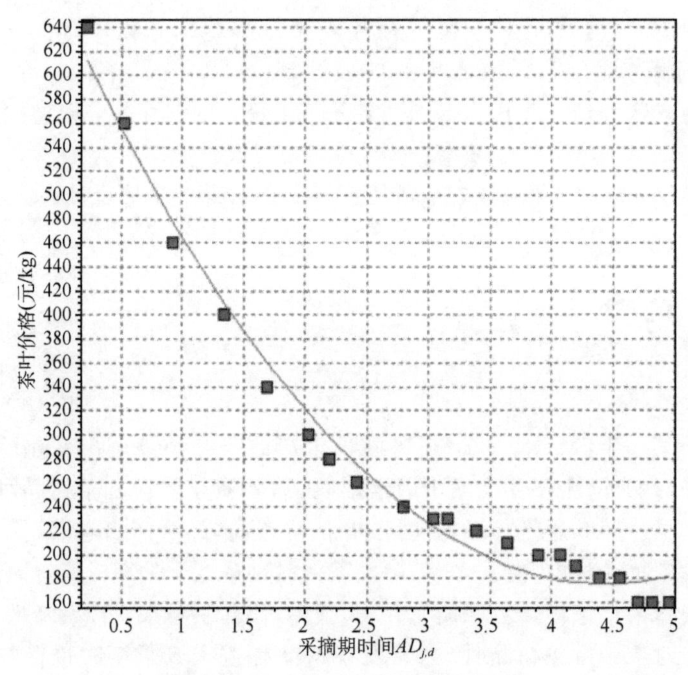

图 2.5b　2009 年龙井 43 茶叶价格随采摘期时间 $AD_{j,d}$ 变化

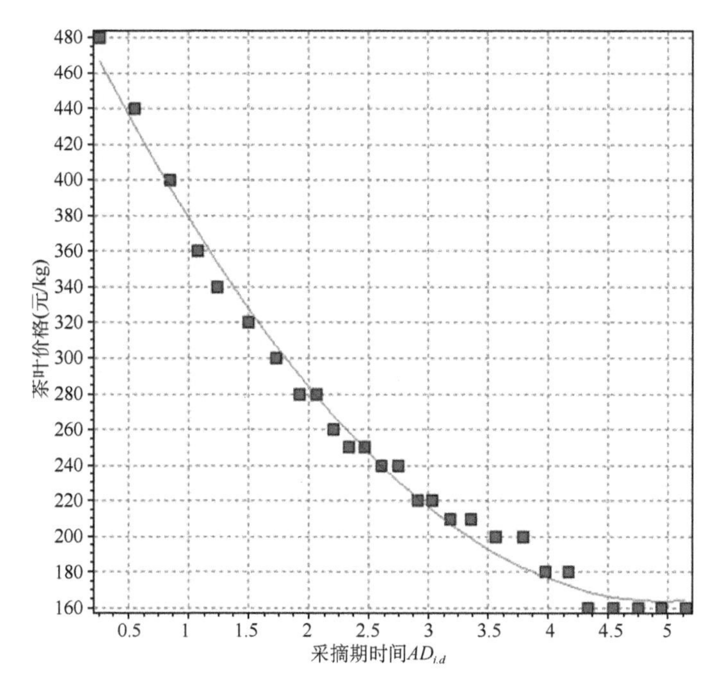

图 2.5c　2009 年鸠坑茶叶价格随采摘期时间 $AD_{j,d}$ 变化

乌牛早茶树：$P_w=1133.1-412.53AD_{j,d}+45.8094AD_{j,d}^2$

$$(F=866.3530, R^2=0.9820) \tag{2.12}$$

龙井 43 茶树：$P_l=657.7-217.29AD_{j,d}+24.4697AD_{j,d}^2$

$$(F=573.8450, R^2=0.9840) \tag{2.13}$$

鸠坑茶树：$P_j=500.7-135.73AD_{j,d}+13.6758AD_{j,d}^2$

$$(F=1316.8060, R^2=0.9910) \tag{2.14}$$

式(2.12)到(2.14)中，P_w、P_l、P_j 分别为乌牛早、龙井 43、鸠坑茶树生产的茶叶价格。分析 2004 到 2010 年茶叶价格资料，可得到同样的方程。

茶叶生产的目的是为了获得一定的经济效益，当乌牛早茶叶价格降低到 260 元/kg 时，采摘龙井 43 等中发茶树品种可以获得更高的经济利益，茶场会停止采摘乌牛早，转去采摘龙井 43 和鸠坑等中迟发茶树；当龙井 43 和鸠坑茶叶价格降低到 200 元/kg 时，茶叶收入和生产成本接近，此时茶场停止生产茶叶。由式(2.12)、(2.13)和(2.14)得到 3 个茶树停止生产的采摘期时间分别为 3.41、3.44 和 3.34。

乌牛早茶树采摘期间，当龙井 43 等中发茶树品种未达到开采期时，采茶工人数在 45 人/hm^2，当龙井 43 等中发茶树品种达到开采期时，茶场通过增加招聘采茶工和转移一部分乌牛早茶树的采茶工去采摘龙井 43 茶叶，此时乌牛早茶叶采茶工在 30 人/hm^2 左右，直到乌牛早茶树的采摘期时间为

3.41时,停止采摘。龙井43茶树采摘期间,当鸠坑等迟发茶树品种未达到开采期时,采茶工人数在45人/hm^2,当鸠坑等迟发茶树品种达到开采期时,茶场通过增加招聘采茶工和转移一部分龙井43、乌牛早茶树的采茶工去采摘鸠坑茶叶,此时龙井43茶叶采茶工在30人/hm^2左右,直到龙井43茶树的采摘期时间为3.41时,停止采摘。鸠坑茶树采摘期间采茶工保持在45人/hm^2,直到采摘时间为3.34时,停止采摘。即采茶工人数变化存在如下方程:

$$\text{乌牛早}:n_w=\begin{cases}45 & (t<k_l)\\30 & (k_l\leqslant t\leqslant 3.41)\\0 & (t>3.41)\end{cases} \tag{2.15}$$

$$\text{龙井43}:n_l=\begin{cases}45 & (t<k_j)\\30 & (k_j\leqslant t\leqslant 3.44)\\0 & (t>3.44)\end{cases} \tag{2.16}$$

$$\text{鸠坑}:n_j=\begin{cases}45 & (t\leqslant 3.34)\\0 & (t>3.34)\end{cases} \tag{2.17}$$

式中,n_w、n_l、n_j分别表示乌牛早、龙井43、鸠坑茶树的采茶工人数;t为乌牛早、龙井43、鸠坑茶树的采摘时间;k_l为龙井43茶树开采期在乌牛早茶树所处采摘时间,k_j为鸠坑茶树开采期在龙井43茶树所处采摘时间。由式(2.12)到式(2.17)得到茶树在采摘期j阶段第d天的经济产出:

$$E_{j,d}=TAD_{j,d}\times P\times n/4.3 \tag{2.18}$$

式中,$E_{j,d}$为该茶树品种在采摘期j阶段第d天的经济产出(元/hm^2/d),对于乌牛早、龙井43、鸠坑茶树,P分别为P_w、P_l、P_j,n分别为n_w、n_l、n_j。

对式(2.18)积分,可得到乌牛早、龙井43、鸠坑茶园在整个春季茶叶生产期间的经济产出:

$$E=\int_0^T[TAD_{j,d}\times P\times n/4.3]\mathrm{d}t \tag{2.19}$$

式中,E为茶园在整个春季茶叶生产期间的经济产出(元/hm^2);对于乌牛早、龙井43、鸠坑茶园,T分别为3.41、3.44和3.34。

2012年大明有机茶场乌牛早茶树开采期在3月21日,3月30日停止采摘;龙井43茶树开采期在3月25日,4月6日停止采摘;鸠坑茶树开采期在4月5日,4月21日停止采摘。利用式(2.19)对3个茶树品种的逐日累积经济产出进行拟合,结果见图2.6。由图可知,茶叶经济产出实际值和模型拟合值比较一致。其中3月采茶工人数能满足茶叶生产需要,茶叶经济产出实际值和模型值接近;4月新昌县进入春耕生产阶段,实际采茶工人数少于模型中的人数,因此4月茶叶经济产出实际值低于模型拟合值。

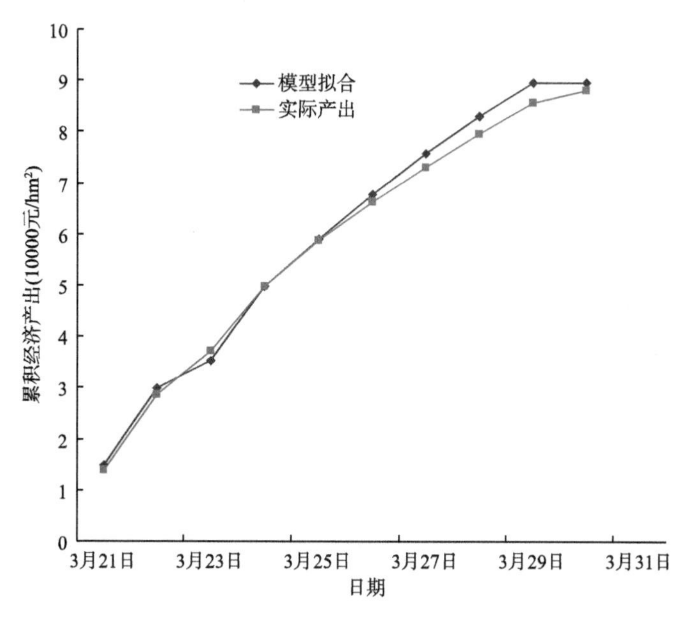

图 2.6a　2012 年乌牛早茶园经济产出拟合

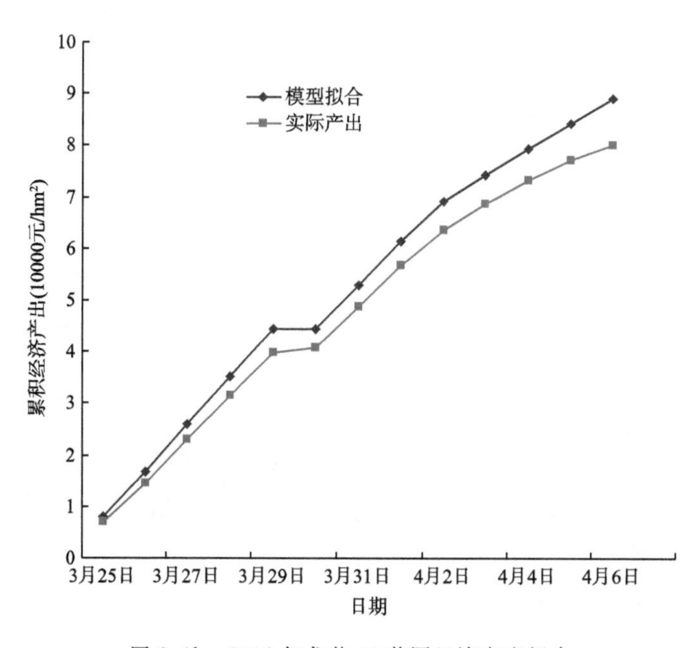

图 2.6b　2012 年龙井 43 茶园经济产出拟合

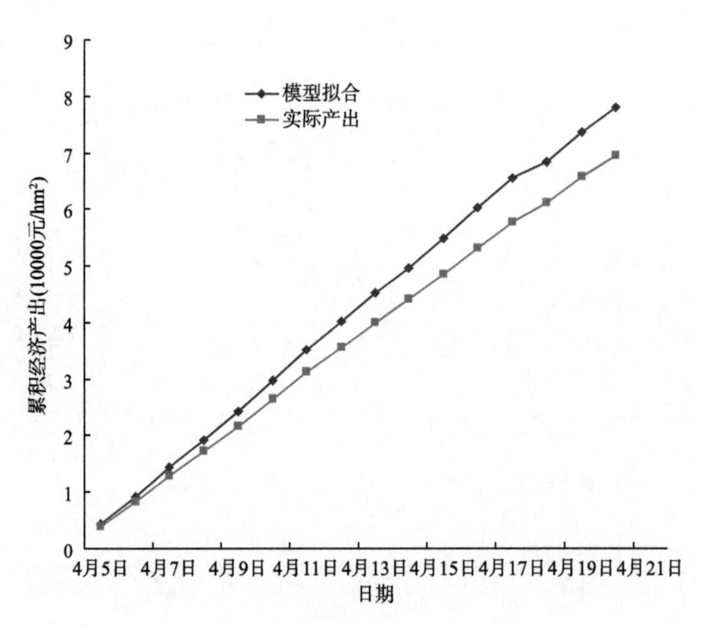

图 2.6c 2012 年鸠坑茶园经济产出拟合

第 3 章　茶叶生化成分与气象条件的关系

茶叶中的化学物质包括茶多酚、蛋白质、氨基酸、咖啡因、还原糖等化学成分（宛晓春，2007）。

茶多酚按化学结构可分为四类：花黄素类（黄酮醇）、儿茶素类（黄烷醇）、花青素类、酚酸类。儿茶素类是形成茶类色、香、味的主要物质，复杂的儿茶素苦涩味较重，简单的儿茶素味醇和不苦涩。氨基酸是一种与茶叶鲜爽度有关的重要物质。咖啡碱是茶叶的特征物质，是一种兴奋剂，有迅速恢复疲劳和改善血液循环等生理功能。糖类物质中的游离型单糖和双糖能溶于水，具有甜味，是构成茶汤浓度和滋味的重要物质。

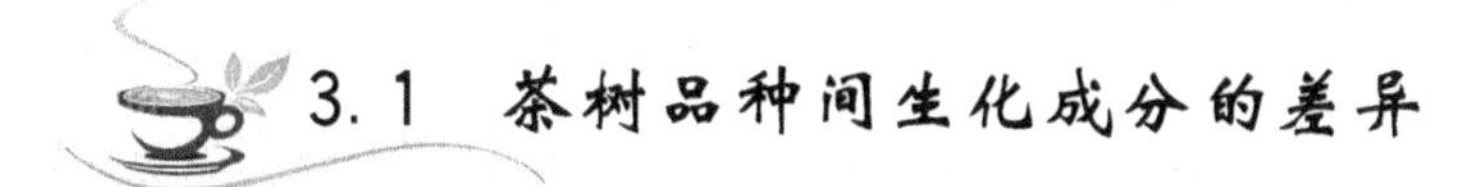

3.1　茶树品种间生化成分的差异

表 3.1 是乌牛早茶树、龙井 43 茶树、鸠坑茶树在 2010 年采制的第一批特级茶生化成分含量。各茶树品种特级茶鲜叶形成时期不同，其生化成分含量不同，其中龙井 43 茶树采制的特级茶样本采摘期为 3 月 28 日，介于乌牛早茶树采摘期 3 月 4 日和鸠坑茶树采摘期 4 月 4 日之间，但蛋白质、氨基酸、还原糖、表没食子儿茶素没食酸酯（EGCG）、没食子儿茶素没食子酸酯（GCG）、儿茶素没食子酸酯（CG）含量均比乌牛早茶树和鸠坑茶树高，其中蛋白质含量分别高出 2.03 mg/g、1.44 mg/g；茶多酚、咖啡因、没食子儿茶素（GC）、表没食子儿茶素（EGC）、表儿茶素（EC）含量比乌牛早茶树和鸠坑茶树低。说明茶叶生化成分含量除了与生态环境有关外，还与茶树品种有关。

表 3.1　2010 年各茶树品种采制的第一批特级茶生化成分含量（单位：mg/g）

日期（日/月） 生化成分	乌牛早茶树(4/3)	龙井 43 茶树(28/3)	鸠坑茶树(4/4)
水浸出物	41.16	38.64	42.49
茶多酚	18.90	18.01	18.85
氨基酸	4.67	4.83	4.67
酚氨比	4.05	3.73	4.04
蛋白质	3.06	5.09	3.65

续表

生化成分 \ 日期(日/月)	乌牛早茶树(4/3)	龙井 43 茶树(28/3)	鸠坑茶树(4/4)
还原糖	6.30	6.51	5.24
咖啡因	3.18	2.65	2.71
GC	1.86	1.00	3.43
EGC	1.62	0.96	2.18
C	0.21	0.34	0.71
EC	0.82	0.65	0.95
EGCG	3.24	5.02	4.99
GCG	1.05	2.39	0.79
ECG	1.42	1.51	0.74
CG	0.41	0.50	0.10
总儿茶素	10.63	12.38	13.88

注:C 指儿茶素;ECG 指表儿茶素没食子酸酯。

表 3.2 为乌牛早茶树、龙井 43 茶树、鸠坑茶树在同一时期采制的茶叶生化成分含量对比表,其中乌牛早茶树为 2010 年 4 月 18 日和 4 月 23 日采制的茶叶测试值的平均值,龙井 43 茶树为 2010 年 4 月 20 日采制的茶叶测试值,鸠坑茶树为 2010 年 4 月 21 日采制的茶叶测试值。同一时期不同茶树品种之间生化成分含量存在明显差异,茶叶质量的表征因子酚氨比(鲜叶或成品茶中茶多酚总量与氨基酸总量之比):乌牛早茶树＞龙井 43 茶树＞鸠坑茶树。酚氨比高说明茶叶品质差,表明同一时期采摘的茶叶,乌牛早茶树质量低于龙井 43 茶树,龙井 43 茶树低于鸠坑茶树,并和茶叶价格相一致(表 3.3)。

表 3.2 各茶树品种同一时期的生化成分含量对比表(单位:mg/g)

生化成分 \ 茶树品种	乌牛早茶树	龙井 43 茶树	鸠坑茶树
水浸出物	38.30	37.89	37.16
茶多酚	23.41	20.14	22.57
氨基酸	4.50	4.43	5.10
酚氨比	5.20	4.55	4.43
蛋白质	3.66	5.16	3.63
还原糖	7.43	6.72	5.65
咖啡因	3.29	2.63	3.07
GC	1.98	1.38	2.21
EGC	1.93	0.88	1.88
C	0.03	0.38	0.70
EC	0.65	0.53	0.88
EGCG	5.92	5.52	6.31
GCG	1.97	2.82	2.24
ECG	1.24	1.58	1.28

续表

生化成分＼茶树品种	乌牛早茶树	龙井43茶树	鸠坑茶树
CG	0.38	0.56	0.45
总儿茶素	14.07	13.65	15.95

表3.3 2010年4月20日各茶树品种茶叶价格

	乌牛早茶树	龙井43茶树	鸠坑茶树
价格(元/kg)	320	500	600

3.2 冻害对茶叶生化成分的影响

表3.4为乌牛早茶树在低温冻害影响前的2010年3月8日采制的茶叶和3月11日遭受冻害后的生化成分的对比。茶叶遭受冻害后，茶多酚、咖啡因和各类儿茶素(除GC、EGC外)含量比未受冻害时明显偏多。还原糖相差不大，氨基酸含量降低，蛋白质含量偏高。从外观看，遭受冻害后嫩芽炒制的茶叶呈焦黄色，说明叶绿素遭受破坏。泡水后，茶叶水呈黄色，口味有苦涩味，无鲜味。

表3.4 2010年冻害对乌牛早茶树主要生化成分含量的影响(单位:mg/g)

生化成分＼日期(日/月)	未受冻害(8/3)	受冻害(11/3)
水浸出物	38.94	36.81
茶多酚	15.55	20.15
氨基酸	5.33	4.69
蛋白质	2.91	3.51
还原糖	5.33	5.32
咖啡因	2.98	3.76
GC	1.63	1.58
EGC	1.22	1.18
C	0.04	0.08
EC	0.84	0.43
EGCG	2.77	3.85
GCG	1.01	2.09
ECG	1.28	1.38
CG	0.41	0.67
总儿茶素	9.21	11.27

3.3　茶叶生化成分与气象要素的关系

将15种茶叶主要生化成分和酚氨比分别与采摘前1 d到采摘前30 d的各时段平均气温、平均气温日较差、平均相对湿度、累积日照时数、累积降水量进行相关分析，以相关性最显著的时段作为影响时段。

3.3.1　水浸出物

水浸出物与相对湿度、降水量、平均气温呈负相关，与日照时数、气温日较差呈正相关。其中，乌牛早茶树水浸出物与采摘前1～3 d日照时数、降水量的相关系数通过0.05显著性检验水平；鸠坑茶树水浸出物与采摘前1～6 d日照时数的相关系数通过0.05显著性检验水平。

3.3.2　茶多酚

茶多酚是形成茶叶色、香、味和茶叶具有保健功能的主要成分之一(Vayalil et al.,2004)。3个茶树品种茶多酚含量与降水量、相对湿度呈负相关，与平均气温、日照时数、气温日较差和光温系数呈正相关。其中，乌牛早茶树茶多酚含量与采摘前2～10 d降水量和2～10 d相对湿度的相关系数通过0.01显著性检验水平；龙井43茶树茶多酚含量与采摘前1～7 d降水量、1～7 d气温日较差、3～7 d相对湿度、1～7 d日照时数和1～7 d光温系数的相关系数通过0.01显著性检验水平；鸠坑茶树茶多酚含量与采摘前2～8 d平均气温、1～3 d日照时数的相关系数通过0.05显著性检验水平。

3.3.3　氨基酸

氨基酸不仅使龙井茶叶具有鲜味，也是使龙井茶具有保健功能的主要生化成分之一，优质龙井茶叶中有较高含量的氨基酸(Juneja et al.,1999)。3个茶树品种的氨基酸含量与降水量、相对湿度呈正相关，与平均气温、日照时数、气温日较差和光温系数呈负相关。其中，乌牛早茶树氨基酸含量与采摘前2～10 d降水量、1～11 d气温日较差、2～11 d相对湿度、2～11 d日照时数和2～11 d光温系数的相关系数均通过0.01显著性检验水平；龙井43茶树氨基酸含量与采摘前3～5 d平均气温、3～10 d气温日较差、3～11 d日照时数和3～9 d光温系数的相关系数均通过0.01显著性检验水平，与3～

11 d 相对湿度的相关系数通过 0.05 显著性检验水平；鸠坑茶树氨基酸含量与 3～13 d 平均气温的相关系数通过 0.01 显著性检验水平，与 3～17 d 光温系数的相关系数通过 0.05 显著性检验水平。

3.3.4　酚氨比

龙井茶作为名优绿茶，具有香气嫩鲜清高、滋味鲜醇甘爽的特点。茶多酚和氨基酸是茶叶的主要呈味物质，二者的配比——酚氨比决定茶汤的滋味。红茶要求有较高的酚氨比，绿茶要求有较低的酚氨比。3 个茶树品种的酚氨比与降水量、相对湿度呈负相关，与平均气温、日照时数、气温日较差和光温系数呈正相关。其中，乌牛早茶树的酚氨比与采摘前 2～10 d 降水量、1～11 d 气温日较差、2～11 d 相对湿度、2～11 d 日照时数和 2～11 d 光温系数的相关系数均通过 0.01 显著性检验水平；龙井 43 茶树的酚氨比与采摘前 1～13 d 降水量、1～7 d 气温日较差、3～14 d 相对湿度、1～8 d 日照时数和 1～7 d 光温系数的相关系数均通过 0.01 显著性检验水平，与 3～5 d 平均气温的相关系数通过 0.05 显著性检验水平；鸠坑茶树的酚氨比与降水量、日照时数、气温日较差均呈负相关，与平均气温、相对湿度呈正相关，其中鸠坑茶树的酚氨比与采摘前 3～12 d 平均气温的相关系数通过 0.01 显著性检验水平。

3.3.5　蛋白质

乌牛早茶树的蛋白质含量与相对湿度、降水量均呈负相关，与日照时数、气温日较差均呈正相关，其中乌牛早茶树的蛋白质含量与采摘前 1～3 d 平均相对湿度、降水量、日照时数、气温日较差的相关系数均通过 0.01 显著性检验水平。龙井 43 茶树的蛋白质含量与相对湿度、降水量、气温均呈负相关，与日照时数、气温日较差均呈正相关，其中龙井 43 茶树的蛋白质含量与采摘前 1～5 d 平均相对湿度、平均气温的相关系数均通过 0.05 显著性检验水平。鸠坑茶树的蛋白质含量与相对湿度、降水量均呈正相关，与日照时数、气温日较差、平均气温均呈负相关，其中鸠坑茶树的蛋白质含量与采摘前 1～7 d 降水量、平均气温的相关系数均通过 0.01 显著性检验水平，与采摘前 1～12 d 平均气温、1～15 d 相对湿度的相关系数均通过 0.05 显著性检验水平。

3.3.6　还原糖

乌牛早茶树和龙井 43 茶树的还原糖含量与相对湿度、降水量、平均气温均呈正相关，与日照时数、气温日较差均呈负相关。其中，乌牛早茶树的还原糖含量与采摘前 1～3 d 日照时数的相关系数通过 0.01 显著性检验水平，与采摘前1～4 d降水量的相关系数通过0.05显著性检验水平；龙井43茶树的还原糖含量与采摘前1～6 d降水量、平均气温的相关系数均通过0.05显著性检验水平。鸠坑茶树的还原糖含量与相对湿度、降水量均呈负相关，与日照时数、气温日较差均呈正相关，其中鸠坑茶树的还原糖含量与1～22 d日照时数的相关系数通过0.05显著性检验水平。

3.3.7 咖啡因

茶叶中的咖啡因能使人们饮茶后中枢神经兴奋，产生提神、醒脑的功效。但过量摄入咖啡因可能会对健康造成不利影响(Brice and Smith，2001；Howlett and Kelley，2005)。优质绿茶要求咖啡因含量较低。3个茶树品种的咖啡因含量与降水量、相对湿度均呈负相关，与平均气温、日照时数、气温日较差和光温系数均呈正相关。其中，乌牛早茶树的咖啡因含量与气象因子相关性不显著；龙井43茶树的咖啡因含量与采摘前2～10 d日照时数和1～7 d光温系数的相关系数均通过0.01显著性检验水平，与采摘前2～7 d气温日较差和3～7 d相对湿度的相关系数均通过0.05显著性检验水平；鸠坑茶树的咖啡因含量与采摘前1～16 d光温系数的相关系数通过0.01显著性检验水平，与1～16 d平均气温、1～3 d气温日较差、3～5 d相对湿度和1～7 d日照时数的相关系数均通过0.05显著性检验水平。

3.3.8 总儿茶素

乌牛早茶树和龙井43茶树的总儿茶素含量与相对湿度、降水量均呈负相关，与日照时数、气温日较差均呈正相关。其中，乌牛早茶树的总儿茶素含量与采摘前1～3 d相对湿度、降水量、日照时数、气温日较差的相关系数均通过0.01显著性检验水平；龙井43茶树的总儿茶素含量与采摘前1～5 d降水量的相关系数通过0.01显著性检验水平，与采摘前1～2 d相对湿度的相关系数通过0.05显著性检验水平。鸠坑茶树的总儿茶素含量与相对湿度、降水量均呈负相关，与平均气温呈正相关，其中鸠坑茶树的总儿茶素含量与采摘前1～11 d降水量、平均气温的相关系数均通过0.05显著性检验水平。

3.3.9 GC

乌牛早茶树的GC含量与相对湿度、降水量均呈负相关，与日照时数、气温日较差均呈正相关，但相关性不显著。龙井43茶树的GC含量与相对湿度呈负相关，与降水量、平均气温、日照时数、气温日较差均呈正相关，其中龙井43茶树的GC含量与采摘前1～14 d气温日较差、平均气温的相关系

数均通过0.05显著性检验水平。鸠坑茶树的GC含量与降水量呈正相关，与平均气温、气温日较差均呈负相关，其中鸠坑茶树的GC含量与采摘前1～20 d平均气温通过0.01显著性检验水平。

3.3.10 EGC

乌牛早茶树和龙井43茶树的EGC含量与相对湿度、降水量均呈负相关，与日照时数、气温日较差均呈正相关。其中，乌牛早茶树的EGC含量与采摘前1～4 d相对湿度、降水量、气温日较差的相关系数均通过0.01显著性检验水平，与采摘前1～5 d日照时数的相关系数通过0.05显著性检验水平；龙井43茶树的EGC含量与采摘前1～3 d降水量、气温日较差的相关系数均通过0.05显著性检验水平，与采摘前1～3 d相对湿度、日照时数的相关系数均通过0.01显著性检验水平。鸠坑茶树的EGC含量与降水量呈正相关，与平均气温呈负相关，其中鸠坑茶树的EGC含量与采摘前1～20 d平均气温的相关系数通过0.05显著性检验水平。

3.3.11 C

乌牛早茶树和龙井43茶树的C含量与相对湿度、降水量、平均气温均呈负相关，与日照时数、气温日较差均呈正相关。其中，乌牛早茶树的C含量与采摘前1～4 d降水量、日照时数的相关系数均通过0.01显著性检验水平，与采摘前1～3 d气温日较差的相关系数均通过0.05显著性检验水平；龙井43茶树的C含量与采摘前1～5 d降水量的相关系数通过0.01显著性检验水平，与采摘前1～3 d日照时数、相对湿度的相关系数均通过0.05显著性检验水平。鸠坑茶树的C含量与相对湿度、降水量均呈负相关，与日照时数、气温日较差均呈正相关，其中鸠坑茶树的C含量与采摘前1～5 d降水量的相关系数通过0.05显著性检验水平。

3.3.12 EC

乌牛早茶树和龙井43茶树的EC含量与相对湿度、降水量、平均气温均呈负相关，与日照时数、气温日较差均呈正相关。其中，乌牛早茶树的EC含量与采摘前1～9 d日照时数的相关系数通过0.05显著性检验水平；龙井43茶树的EC含量与采摘前1～5 d降水量、1～2 d相对湿度的相关系数均通过0.05显著性检验水平。鸠坑茶树的EC含量与平均气温呈负相关，与日照时数、气温日较差均呈正相关，其中鸠坑茶树的EC含量与采摘前1～28 d气温日较差、相对湿度的相关系数均通过0.05显著性检验水平。

3.3.13 EGCG

乌牛早茶树和龙井43茶树的EGCG含量与相对湿度、降水量均呈负相关，与日照时数、气温日较差均呈正相关。其中，乌牛早茶树的EGCG含量与采摘前1～10 d降水量和相对湿度、采摘前1 d日照时数和气温日较差的相关系数均通过0.05显著性检验水平；龙井43茶树的EGCG含量与采摘前1～5 d降水量、1～2 d相对湿度的相关系数均通过0.05显著性检验水平。鸠坑茶树的EGCG含量与降水量呈负相关，与平均气温呈正相关，其中鸠坑茶树的EGCG含量与采摘前1～10 d降水量、平均气温的相关系数均通过0.05显著性检验水平。

3.3.14 GCG

乌牛早茶树和龙井43茶树的GCG含量与相对湿度、降水量均呈负相关，与日照时数、气温日较差均呈正相关。其中，乌牛早茶树GCG含量与采摘前1～10 d降水量和相对湿度、采摘前1～3 d日照时数和气温日较差的相关系数均通过0.01显著性检验水平；龙井43茶树的GCG含量与采摘前1～6 d降水量的相关系数通过0.01显著性检验水平。鸠坑茶树GCG含量与降水量呈负相关，与平均气温呈正相关。鸠坑茶树的GCG含量与采摘前1～20 d降水量、采摘前1 d平均气温的相关系数均通过0.01显著性检验水平。

3.3.15 ECG

乌牛早茶树和龙井43茶树的ECG含量与相对湿度、降水量均呈负相关，与日照时数、气温日较差均呈正相关。其中，乌牛早茶树的ECG含量与采摘前1～5 d降水量和相对湿度、采摘前1～4 d气温日较差的相关系数均通过0.05显著性检验水平，与采摘前1～4 d日照时数的相关系数通过0.01显著性检验水平；龙井43茶树的ECG含量与气象因素相关性不显著。鸠坑茶树的ECG含量与降水量、相对湿度均呈正相关，与日照时数、气温日较差均呈负相关，但相关性不显著。

3.3.16 CG

乌牛早茶树的CG含量与相对湿度、降水量、平均气温均呈负相关，与日照时数、气温日较差均呈正相关。其中，乌牛早茶树的CG含量与采摘前1～6 d日照时数的相关系数通过0.01显著性检验水平；龙井43茶树的CG含量与气象因素相关性不显著。鸠坑茶树的CG含量与平均气温、相对湿度均

呈正相关，与日照时数、气温日较差均呈负相关，其中鸠坑茶树的CG含量与采摘前1～20 d平均气温的相关系数通过0.01显著性检验水平。

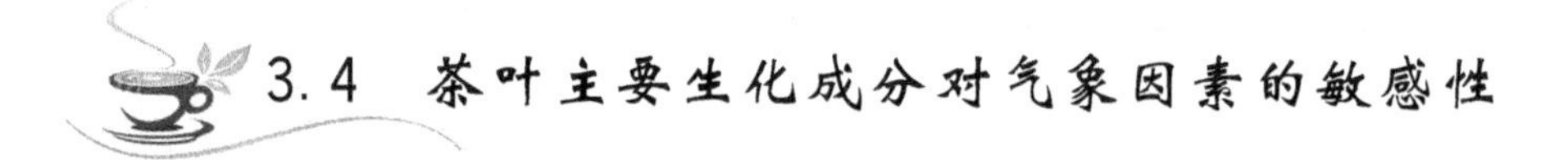

3.4　茶叶主要生化成分对气象因素的敏感性

茶叶品质关系密切的生化物质包括茶多酚、氨基酸、总儿茶素等（唐明熙，1983；杨亚军，1989；陆锦时等，1994）。本节以龙井43茶树为研究对象，分析茶叶主要生化成分对气象因素的敏感性。

3.4.1　影响龙井43茶叶生化成分的气象因子

茶叶采摘前的平均气温、气温日较差、日照时数和光温系数与茶叶中的茶多酚含量、咖啡因含量、总儿茶素含量、酚氨比均呈正相关，与氨基酸含量呈负相关；茶叶采摘前的降水量和相对湿度与茶叶中的茶多酚含量、咖啡因含量、总儿茶素含量、酚氨比均呈负相关，与氨基酸含量呈正相关。各气象因子与龙井43茶叶生化成分的相关系数和显著的影响时期、敏感性比值及排序见表3.5。由表可得知，茶叶生化成分和气象因子的敏感性排序与茶叶生化成分和该气象因子的相关性大小不存在一一对应关系，如茶多酚与采摘前3～6 d平均相对湿度的相关系数绝对值小于茶多酚与采摘前1～7 d光温系数的相关系数绝对值，但敏感性排序则相反；氨基酸与采摘前2～5 d平均气温的敏感性排序为1，但氨基酸与采摘前2～5 d平均气温的相关系数绝对值小于氨基酸与采摘前3～10 d平均气温日较差、采摘前3～14 d平均日照时数的相关系数绝对值；总儿茶素和气象因子的敏感性排序与总儿茶素和该气象因子的相关性大小一一对应。

表3.5　各气象因子与龙井43茶叶生化成分的相关系数和显著的影响时期、敏感性比值及排序

成分		降水量	平均气温	气温日较差	平均相对湿度	日照时数	光温系数
茶多酚	相关系数	−0.8957**	—	0.8011**	−0.7891**	0.9295**	0.8226**
	影响时期(d)	1～19	—	1～7	3～6	1～5	1～7
	敏感性比值	1.3658	—	3.1014	1.0081	2.6469	1.009
	排序	3	—	1	5	2	4
氨基酸	相关系数	—	−0.7999**	−0.8605**	0.7555*	−0.8127**	−0.7982**
	影响时期(d)	—	3～5	3～10	3～11	3～14	3～9
	敏感性比值	—	1.7924	1.6708	1.1209	1.5885	1.2055
	排序	—	1	2	5	3	4

续表

成分		降水量	平均气温	气温日较差	平均相对湿度	日照时数	光温系数
咖啡因	相关系数	—	—	0.7246*	−0.7312*	0.7979**	0.8477**
	影响时期(d)	—	—	2～14	3～7	2～10	1～7
	敏感性比值	—	—	1.8025	1.1145	1.1833	1.032
	排序	—	—	1	3	2	4
总儿茶素	相关系数	−0.8822**	—	—	−0.7994**	—	0.7537*
	影响时期(d)	1～15	—	—	3～6	—	1～2
	敏感性比值	3.4537	—	—	2.5208	—	1.4468
	排序	1	—	—	2	—	3
酚氨比	相关系数	−0.8586**	0.7137*	0.9089**	−0.8270**	0.8938**	0.9036**
	影响时期(d)	1～19	3～5	3～7	3～14	1～8	1～7
	敏感性比值	1.007	1.197	1.2543	1.0952	1.0384	1.1861
	排序	6	2	1	4	5	3

注：表中“**”“*”分别表示相关系数达到 0.01、0.05 显著性检验水平；“—”表示相关系数未达到 0.05 显著性检验水平；影响时期“1～19”是指茶叶采摘前 1 d 到采摘前 19 d，其他同。

3.4.2 茶多酚对气象因子的敏感性

茶多酚是形成茶叶色、香、味和茶叶具有保健功能的主要成分之一(Vayalil et al.，2004)。日照充足、降水量少、相对湿度低等有利于茶多酚形成。从图 3.1 可看出，气象因子对龙井 43 春茶茶多酚的影响可划分为敏感区间和不敏感区间：在敏感区间，茶多酚含量随气象因子变化；在不敏感区间，茶多酚含量不随气象因子变化。茶多酚含量对采摘前 1～19 d 平均降水量的敏感性区间为[1.0 mm，6.5 mm]，在此区间内，茶多酚含量随降水量增加而降低(−1.62%/mm)(图 3.1a)。茶多酚含量对采摘前 1～7 d 气温日较差的敏感性区间为[8℃，11℃]，在此区间内，茶多酚含量随气温日较差增加而增加(1.04%/℃)(图 3.1b)。茶多酚含量对采摘前 3～6 d 平均相对湿度的敏感性区间为[45%，70%]，在此区间内，茶多酚含量随相对湿度增加而降低(−0.07%/%)(图 3.1c)。茶多酚含量对采摘前 1～5 d 平均日照时数的敏感性区间为[2.5 h，9.5 h]，在此区间内，茶多酚含量随日照时数增加而增加(0.71%/h)(图 3.1d)。茶多酚含量对采摘前 1～7 d 光温系数的敏感性区间为[35 ℃·h，120 ℃·h]，在此区间内，茶多酚含量随光温系数增加而增加(0.06%/(℃·h))(图 3.1e)。

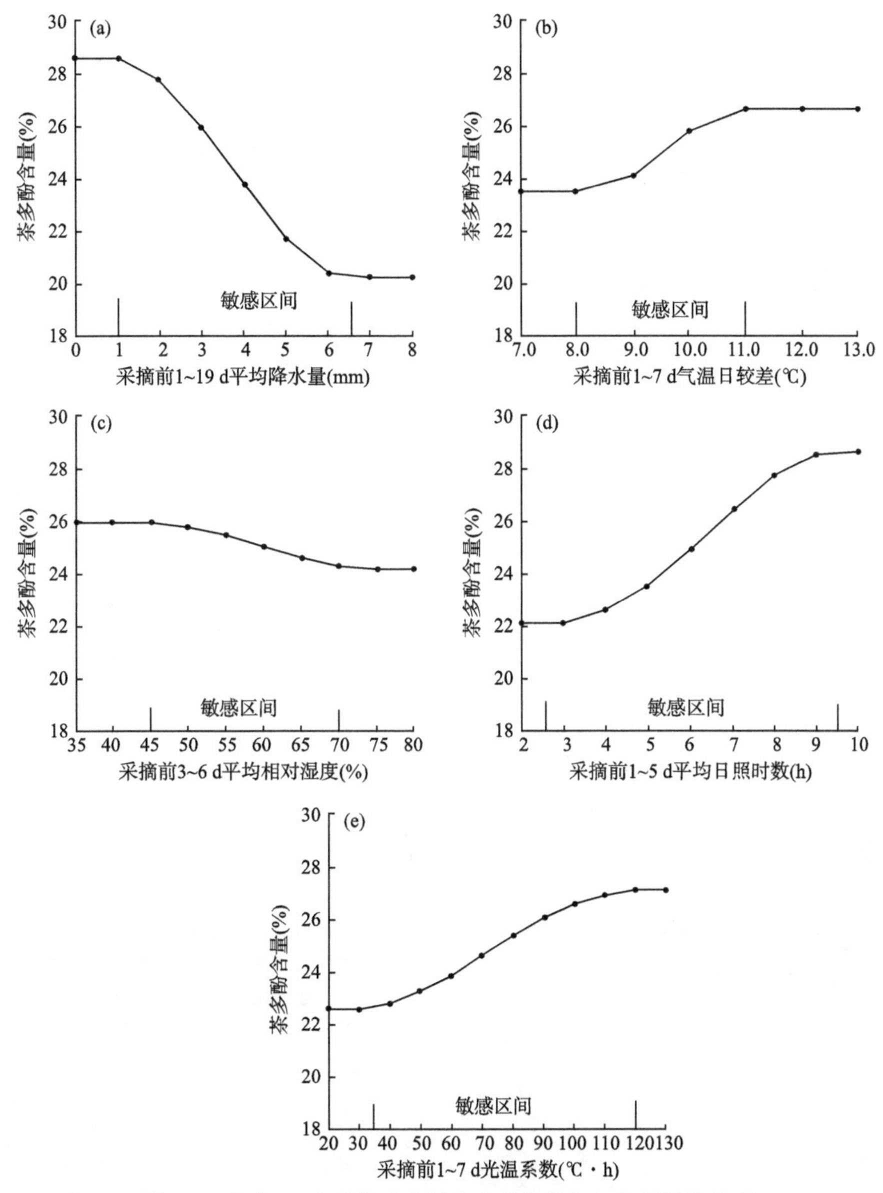

图 3.1　龙井 43 春季茶叶中的茶多酚含量与气象因子的关系

3.4.3　氨基酸对气象因子的敏感性

氨基酸不仅使龙井茶叶具有鲜味，也是使龙井茶具有保健功能的主要生化成分之一，优质龙井茶叶中有较高含量的氨基酸(Juneja et al.，1999)。龙井 43 春茶氨基酸含量对采摘前 3～5 d 平均气温的敏感性区间为[9℃，17℃]，在此区间内，氨基酸含量与平均气温呈反比关系，氨基酸含量随平均气温增加而降低(－0.13%/℃)(图 3.2a)。氨基酸含量对采摘前 3～10 d 平均气温日较差的敏感性区间为[8.5℃,18.5℃],在此区间内,氨基酸含量与平均气温日较差呈反比关系,氨基酸含量随平均气温日较差增加而降低(－0.08%/℃)(图 3.2b)。氨基酸含量对采摘前 3～11 d 平均相对湿度的敏感性区间为[50%,70%],在此区间内,氨基酸含量与平均相对湿度呈正比关系,氨基酸含量随平

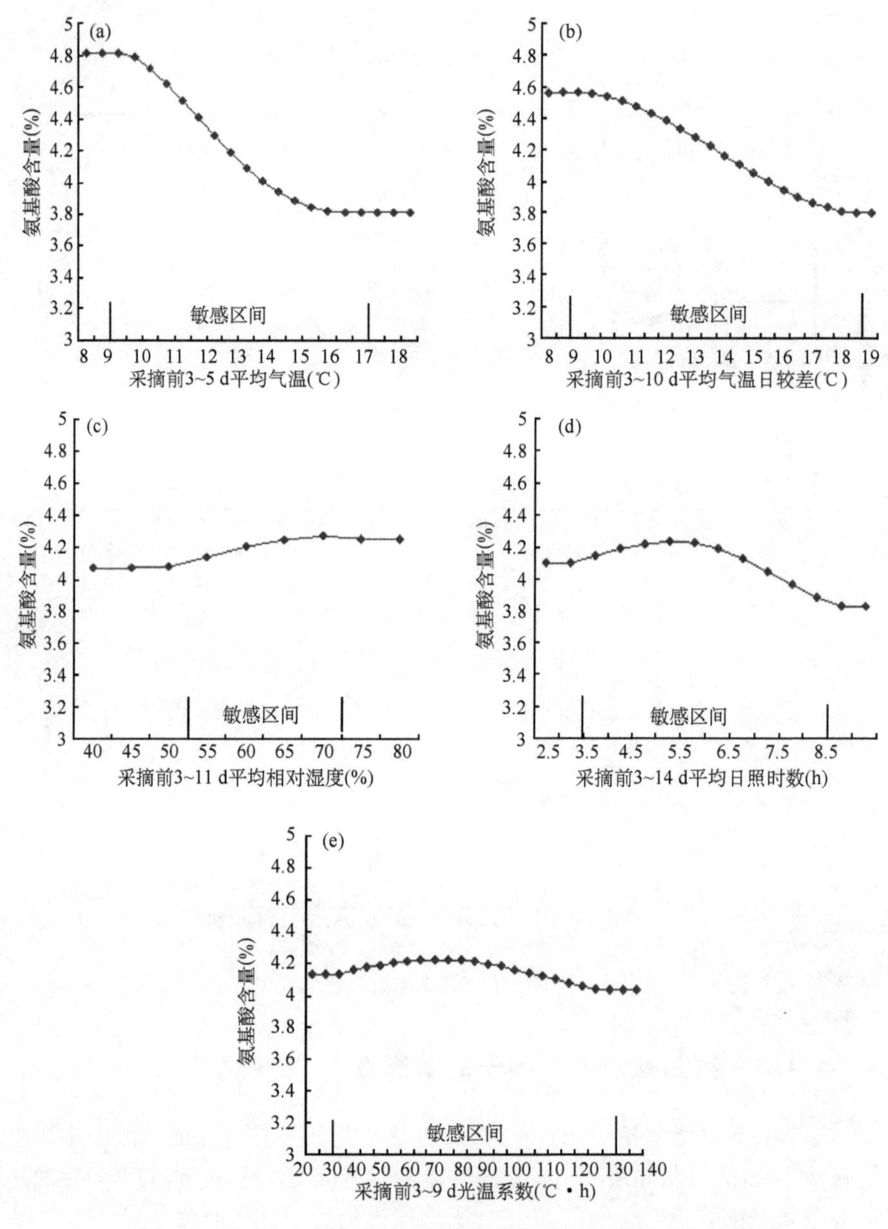

图 3.2　龙井 43 春季茶叶中的氨基酸含量与气象因子的关系

均相对湿度增加而增加(0.01%/%)(图 3.2c)。氨基酸含量对采摘前 3～14 d 平均日照时数的敏感性区间为[3 h,8 h],其中在区间[3 h,5 h],氨基酸含量与日照时数呈正比关系,氨基酸含量随日照时数增加而增加(0.06%/h);在区间[5 h,8 h],氨基酸含量与日照时数呈反比关系,氨基酸含量随日照时数增加而降低(−0.13%/h)(图 3.2d)。氨基酸含量对采摘前 3～9 d 光温系数的敏感性区间为[30 ℃·h,130 ℃·h],其中在区间[30 ℃·h,65 ℃·h],氨基酸含量与光温系数呈正比关系,氨基酸含量随光温系数增加而增加(0.003%/(℃·h));在区间[65 ℃·h,130 ℃·h],氨基酸含量与光温系数呈反比关系,氨基酸含量随光温系数增加而降低(−0.03%/(℃·h))(图 3.2e)。

3.4.4　咖啡因对气象因子的敏感性

咖啡因带有苦味,是构成茶汤滋味的重要成分。龙井 43 春茶咖啡因含量对采摘前 2～14 d 气温日较差的敏感性区间为[11.5℃,17.0℃],在此区间内,咖啡因含量随气温日较差增加而增加(0.07%/℃)(图 3.3a)。咖啡因含量对采摘前 3～7 d 平均相对湿度的敏感性区间为[50%,75%],在此区间内,咖啡因含量随平均相对湿度增加而降低(−0.02%/%)(图 3.3b)。咖啡

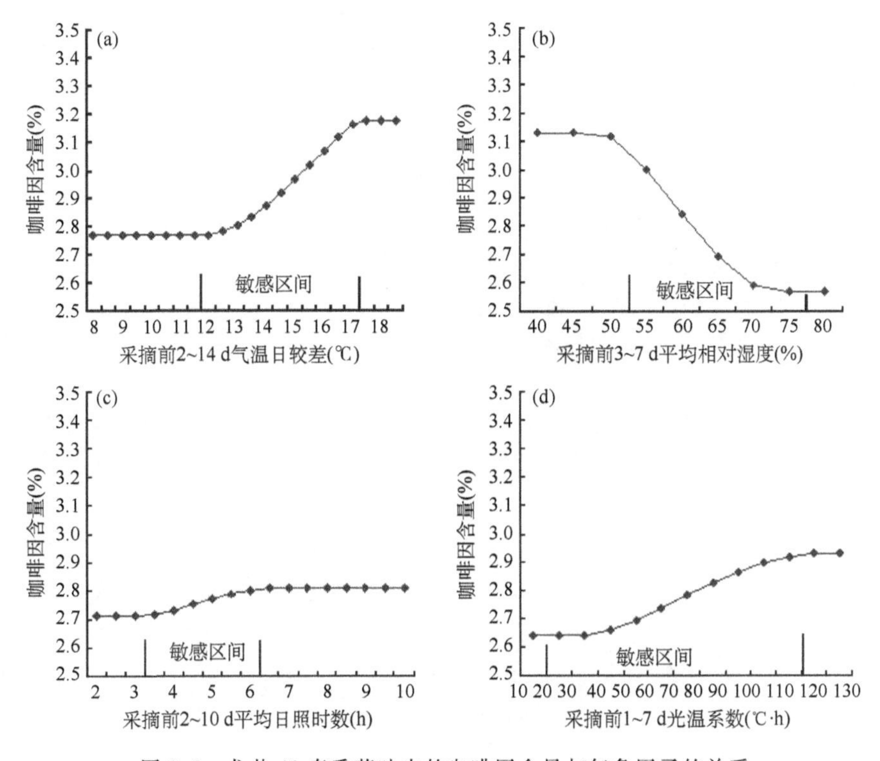

图 3.3　龙井 43 春季茶叶中的咖啡因含量与气象因子的关系

因含量对采摘前2～10 d平均日照时数的敏感性区间为[3 h,6 h],在此区间内,咖啡因含量随日照时数增加而增加(0.03%/h)(图3.3c)。咖啡因含量对采摘前1～7 d光温系数的敏感性区间为[20 ℃·h,120 ℃·h],在此区间内,咖啡因含量随光温系数增加而增加(0.03%/(℃·h))(图3.3d)。

3.4.5 总儿茶素对气象因子的敏感性

儿茶素类是一种黄烷醇型黄酮化合物,具有苦涩味,是茶汤滋味的重要组分(Narukawa et al.,2011),是茶叶诸多保健及药理功能的首要成分(Lee et al.,2002;Song et al.,2005)。龙井43春茶总儿茶素含量对采摘前1～15 d平均降水量的敏感性区间为[1 mm,7 mm],在此区间内,总儿茶素含量与平均降水量呈反比关系,总儿茶素含量随平均降水量增加而降低(−1.35%/mm)(图3.4a)。总儿茶素含量对采摘前3～6 d平均相对湿度的敏感性区间为[40%,65%],在此区间内,总儿茶素含量与平均相对湿度呈反比关系,总儿茶素含量随平均相对湿度增加而降低(−0.17%/%)(图3.4b)。总儿茶素含量对采摘前1～2 d光温系数的敏感性区间为[55 ℃·h,

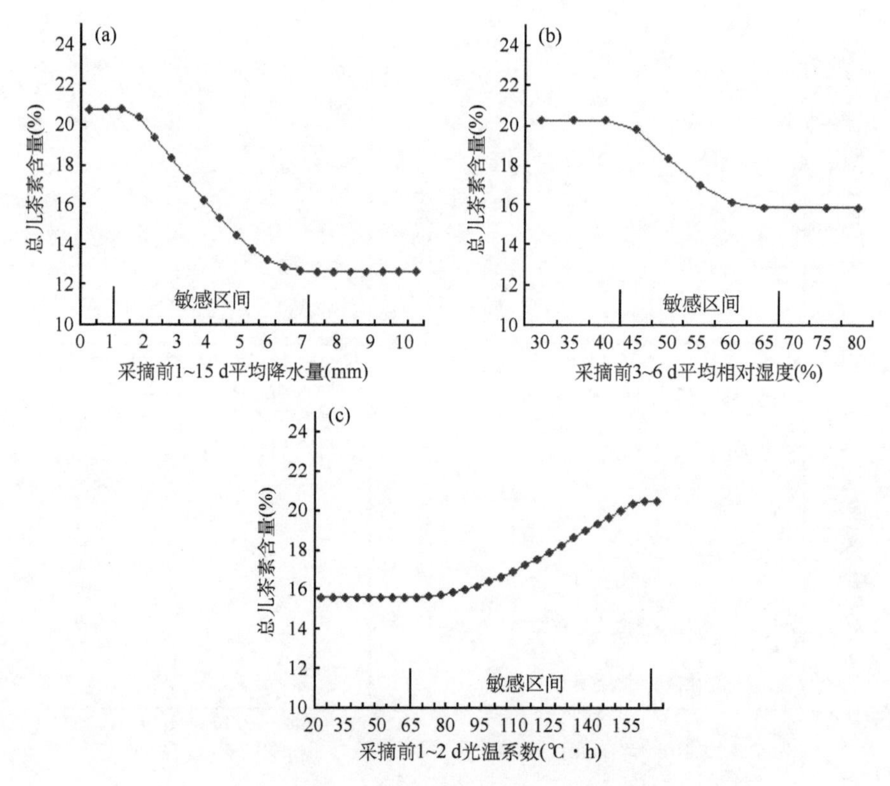

图3.4 龙井43春季茶叶中的总儿茶素含量与气象因子的关系

155 ℃ · h],在此区间内,总儿茶素含量与光温系数呈正比关系,总儿茶素含量随光温系数增加而增加(0.05%/(℃ · h))(图 3.4c)。

3.4.6 酚氨比对气象因子的敏感性

优质绿茶要求酚氨比低。龙井 43 春茶酚氨比对采摘前 1～19 d 平均降水量的敏感性区间为[2.0 mm,6.5 mm],在此区间内,酚氨比随降水量增加而降低(－0.45/mm)(图 3.5a)。酚氨比对采摘前 3～5 d 平均气温的敏感

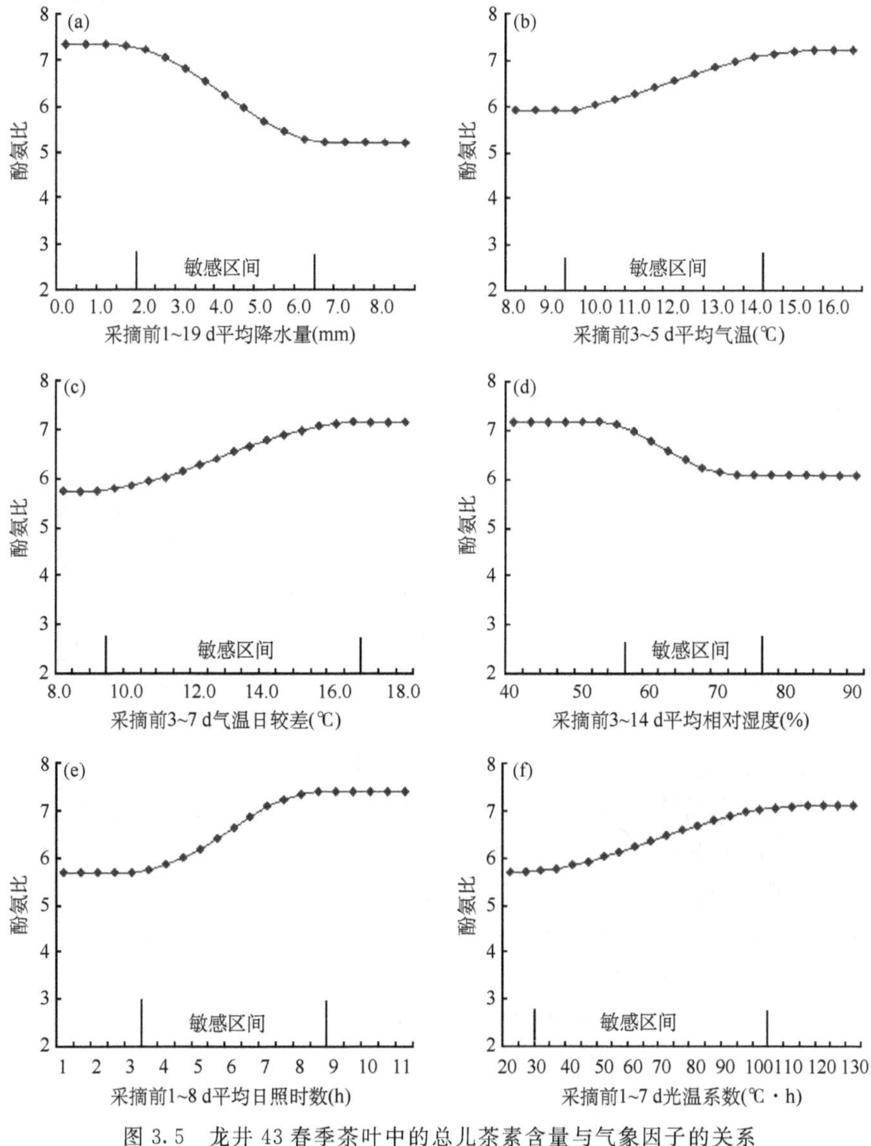

图 3.5 龙井 43 春季茶叶中的总儿茶素含量与气象因子的关系

性区间为[9.5℃,14.5℃],在此区间内,酚氨比随平均气温增加而增加(0.24/℃)(图 3.5b)。酚氨比对采摘前 3～7 d 气温日较差的敏感性区间为[9.5℃,17.0℃],在此区间内,酚氨比随气温日较差增加而增加(0.16/℃)(图 3.5c)。酚氨比对采摘前 3～14 d 平均相对湿度的敏感性区间为[55%,75%],在此区间内,酚氨比随相对湿度增加而降低(−0.05/%)(图 3.5d)。酚氨比对采摘前 1～8 d 平均日照时数的敏感性区间为[3.0 h,8.5 h],在此区间内,酚氨比随日照时数增加而增加(0.31/h)(图 3.5e)。酚氨比对采摘前 1～7 d 光温系数的敏感性区间为[30 ℃·h,105 ℃·h],在此区间内,酚氨比随光温系数增加而增加(0.02/(℃·h))(图 3.5f)。

3.5 春季龙井茶叶气候品质认证方案设计

农作物在生长过程中,产品质量的形成受化肥、农药、自然资源和生态环境等因素影响,其中气象条件是影响农产品质量的重要自然资源因素。农产品第三方认证是提高农产品品质和声誉、增强竞争力的有效手段之一。近年来,中国开展了无公害农产品、绿色食品和有机食品认证等农产品质量安全认证的 3 种基本产品认证,但还未考虑气象条件对产品质量的影响。

农产品质量安全认证包括产品认证和体系认证。农产品质量认证始于 19 世纪末 20 世纪初美国和加拿大开展的农作物种子认证。经过 100 多年发展,已形成 HACCP(Hazard Analysis Critical Control Point)、GMP(Good Manufacturing Practice)、EurepGAP(Euro-Retailer Produce Working Group Good Agricultural Practice)、SQF(Safety Quality Food)等体系认证。随着有机农业发展,美国在 20 世纪 90 年代制定了完善的有机食品认证方案,目前有机食品认证是国外农产品认证的主要形式之一。

我国农产品认证始于 20 世纪 90 年代初农业部实施的绿色食品认证。2001 年,在中央提出发展高产、优质、高效、生态、安全农业的背景下,农业部提出了无公害农产品的概念,并组织实施“无公害食品行动计划”,各地自行制定标准开展了当地的无公害农产品认证。在此基础上,2003 年实现了“统一标准、统一标志、统一程序、统一管理、统一监督”的全国统一的无公害农产品认证。20 世纪 90 年代后期,国内一些机构引入国外有机食品标准,实施了有机食品认证。同时,我国还在种植业产品生产中推行 GAP 和在畜牧业产品、水产品生产加工中实施 HACCP 食品安全管理体系认证。目前,我国基本上形成了以产品认证为重点、体系认证为补充的

农产品认证体系。

在无公害农产品、绿色食品、有机食品三类通过认证的农产品中，底部是无公害农产品，中间是绿色食品，顶部是有机食品，以有机食品最严格。有机食品是指按照有机农业生产标准，在生产中不采用基因工程获得的生物及其产物，不使用化学合成的农药、化肥、生长调节剂、饲料添加剂等物质，采用一系列可持续发展的农业技术，生产、加工并经专门机构（国家有机食品发展中心）严格认证的一切农副产品。农作物生长期的气象条件是影响农产品质量和产量的重要因素，但目前国内外开展的农产品认证中还未见有关影响农产品质量的气象条件的认证。

3.5.1　茶叶气候品质认证方法

根据《浙江省气候中心农产品气候品质认证工作暂行规定》，农产品气候品质认证是指为气象对农产品品质影响的优劣等级做评定。农产品气候品质认证的气象指标统一划分为四级，分别是特优、优、良好和一般。由省农气中心组织实施。县气象局负责建立本地农作物气候品质认证指标。县气象局在接到当地需要认证的单位提交的认证申请后，在两个工作日内完成申请材料的审查、现场环境勘验；同时，向省农气中心申报认证编号，省农气中心在核查后，出具《农产品气候品质认证报告》。

申请开展气候品质认证的农产品必须是来源于认证区域内的农业初级产品。同时应当符合下列条件：①产品具有独特的品质特性或者特定的生产方式；②产品品质特色主要取决于独特的自然生态环境、气象条件；③产品具有一定规模并在限定的生产区域范围；④产地环境、产品质量符合国家强制性技术规范要求。

茶叶气候品质认证是指为气象对茶叶品质影响的优劣等级做评定。要求开展认证的茶叶生产者是有一定生产规模的茶场，生产的茶叶符合《中华人民共和国国家标准——茶叶卫生标准 GB 9679—88》。茶叶气候品质认证过程是指根据符合申请开展茶叶气候品质认证的茶场在茶叶生产期间的气象条件对茶叶品质的影响，将其划分为特优、优、良好和一般四个等级。

3.5.2　茶叶气候品质认证指标设计

本章以产于浙江省新昌县的大佛龙井茶作为认证对象。茶叶质量包括色、香、味、形、叶底五个方面，茶叶的质量由制作茶叶的原材料——茶树上采摘的芽叶和制作工艺决定。生产龙井茶的茶树芽叶质量根据芽叶长度和芽上叶片数分为特级、1 级、2 级、3 级和 4 级五个等级，低于 4 级的以及劣变、受冻害芽叶不得用于加工龙井茶；生产特级、1 级和 2 级龙井茶的茶树芽叶颜色为嫩绿色，生产3级及以下等级龙井茶的茶树芽叶颜色可以为绿色；叶底由茶树芽叶质量、芽叶颜色和加工工艺决定；茶叶中的茶多酚、氨基酸及酚氨比是影响茶汤滋味和香气的主要生化因子(Le Gall et al.，2004；Graham，1992)。滋味评分采用程启坤和阮宇成推荐的绿茶滋味品质化学鉴定法(黄继珍，2000)：

$$滋味总分 = 鲜度分 + 浓度分 + 醇度分 \quad (3.1)$$

式中，鲜度分用氨基酸总量(mg/g)表示，浓度分用茶多酚总量(%)表示，醇度分用鲜度分和浓度分的比值(即酚氨比的倒数)乘以30表示。不同等级龙井茶的滋味评分见表3.6。

表3.6　不同等级龙井茶的滋味评分(单位：分)

等级	特级	1级	2级	3级	4级
滋味分	100	90	85	80	75

温度是影响茶树物候期的主要因子，乌牛早、龙井43和鸠坑茶树特级茶和1级茶、2级茶、3级茶、4级茶采摘期间所需有效积温见表2.3。3个茶树品种从开采期到茶树新叶从嫩绿色转为翠绿色之间≥5℃的有效积温分别为：(98.5±2.5) ℃·d、(100±2.5) ℃·d、(186.5±2.5) ℃·d。

茶鲜叶中含有的香气物质种类较少，大部分的茶叶芳香物质都是在加工过程中形成的。大佛龙井茶香气与茶鲜叶嫩度有关(代毅，2008)。因此本书以反映茶鲜叶嫩度的茶芽叶质量和新叶颜色来代替香气指标。

根据龙井茶分级标准，在正常采摘情况下，将未遭受过霜冻茶树芽叶形成期间的气候品质分为特优、优、良好和一般四个等级(见表3.7)。如采摘的茶树芽叶生长期间的气象因子达不到茶叶形、色、味任一项等级为4级茶标准的气象指标，则该批次茶叶不能给予茶叶气候品质认证。

表3.7　龙井茶叶气候品质等级

气候品质	气候品质等级对应的茶叶质量指标		
	茶芽叶质量	新叶颜色	滋味评分
特优	特级、1级	嫩绿色	特优
优	2级以上	嫩绿色	1级以上
良好	3级以上	嫩绿色或翠绿色	2级以上
一般	4级以上	嫩绿色或翠绿色	4级以上

乌牛早茶树、龙井43茶树、鸠坑茶树的氨基酸含量、酚氨比和茶多酚含量与气象因子相关性见表3.8。根据表3.8利用神经网络建立各茶树品种氨基酸含量、酚氨比和茶多酚含量与气象因子之间的拟合模型。

表 3.8　各茶树品种生化成分含量与气象因子的相关性

茶树品种	生化成分	气温		气温日较差		日照时数	
		时期(d)	相关系数	时期(d)	相关系数	时期(d)	相关系数
乌牛早	茶多酚	—	—	—	—	—	—
	氨基酸	—	—	1～10	−0.8710**	2～11	−0.9073**
	酚氨比	—	—	1～11	0.8004**	1～11	0.8196**
龙井 43	茶多酚	—	—	1～7	0.8011**	1～5	0.9295**
	氨基酸	2～5	−0.7999**	3～10	−0.8605**	3～14	−0.8127**
	酚氨比	3～5	0.7137*	1～7	0.8589**	3～10	0.8970**
鸠坑	茶多酚	1～8	0.7606*	—	—	—	—
	氨基酸	3～13	−0.8822**	—	—	—	—
	酚氨比	3～12	0.8932**	—	—	—	—

（续上表）

相对湿度		降水量		光温系数		$\sum T>5℃$	
时期(d)	相关系数	时期(d)	相关系数	时期(d)	相关系数	时期(d)	相关系数
2～10	−0.7767*	2～10	−0.9442**	—	—	—	—
2～11	0.7984**	2～10	0.6887*	2～11	−0.9083**	—	—
2～11	−0.8978**	2～10	−0.9424**	2～11	0.7723*	—	—
3～7	−0.7905*	1～13	−0.8613**	1～7	0.8226**	—	—
3～11	0.7555*	—	—	1～9	−0.7982**	2～6	−0.7704*
3～14	−0.8240**	1～13	−0.8603**	1～8	0.8900**	—	—
—	—	—	—	—	—	1～8	0.7526*
—	—	—	—	3～17	−0.7527*	2～15	−0.8706**
—	—	—	—	—	—	2～15	0.8949**

注：表中“—”表示相关系数未达到显著性水平；“*”表示相关系数达到 0.05 显著性检验水平；“**”表示相关系数达到 0.01 显著性检验水平；时间栏“1～7”表示从采摘前 1 d 到采摘前 7 d，其他同。

3.5.3　大明有机茶场茶叶气候品质认证

根据 2012 年和 2013 年大明有机茶场自动气象站观测数据，利用 BP 神经网络计算出乌牛早茶树、龙井 43 茶树、鸠坑茶树进入开采期后逐日生产的龙井茶叶所含茶多酚、氨基酸、酚氨比，统计 3 个茶树品种进入开采期后每天在 5℃以上的有效积温，对照各级茶树芽叶质量和茶树新叶转色对应的积温指标，确定特级茶和 1 级茶、2 级茶、3 级茶、4 级茶的采摘期和茶树新叶转色期。根据茶叶气候品质等级指标，得到2012年和2013年大明有机茶场乌牛早茶树、龙井43茶树、鸠坑茶树各时期生产的龙井茶叶气候品质等级（表3.9）。

表3.9a 乌牛早茶树生产的龙井茶叶气象品质评价

阶段	2012年3月22—26日	2012年3月27—29日	2012年3月30日—4月1日	2012年4月2—7日	2013年3月1—2日	2013年3月3—18日	2013年3月19—31日
茶芽叶质量(级别)	1	2	3	4	1	冻害	3或4
新叶颜色	嫩绿	嫩绿	嫩绿	绿色	嫩绿		绿色
茶多酚(%)	21.5～24.0	19.7～25.2	18.1～23.9	20.5～23.9	28.6～28.7		18.1～25.5
氨基酸(%)	4.1～4.5	4.0～4.2	3.8～3.9	3.7～3.9	4.8～5.0		4.2～5.0
酚氨比	4.8～5.6	4.7～4.9	6.4～7.7	7.3～7.7	7.4～7.5		3.2～7.3
气候品质	特优	优	良好	一般	优	没有	一般

表3.9b 龙井43茶树生产的龙井茶叶气象品质评价

阶段(2012年)	3月26—28日	3月29—30日	3月31日—4月5日	4月6—12日
茶芽叶质量(级别)	1	2	2或3	4
新叶颜色	嫩绿	嫩绿	嫩绿或绿色	绿色
茶多酚(%)	22.8～23.9	19.2～19.3	17.0～21.0	25.2
氨基酸(%)	5.4～5.7	4.6～4.8	4.0～4.7	4.0
酚氨比	4.0～4.1	3.9～4.1	4.0～4.6	3.9～4.1
气候品质	特优	优	良好	一般

（续表3.9b）

阶段(2013年)	3月11—13日	3月14—16日	3月17日	3月18—21日	3月22—27日	3月28日—4月4日
茶芽叶质量(级别)	1	冻害	1	2	3	4
新叶颜色	嫩绿		嫩绿	嫩绿	嫩绿或绿色	绿色
茶多酚(%)	18.0～19.4		21.8	20.2～20.3	18.7～20.1	19.2～20.3
氨基酸(%)	3.2～3.3		5.3	5.2～5.6	3.6～5.0	4.6～4.8
酚氨比	4.6～7.6		4.0	3.9～4.4	4.2～4.5	4.0～4.3
气候品质	特优	没有	特优	优	良好	一般

表 3.9c　鸠坑茶树生产的龙井茶叶气象品质评价

阶段(2012年)	4月6—11日	4月12—18日	4月19—28日	4月25—29日
茶芽叶质量(级别)	1	2	3	4
新叶颜色	嫩绿	嫩绿	嫩绿或绿色	绿色
茶多酚(%)	22.8～23.9	23.4～24.1	23.6～24.1	24.2～24.5
氨基酸(%)	4.1～4.3	3.3～4.3	3.3～3.6	3.4～3.7
酚氨比	5.3～6.1	6.0～6.7	6.5～6.7	6.6～6.7
气候品质	特优	优	良好	一般

(续表 3.9c)

阶段(2013年)	4月4—13日	4月14—19日	4月20—28日	4月29日—5月5日
茶芽叶质量(级别)	1	2	3	4
新叶颜色	嫩绿	嫩绿	嫩绿或绿色	绿色
茶多酚(%)	24.2～25.0	20.8～24.1	21.9～24.2	20.7～24.2
氨基酸(%)	5.7～5.9	4.4～4.7	3.4～4.1	3.3～4.2
酚氨比	4.1～4.8	4.8～6.0	5.8～6.2	5.7～6.2
气候品质	特优	优	良好	一般

第4章　低温冻害的空间分布

茶树是多年生的亚热带常绿植物，不耐低温，易遭受低温冻害。根据冻害发生的时间，茶树冻害分为冬季冻害和春季霜冻。冬季冻害是指冬季温度降到茶树生物学临界温度以下，使茶树枝梢遭受冻害甚至茶树冻死的农业气象灾害。冬季出现－12℃低温可使鸠坑等本地茶树品种遭受较重冻害，影响来年产量；冬季出现－10℃低温可使乌牛早等早中发茶树品种遭受较重冻害（李倬和贺龄萱，2005）。春季霜冻是指在晚冬或早春茶树茶芽萌发后到春茶采摘期间出现低温霜冻，使茶芽遭受冻害的农业气象灾害。

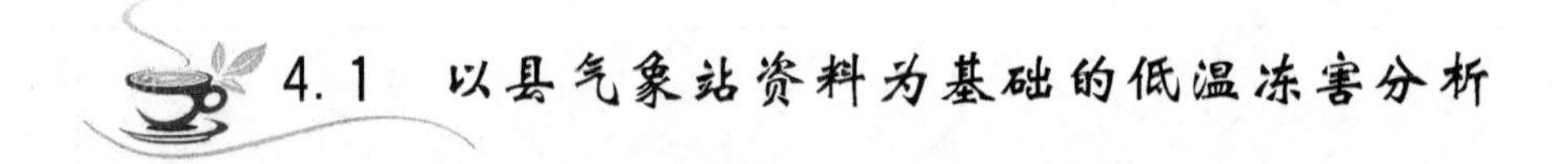

4.1　以县气象站资料为基础的低温冻害分析

4.1.1　年极端最低气温的空间分布

年极端最低气温是评价茶树冬季冻害发生程度的气象指标。浙江省各县气象站1974—2011年的极端最低气温空间分布见图4.1。

影响两地气温差异的因子很多，主要有经纬度、所在山系的走向、天气背景、测点的海拔高度、下垫面性质（土壤、植被情况等）和地形条件（地形遮蔽度、坡度、坡向等）等。同一天气形势下，在范围较大的山区，经纬度和海拔高度是影响气温分布的主要因素；山区范围较小时，经纬度的影响可以忽略，海拔高度和地形是影响气温差异的主要因子。表4.1是浙江省各县气象站年极端最低气温与地理因子的相关分析。年极端最低气温与海拔高度相关性较差，这和县气象站建于县城附近，而县城一般位于县域内海拔高度较低区域有关。年极端最低气温与纬度呈极显著负相关，说明随纬度增加，年极端最低气温显著降低。浙江省东临太平洋，受海洋性气候影响，东部年最低气温较高，西部年最低气温较低，因此年极端最低气温与经度呈显著正相关。

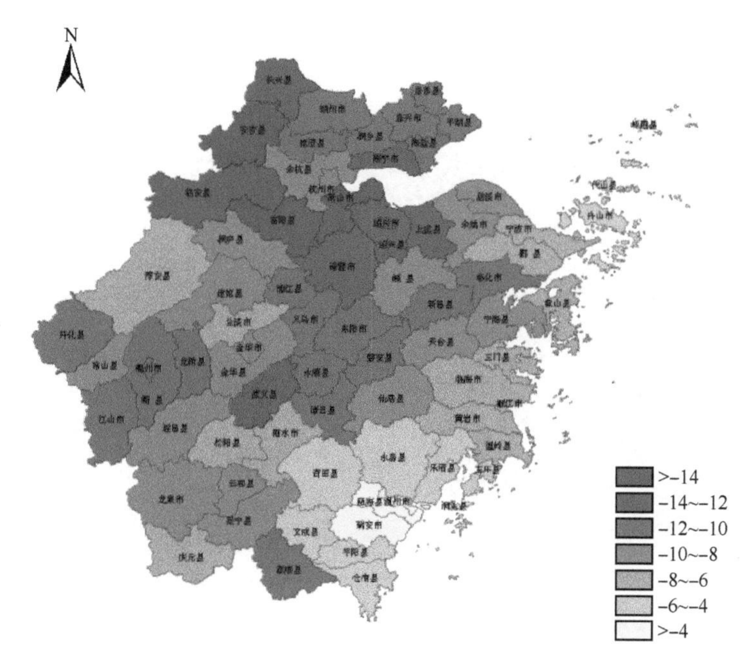

图 4.1　1974—2011 年浙江省各县气象站年极端最低气温空间分布(单位:℃)

表 4.1　浙江省各县年极端最低气温与地理因子的相关性

	纬度	经度	海拔高度
相关系数	−0.5582	0.3139	0.042
P 值*	0.0000	0.0115	0.7419

对各县气象站最低气温序列进行正态性检验,结果均未通过显著性检验。选用多种分布模型进行拟合,各县年最低气温序列的 Generaled Extreme Value 分布拟合检验均通过显著性检验,故用 Generaled Extreme Value 分布进行拟合,计算各县 80%保证率下极端最低气温值,结果见图 4.2。

表 4.2 是浙江省各县气象站 80%保证率下年极端最低气温与地理因子的相关分析。80%保证率下年极端最低气温与地理因子的相关性和年极端最低气温与地理因子的相关性一致。

表 4.2　浙江省各县 80%保证率下年极端最低气温与地理因子的相关性

地理因子	纬度	经度	海拔高度
相关系数	−0.5719	0.2997	−0.0402
P 值	0.0000	0.0161	0.7527

* *P* 值代表相关性检验值。

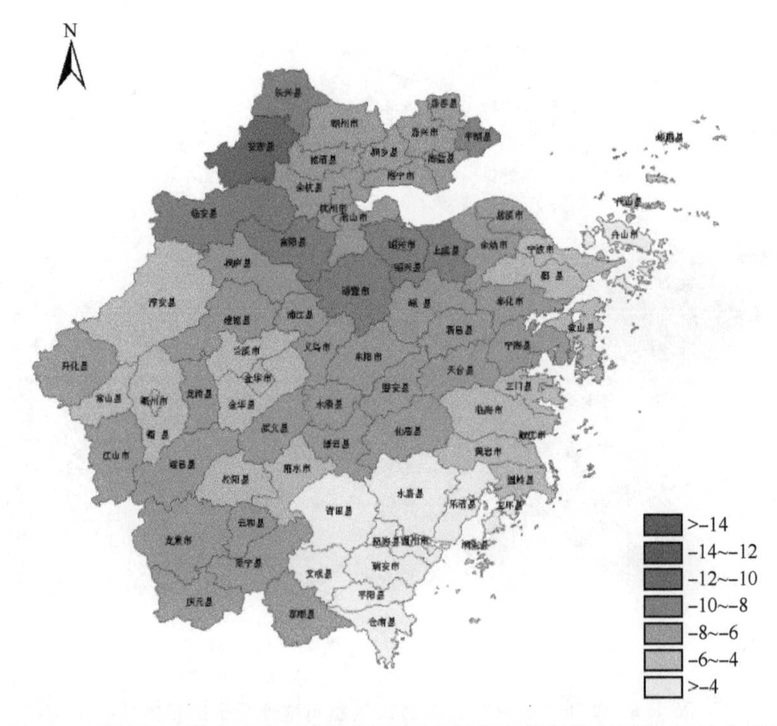

图 4.2 浙江省各县气象站 80%保证率下年极端最低气温空间分布(单位:℃)

从图 4.1、图 4.2 可看出,除了浙北山区县年极端最低气温在－12℃以下,大部分县年极端最低气温在－12℃以上。除了安吉在 80%保证率下最低气温低于－10℃,其他县年最低气温在 80%保证率下大于－10℃,能满足茶树越冬的需要。

4.1.2 旬极端最低气温的空间分布

浙江省茶树开采期最早出现在 2 月上旬(浙江省南部的乌牛早),最迟出现在 4 月中旬(浙江省北部的鸠坑等品种)。统计浙江省各县气象站 1974—2011 年从 2 月上旬到 4 月中旬各旬的最低气温序列,进行正态性检验,结果均未通过显著性检验,选用多种分布模型进行拟合,各县各旬最低气温序列的 Generaled Extreme Value 分布拟合检验均通过显著性检验,故用 Generaled Extreme Value 分布进行拟合,计算各县各旬 0℃、－3℃的出现概率以及 80%保证率下最低气温值,结果见图 4.3、图 4.4 和图 4.5。

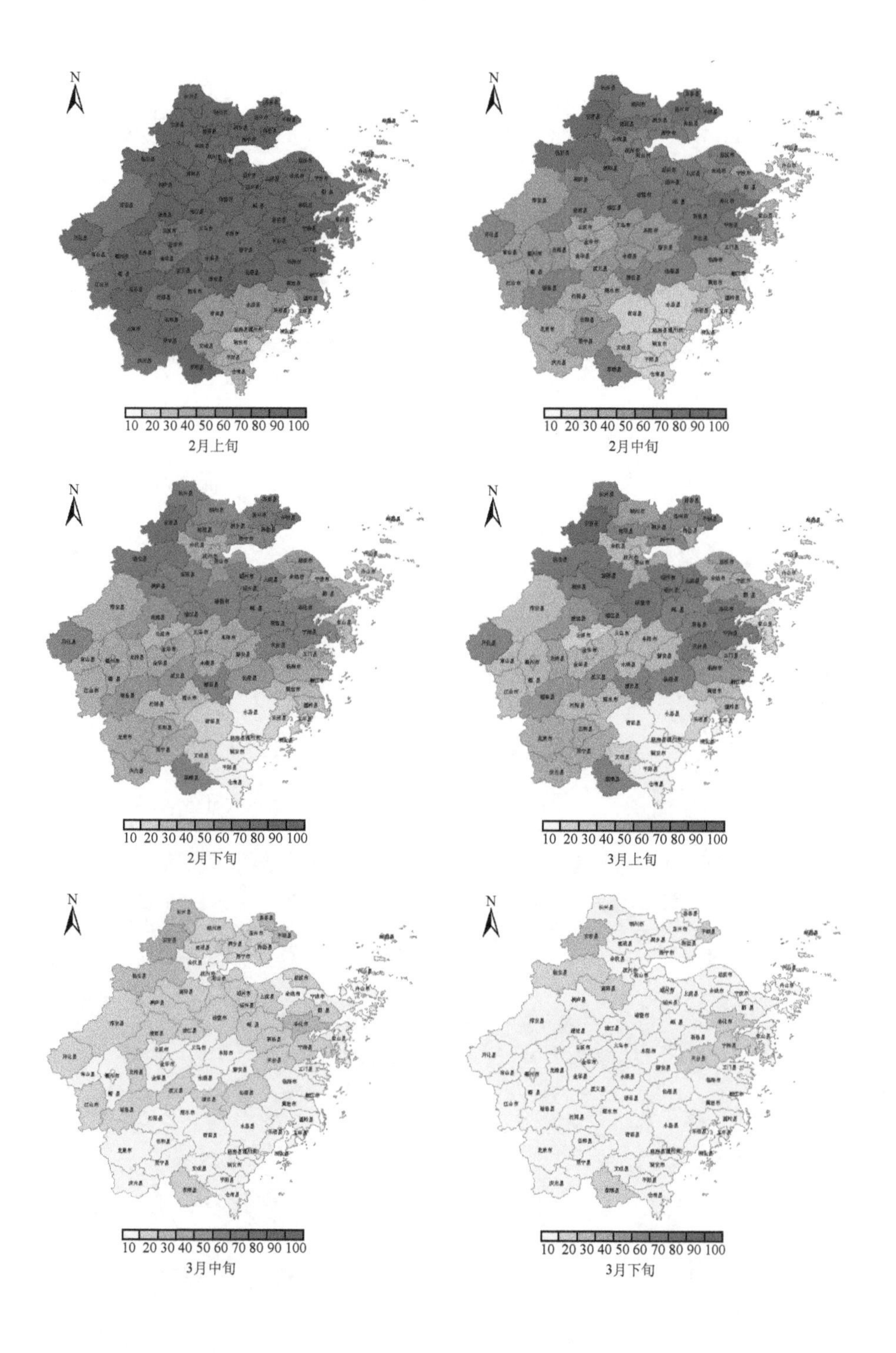
N
10 20 30 40 50 60 70 80 90 100
2月上旬
N
10 20 30 40 50 60 70 80 90 100
2月中旬
N
10 20 30 40 50 60 70 80 90 100
2月下旬
N
10 20 30 40 50 60 70 80 90 100
3月上旬
N
10 20 30 40 50 60 70 80 90 100
3月中旬
N
10 20 30 40 50 60 70 80 90 100
3月下旬

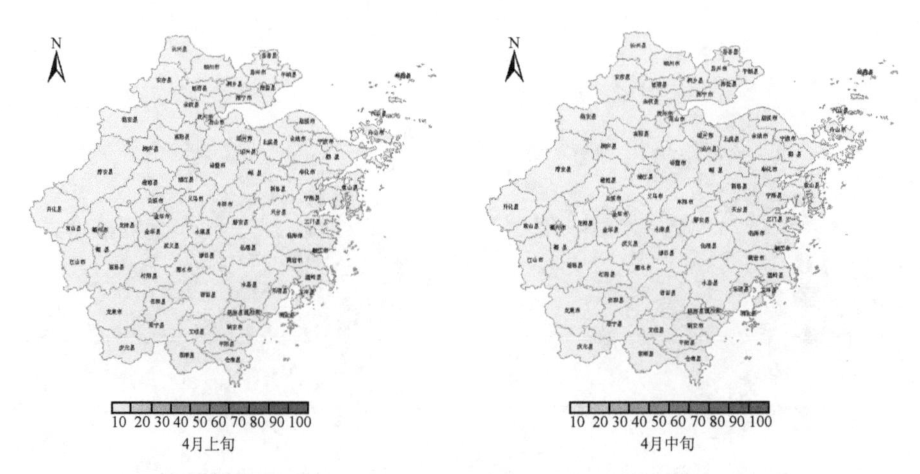

图 4.3　浙江省各县各旬 0℃出现概率空间分布(单位:%)

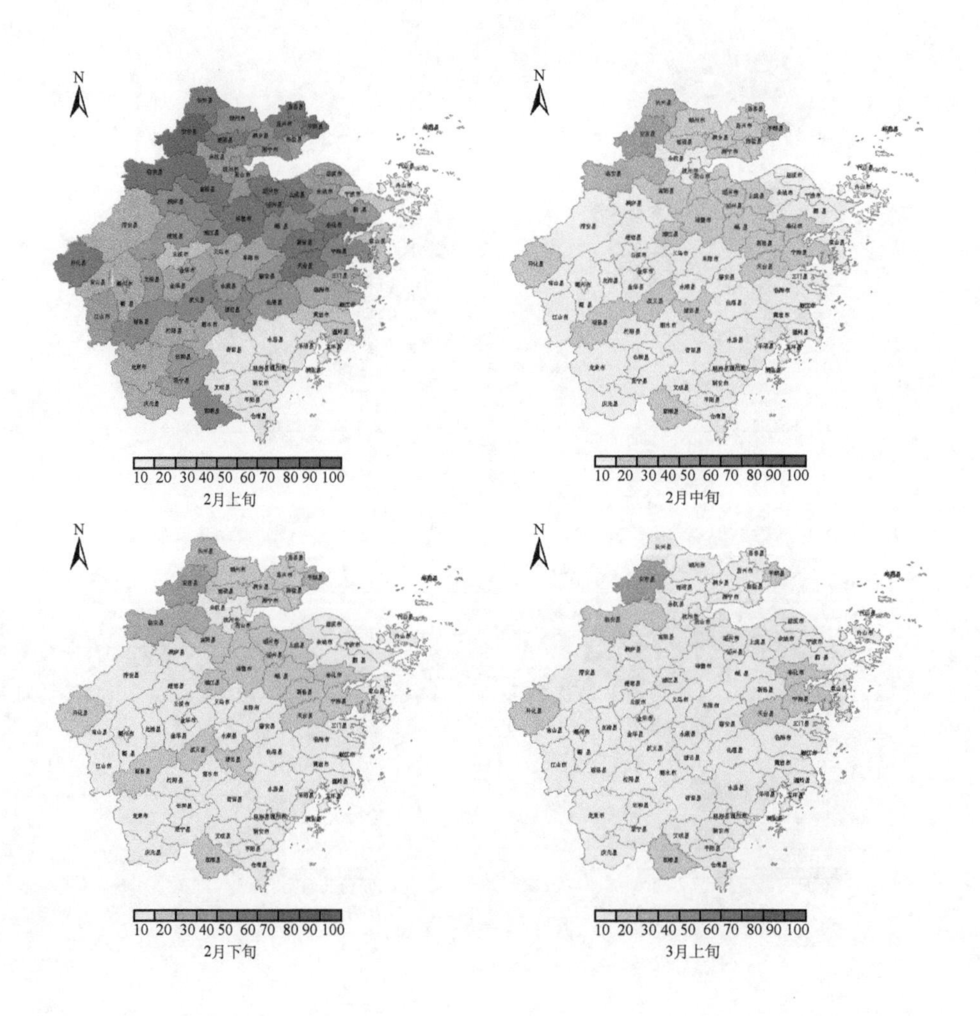

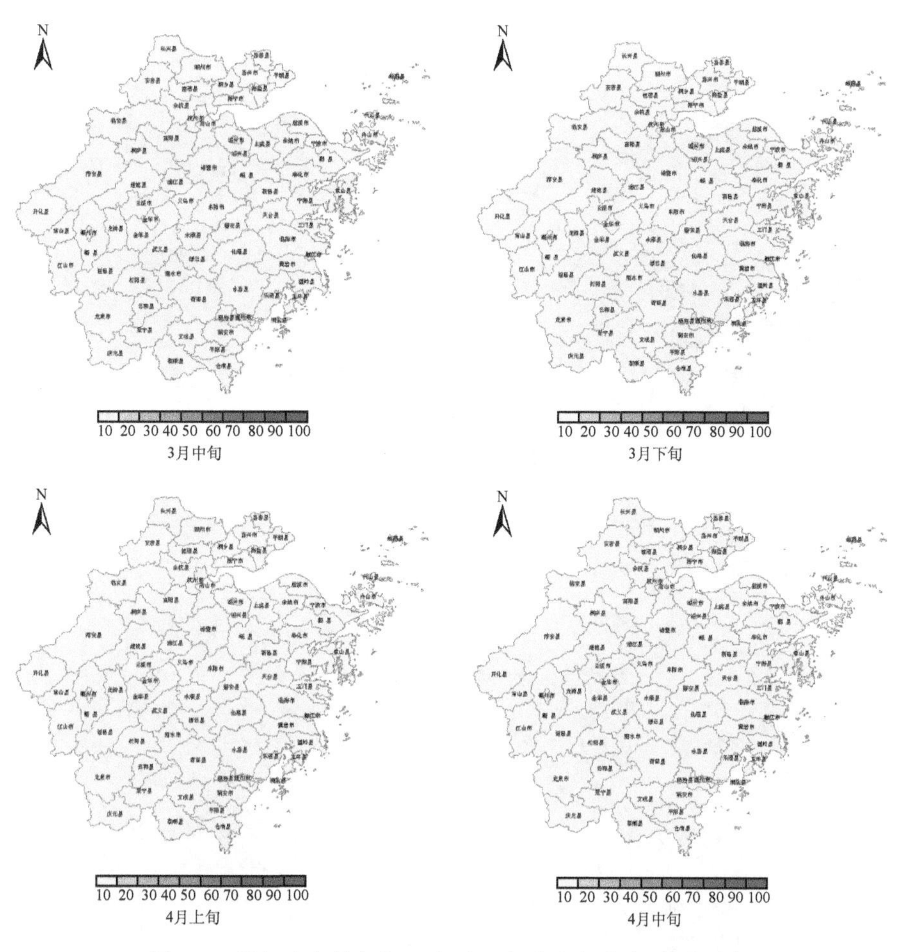

图 4.4 浙江省各县各旬−3℃出现概率空间分布(单位:%)

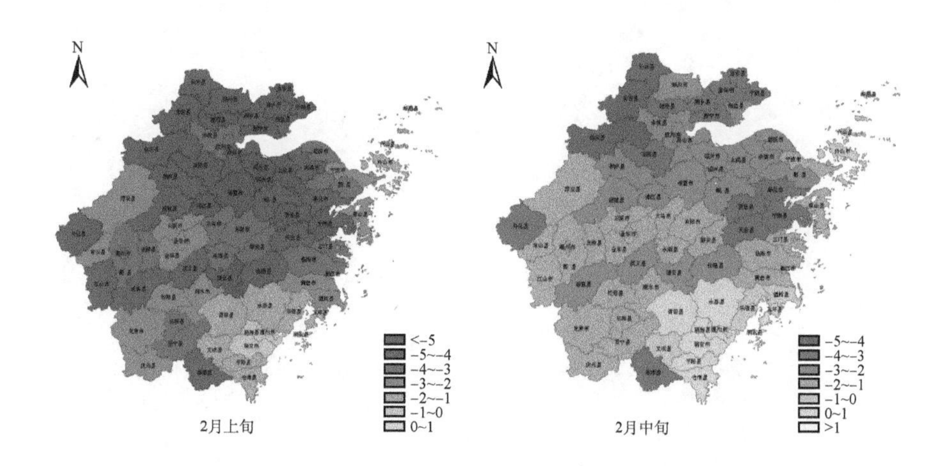

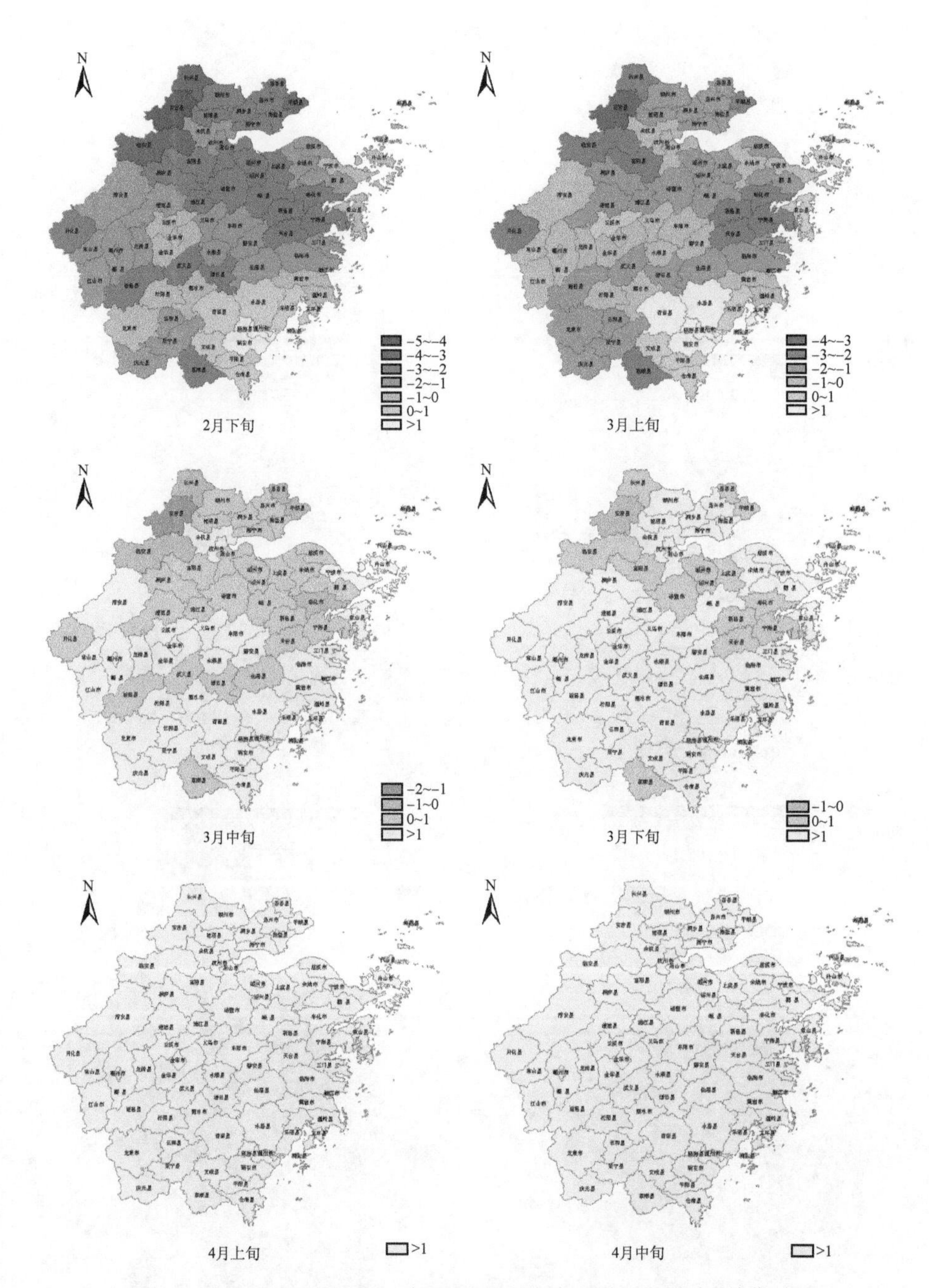

图 4.5　浙江省各县各旬 80%保证率下最低气温值空间分布(单位:℃)

由图 4.3～4.5 可知,浙江省各县在 4 月上中旬 80%保证率最低气温值在 1℃以上,同时－3℃出现概率为 0,0℃出现概率小于 10%;3 月下旬除少

数山区县80%保证率最低气温值在0～1℃,0℃出现概率大于10%,大多数县80%保证率最低气温值在0℃以上,同时－3℃出现概率为0,0℃出现概率小于10%;3月中旬及以前,随时间提前,80%保证率最低气温值降低,0℃和－3℃出现概率增大。

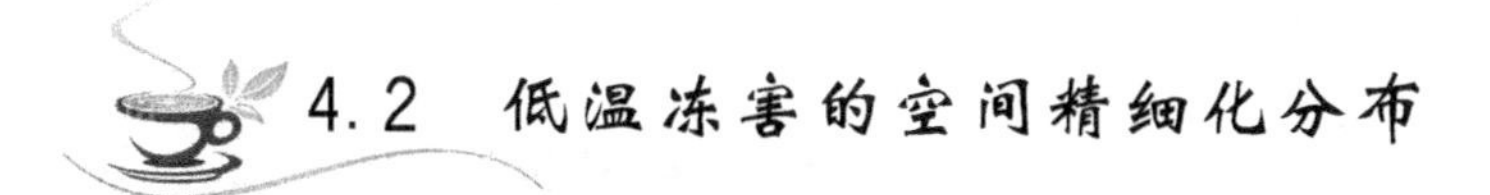

4.2　低温冻害的空间精细化分布

县气象站一般位于县城附近,反映的是县城附近的最低气温分布情况。茶树一般种植于山区,而山区气温变化幅度大,因此利用县城气象站的资料不能反映茶树种植地的低温冻害情况。本节以绍兴市为例,利用自动气象站资料分析最低气温的空间分布。

4.2.1　年极端最低气温的空间分布

对绍兴市各自动气象站最低气温序列进行正态性检验,结果均未通过显著性检验。选用多种分布模型进行拟合,各地年最低气温序列的Generaled Extreme Value分布拟合检验均通过显著性检验,故用Generaled Extreme Value分布进行拟合。计算各地80%保证率下最低气温值和最低气温低于－8℃、－10℃、－12℃的出现概率,再与各自动气象站所在地的海拔高度、经纬度、坡度、坡向求相关,结果见表4.3。根据表4.3建立80%保证率下最低气温值和最低气温低于－8℃、－10℃、－12℃的概率与海拔高度、经纬度、坡度、坡向的拟合模型,结合各网格点(100 m×100 m)的海拔高度、经纬度、坡度、坡向,得到80%保证率下最低气温值和最低气温低于－8℃、－10℃、－12℃的概率的空间分布(图4.6)。

表4.3　最低气温与地理因子的关系

		经度	纬度	海拔高度	坡度	坡向
最低气温低于－12℃的出现概率	相关系数	0.2178	－0.2841	0.7819	0.2739	0.3352
	P值	0.1102	0.0355	0.0000	0.0430	0.0124
最低气温低于－10℃的出现概率	相关系数	0.2465	－0.3640	0.8487	0.4171	0.4116
	P值	0.0696	0.0063	0.0000	0.0015	0.0018
最低气温低于－8℃的出现概率	相关系数	0.3056	－0.4669	0.7998	0.6210	0.4854
	P值	0.0233	0.0003	0.0000	0.0000	0.0002
80%保证率下最低气温值	相关系数	－0.3002	0.5381	－0.7887	－0.6532	－0.5140
	P值	0.0260	0.0000	0.0000	0.0000	0.0001

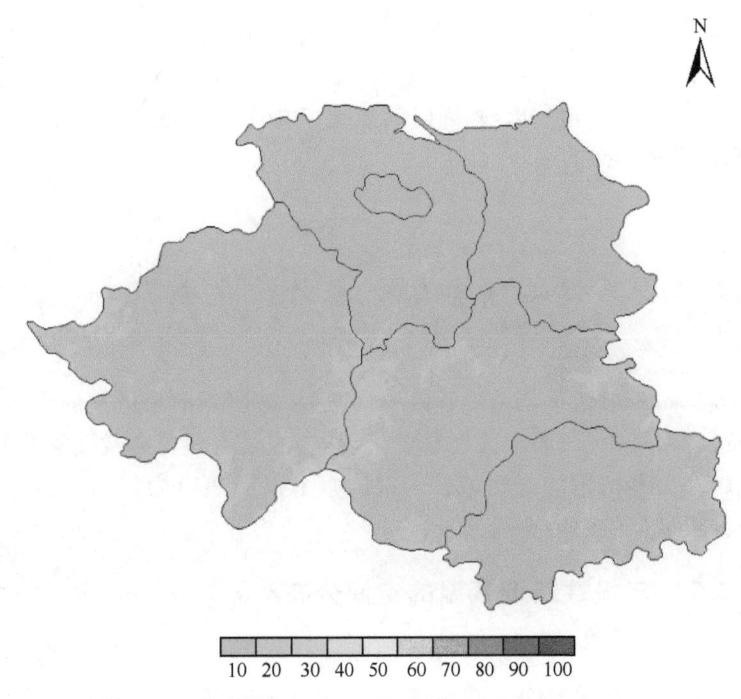

图 4.6a　最低气温低于－12℃概率的空间分布(单位:%)

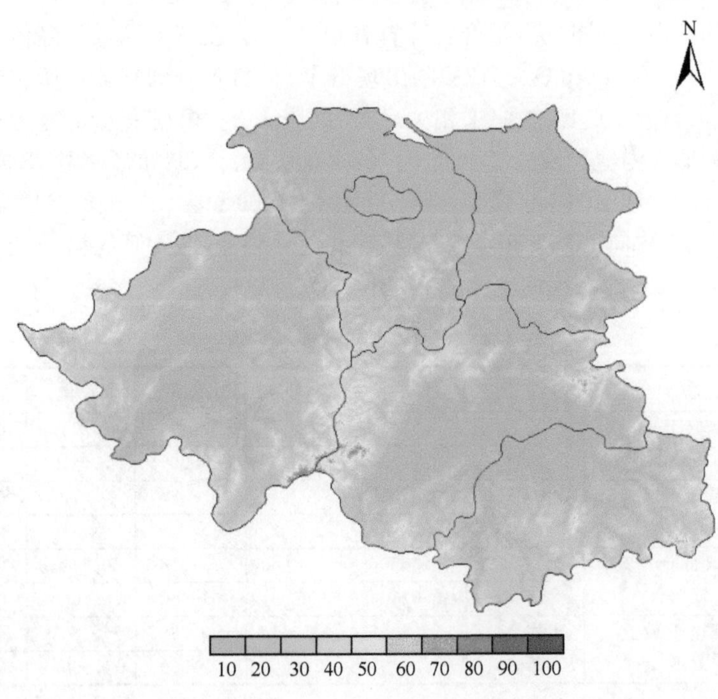

图 4.6b　最低气温低于－10℃概率的空间分布(单位:%)

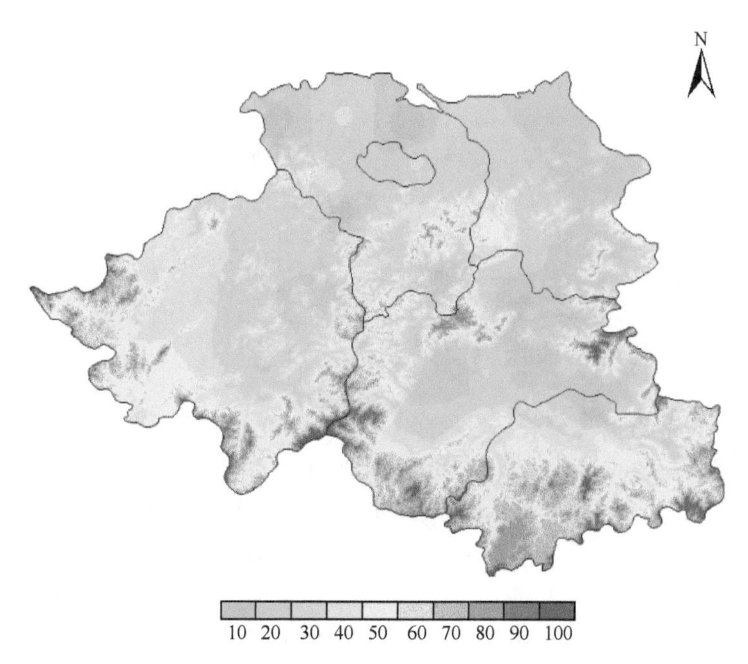

图 4.6c　最低气温低于−8℃概率的空间分布(单位:%)

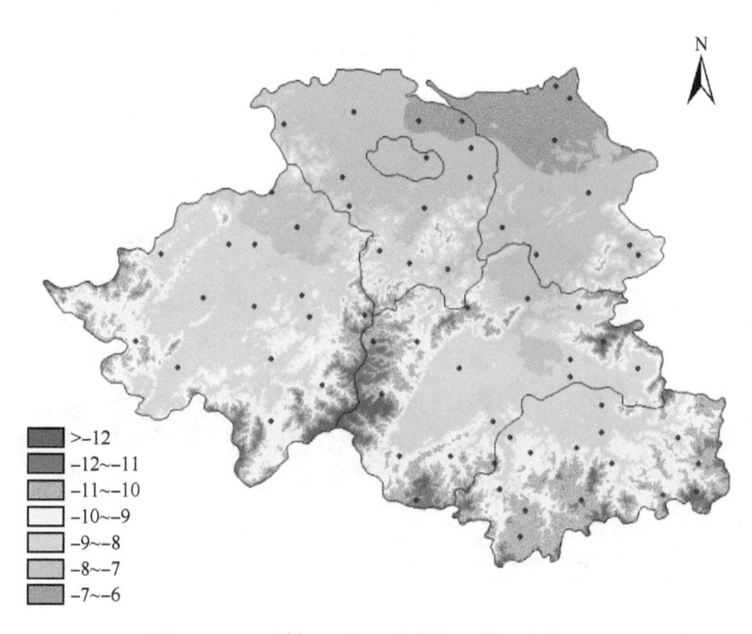

图 4.6d　80%保证率下最低气温值(单位:℃)

由图可见，绍兴市各地80%保证率下最低气温大于−12℃。在海拔高度750 m以上山区，80%保证率下最低气温在−12～−11℃，最低气温低于−12℃概率为40%左右，最低气温低于−10℃概率为60%左右；在海拔高度350～750 m山区，80%保证率下最低气温在−11～−10℃，最低气温低于−12℃概率为15%左右，最低气温低于−10℃概率为40%～50%；在海拔高度250～350 m地区，80%保证率下最低气温在−10～−9℃，最低气温低于−10℃概率为20%～40%。

4.2.2 旬极端最低气温的空间分布

绍兴市茶树开采期最早出现在2月下旬，最迟出现在4月中旬。利用支持向量机将各自动气象站最低气温序列回推到1974年，统计各自动气象站1974—2011年从2月下旬到4月中旬各旬的最低气温序列，进行正态性检验，结果均未通过显著性检验。选用多种分布模型进行拟合，各旬最低气温序列的Generaled Extreme Value分布拟合检验均通过显著性检验，故用Generaled Extreme Value分布进行拟合。计算各自动气象站各旬0℃、−3℃的出现概率以及80%保证率下最低气温值，利用各气象站所在地的海拔高度、经纬度、坡度、坡向建立拟合模型，插值到各网格点上。图4.7a～h分别是新昌县日序60、65、70、75、80、85、90、95日最低气温低于0℃的累积概率分布。

图4.7a 新昌县日序60日最低气温≤0℃累积概率分布(单位：%)

图 4.7b　新昌县日序 65 日最低气温≤0℃累积概率分布(单位:%)

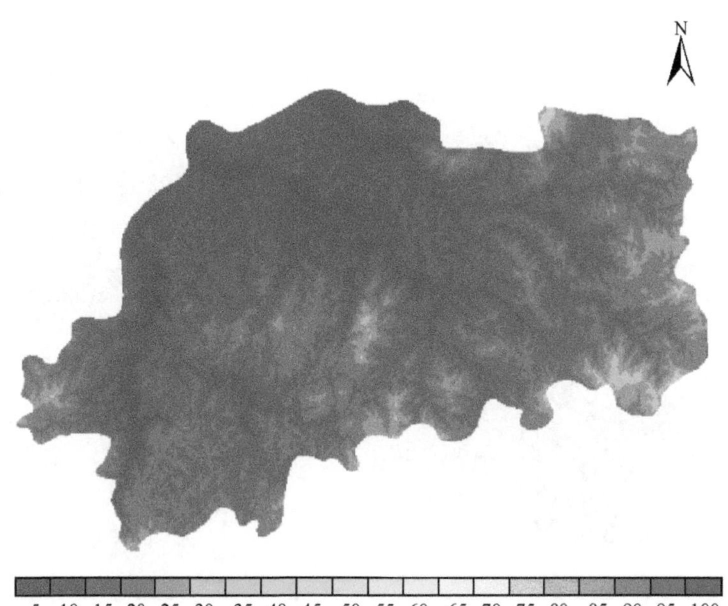

图 4.7c　新昌县日序 70 日最低气温≤0℃累积概率分布(单位:%)

图 4.7d 新昌县日序 75 日最低气温≤0℃累积概率分布(单位:%)

图 4.7e 新昌县日序 80 日最低气温≤0℃累积概率分布(单位:%)

图 4.7f 新昌县日序 85 日最低气温≤0℃累积概率分布(单位:%)

图 4.7g 新昌县日序 90 日最低气温≤0℃累积概率分布(单位:%)

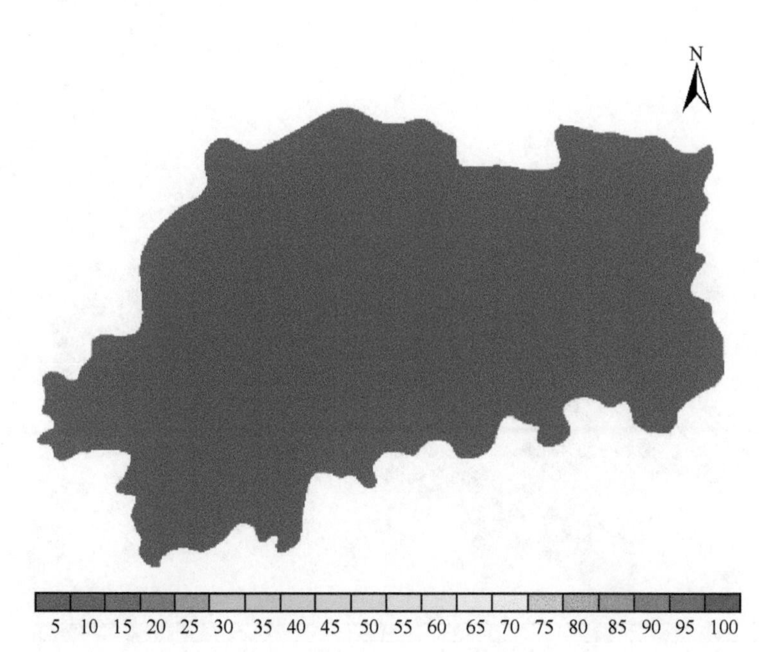

图 4.7h 新昌县日序 95 日最低气温≤0℃累积概率分布(单位:%)

4.2.3 日最低气温空间分布

(1)冬季最冷日日最低气温

以 2009—2013 年的冬季最冷日日最低气温为例,分析冬季最冷日日最低气温的空间分布。2009—2010 年、2010—2011 年、2011—2012 年、2012—2013 年冬季最冷日日最低气温分别出现在 2010 年 1 月 14 日、2011 年 1 月 31 日、2012 年 1 月 26 日、2012 年 12 月 31 日。2012 年 12 月 31 日的日最低气温与经度相关不显著,与纬度、海拔高度、坡度、坡向极显著相关;2010 年 1 月 14 日、2011 年 1 月 31 日、2012 年 1 月 26 日的日最低气温与经度、纬度、海拔高度、坡度、坡向极显著相关。日最低气温与它们之间存在以下线性拟合方程:

2010 年 1 月 14 日:

$$T_l=135.09-1.0632x_1-0.4067x_2-0.00072x_3-0.0126x_4-0.00069x_5$$
$$(R^2=0.4901,\quad F=9.0363) \tag{4.1}$$

2011 年 1 月 31 日:

$$T_l=37.01-0.1331x_1-0.9023x_2-0.00225x_3-0.0125x_4-0.00152x_5$$
$$(R^2=0.3091,\quad F=4.385) \tag{4.2}$$

2012 年 1 月 26 日:

$$T_l=15.9-0.3031x_1+0.5466x_2-0.0032x_3-0.0097x_4-0.00176x_5$$
$$(R^2=0.6424,\quad F=17.2458) \tag{4.3}$$

2012年12月31日：

$$T_l = 10.02 - 0.5185x_2 - 0.00336x_3 - 0.0037x_4 - 0.00275x_5$$

$$(R^2 = 0.4686, \quad F = 11.6858) \tag{4.4}$$

以上各式中，T_l 为日最低气温，x_1 为经度，x_2 为纬度，x_3 为海拔高度，x_4 为坡度，x_5 为坡向。根据以上各式，得到绍兴市冬季最冷日日最低气温的空间分布图(图4.8)。

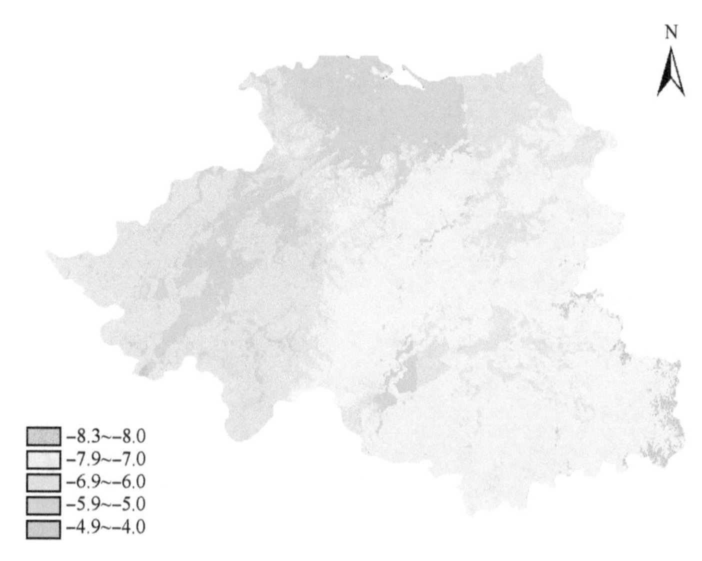

图4.8a　绍兴市2010年1月14日日最低气温空间分布(单位:℃)

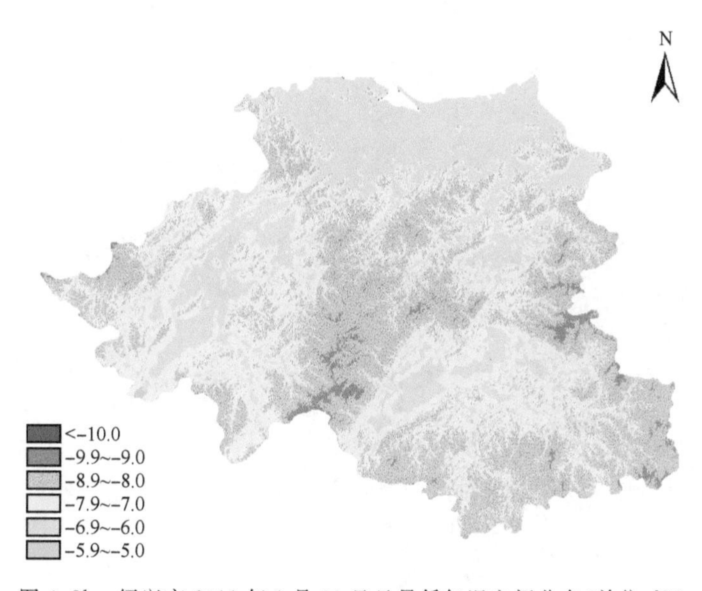

图4.8b　绍兴市2011年1月31日日最低气温空间分布(单位:℃)

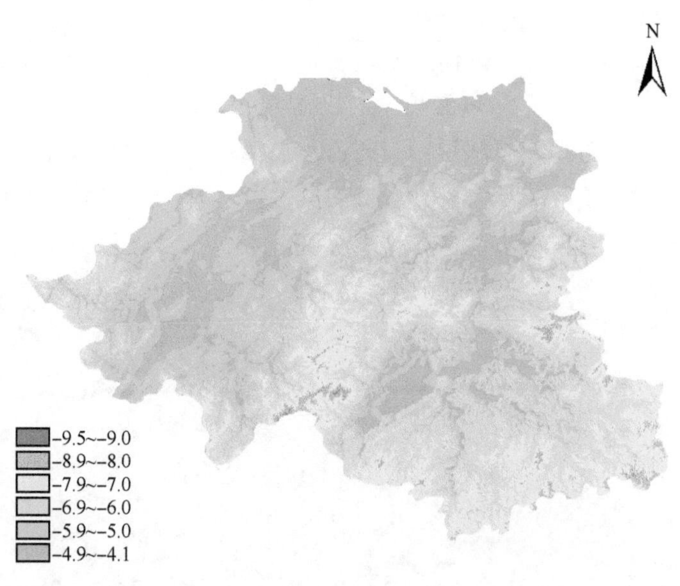

图 4.8c　绍兴市 2012 年 1 月 26 日日最低气温空间分布(单位:℃)

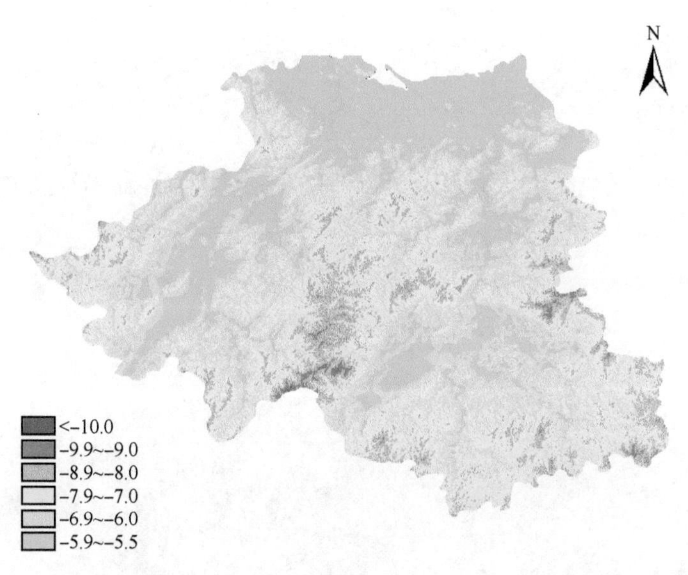

图 4.8d　绍兴市 2012 年 12 月 31 日日最低气温空间分布(单位:℃)

(2)冷空气影响过程日最低气温

以 2010 年 3 月 9—12 日冷空气影响过程为例,说明不同天气下日最低气温的空间分布。9 日和 10 日为冷锋过境时的降雨天,11 日为冷高压控制下的晴天,12 日为冷高压后部的晴天。9 日和 10 日的日最低气温与经度、纬度、海拔高度、坡度、坡向极显著相关;11 日的日最低气温与纬度、坡度、坡向

极显著相关；12 日的日最低气温与海拔高度的二次方、坡度、坡向极显著相关。日最低气温与它们之间存在以下线性拟合方程：

2010 年 3 月 9 日：

$$T_l = -58.56 + 0.8270x_1 - 1.3378x_2 - 0.0092x_3 - 0.00226x_4 - 0.00047x_5$$

$$(R^2 = 0.9072, \quad F = 91.9356) \tag{4.5}$$

2010 年 3 月 10 日：

$$T_l = -132.90 + 1.3516x_1 - 1.1022x_2 - 0.0092x_3 - 0.0044x_4 - 0.0011x_5$$

$$(R^2 = 0.0.6989, \quad F = 22.289) \tag{4.6}$$

2010 年 3 月 11 日：

$$T_l = 98.35 - 0.8345x_1 - 0.0099x_4 + 0.000054x_5$$

$$(R^2 = 0.1789, \quad F = 3.6327) \tag{4.7}$$

2010 年 3 月 12 日：

$$T_l = 4.76 + 0.00105x_3 + 0.0000055x_3 * x_3 - 0.0208x_4 - 0.00349x_5$$

$$(R^2 = 0.2424, \quad F = 3.9186) \tag{4.8}$$

以上各式中，T_l 为日最低气温，x_1 为经度，x_2 为纬度，x_3 为海拔高度，x_4 为坡度，x_5 为坡向。根据以上各式，得到绍兴市 2010 年 3 月 9—12 日日最低气温的空间分布图(图 4.9)。

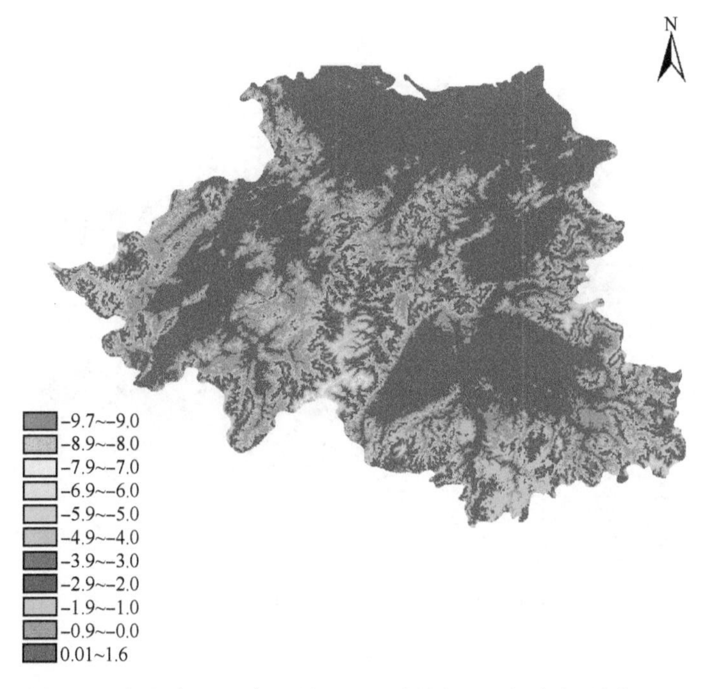

图 4.9a　绍兴市 2010 年 3 月 9 日日最低气温空间分布(单位：℃)

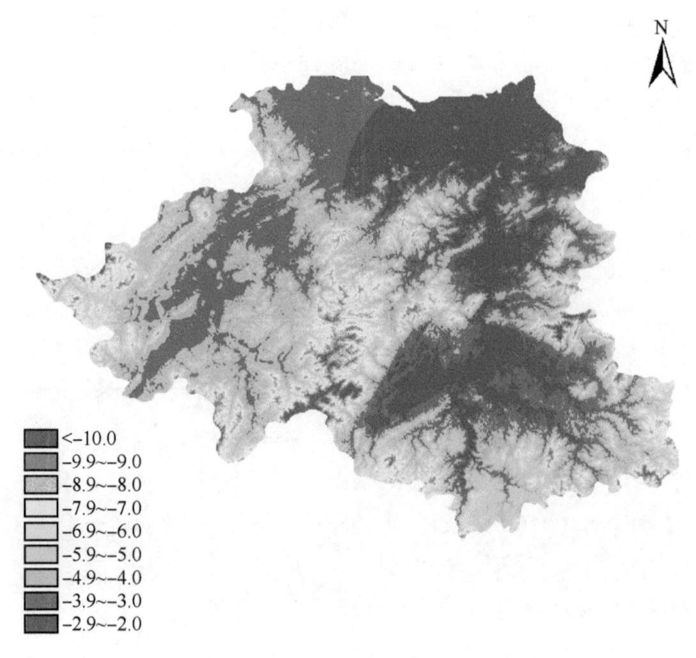

图 4.9b　绍兴市 2010 年 3 月 10 日日最低气温空间分布(单位:℃)

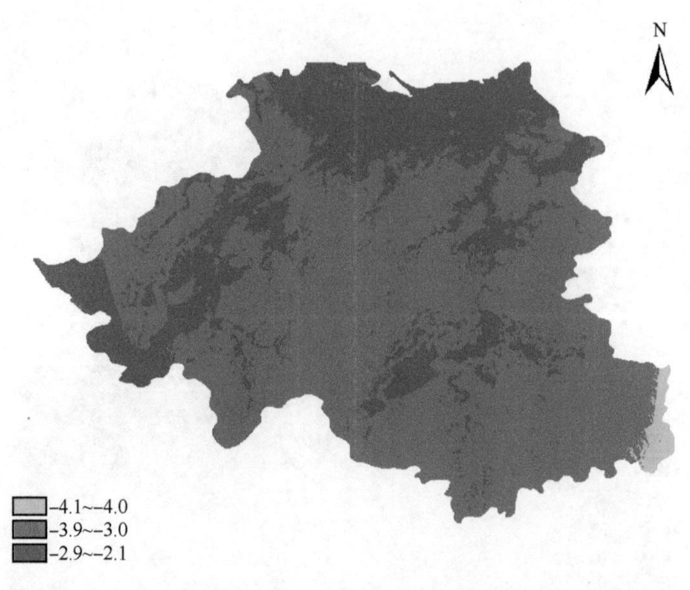

图 4.9c　绍兴市 2010 年 3 月 11 日日最低气温空间分布(单位:℃)

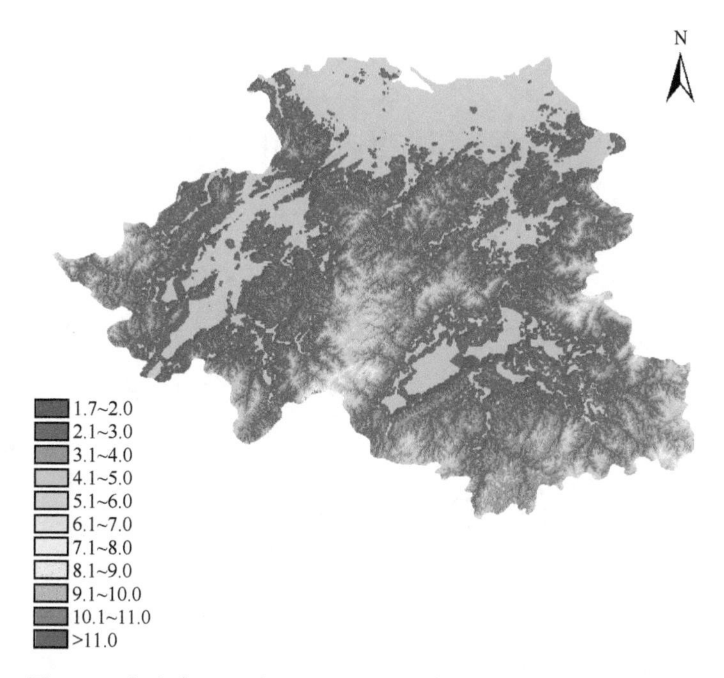

图 4.9d　绍兴市 2010 年 3 月 12 日日最低气温空间分布(单位:℃)

第5章　春季茶叶生产中的霜冻灾害评估

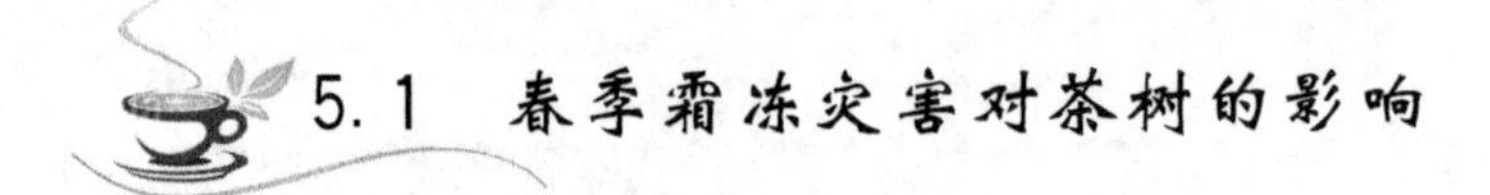

5.1　春季霜冻灾害对茶树的影响

茶树是一种喜温的叶用植物，霜冻是茶叶生产中最常见的一种自然灾害。在我国南方，早发茶树品种萌动的生物学最低温度为6～8℃，中发茶树品种萌动的生物学最低温度为8～10℃，迟发茶树品种萌动的生物学最低温度为10～12℃（王怀龙等，1981；陈荣冰等，1988）。早春气温回暖，茶芽萌动后，茶树抗寒能力减弱，如果气温突降至0℃或0℃以下，会使已萌动的芽产生冻害。

5.1.1　霜冻对春季茶叶生产的影响

茶树在遭受霜冻灾害后，由于细胞内水分冻结，原生质遭到破坏，茶汁外溢而发生红变，出现“麻点”现象，芽叶焦灼；茶芽生长点受霜冻危害后，停止萌发，形成死芽，造成春茶采摘期延后。茶树受冻是从嫩叶或芽的尖、缘开始蔓延，继而使叶、芽呈黑褐色焦枯状。当芽局部受冻，部分叶细胞坏死，如采摘时没有发觉，制成干茶，冲泡后的茶叶上会出现很多虫孔状的坏死细胞，严重影响茶叶的质量。遭受霜冻的嫩叶制作的绿茶滋味苦涩，制作红茶因酚类衍生物减少而发酵不良，香气降低。

5.1.2　茶树霜冻害机理

茶树霜冻害的实质是由于组织内部结冰引起的。当气温逐渐降低时，细胞间隙的自由水首先形成冰晶的核心，随着温度的继续下降，冰晶体不断增大，细胞内部的自由水不断凝结或外渗，结果细胞的原生质严重脱水，同时受到冰块的挤压而造成伤害，当缺水和挤压超过一定限度时就会引起细胞原生质的不可逆破坏，大量电解质和糖外渗，主动运输酶系统失去活性，并由此引起体内各种代谢紊乱和生理过程受阻，最终导致叶片受伤甚至死亡。

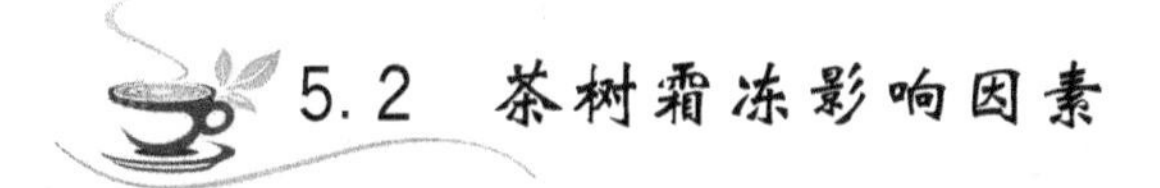

5.2 茶树霜冻影响因素

茶树的霜冻害受到许多因子的影响，与低温及其持续时间、茶树的品种、茶树所处的地理条件以及栽培管理等因子均密切相关。

5.2.1 低温是霜冻害发生的主要因子

温度越低，茶树受冻害越严重。在茶树越冬期，当最低气温降至－6℃左右，连续冻结 6 d，西北风 6～8 m/s，茶树嫩梢就会受到不同程度冻害；当最低气温降至－8℃，连续冻结 12 d 以上，就会引起严重冻害。春季茶芽萌发后，遇到 0℃左右的低温就会使茶树受害（黄寿波，1985）。

5.2.2 茶树品种与霜冻的关系

霜冻是茶树受冻的低温界限，可称之为茶树的冻害指标，茶树的冻害指标因品种不同而相差很大。一般大叶种抗寒力较弱，中小叶种抗寒力较强。例如我国的云南大叶种，通常在出现－2～0℃低温时，就会受冻。一般中小叶种茶树的抗寒能力要比大叶种茶树强，但在－10℃左右也会受冻。茶树品种不同，萌发时间不同，萌发早的品种往往受冻严重。日本对 12 个国家的茶树材料进行抗冻性研究的结果表明：中国、日本、韩国的茶树品种抗冻性强，而印度、斯里兰卡、缅甸等国的茶树品种抗冻性弱。我国的研究者认为，我国北方的茶树品种叶小，叶色深，叶肉厚，保护组织发达，抗冻能力较强，不易受冻；而南方的茶树品种叶大，叶色浅，叶肉薄保护组织不发达，易受低温危害。茶树各器官的抗冻能力不同：成叶和枝条的耐冻能力较强，在－3℃左右才受伤害；而茶芽和嫩梢的耐冻性较差，1～2℃时便受害；根的耐寒性也较差，细根在－5℃时就可能受害；花冠在－4～－3℃便会死亡。此外，茶树的耐寒性因年龄而不同，一般幼年期较差，壮年期较强（黄寿波，1983）。

5.2.3 茶树霜冻与地理条件的关系

由于地形的不同，霜冻害的差异也会很明显。在地势低洼、地形闭塞的小盆地、洼地、坡地下部，冷空气容易沉积，茶树受冻最重；山坡地中部，空气流动畅通，茶树受冻最轻；山顶由于直接接受寒风侵袭且土壤被吹干，茶树受冻较重。不同坡向也影响茶树受冻程度，一般情况下，北坡接受太阳辐射少，又直接受西北风影响，在冬季北坡茶园受冻比南坡严重。早春太阳直射东坡与东南坡，温度逐渐升高，使茶树生理活动加强，新芽萌动，一旦遇到倒春寒的低温袭击，芽叶最易遭冻害。土壤干燥疏松的茶园，白天升温快，夜间冷却也快，比土壤潮湿的茶园受冻重。

5.2.4 茶树霜冻害与栽培管理的关系

茶树遭受霜冻害与种植方式也有关，条栽茶园由于茶树相互间遮护，寒风不易透入，冻害多出现在茶树项部，受害较轻；丛栽茶树由于四周受风，容易遭受冻害。另外，管理良好的茶园不易遭受霜冻害的威胁。生长健壮的茶树具较强的抗寒能力；反之，茶树则容易遭受冻害。

5.2.5 茶树冻害与冰核活性细菌的关系

茶树的冻害与其茎叶上附生冰核细菌也密切相关。冰核细菌具有很高的冰核活性，冰核形成温度平均为－2℃，冰核一旦形成，就快速蔓延，使茶树遭受霜冻。

自然界和植物体上广泛存在具冰核活性的细菌（Ice Nucleation Active Bacteria，简称 INA 细菌），目前已知的有 3 个属中的 23 个种或变种，它是诱发植物霜冻的关键因素，可在－5～－2℃诱发植物细胞水结冰而发生霜冻，相反，无冰核细菌存在的植物，能耐受－8～－7℃的低温而不发生霜冻。

摄氏零度是水的液相与固相的平衡点，称为冰点。水在摄氏零度以下仍能保持液体状态，这种现象叫做过冷却作用，小体积纯水可过冷却到－40℃而不结冰。水从液态向固态转变需要一种称为冰核的物质来催化。由水分子自生形成的冰核称为同质冰核，最多它在冷至－40℃时催化水结冰；非水分子形成的冰核称为异质冰核，多数异质冰核催化水结冰的温度都在－10℃以上，如：碘化银为－8℃、高岭土为－9℃、尘埃颗粒为－10℃。INA 细菌，是一类能在－5～－2℃条件下催化诱发植物体内水分产生冰核而引起霜冻的细菌。冰核活性细菌广泛附生于植物表面尤其是叶表面上，正常情况下，植物细胞中的游离水即使处于－8～－7℃的低温下也不会结冰，不会产生过冷却现象，但当冰核活性细菌存在时，这种微生物作为最强的异质冰核因子诱发冰晶的生成而使植物组织中失去了过冷却作用，进而引起对宿主植物组织的冻伤损害。

有冰核细菌的植株，在温度降到－3～－2℃时发生冻结，生物膜加速损伤，电导率急剧增大，在短短的 10 分钟内就超过半数致死值。结冰持续时间越长，伤害越严重，直至完全冻死。而无冰核细菌的植株则保持过冷却状态，其电导率虽然也随温度降低而逐渐增大，但是温度降到－6℃时也远未

达到半数致死值，日出升温后植株仍能恢复生长。从而表明，有大量冰核细菌的植株在霜冻中受害是因为它们开始发生冻结的温度较高，时间较早，至解冻前的冻结持续时间较长，致使细胞膜遭受严重伤害。

5.3　茶叶霜冻评估对象

茶叶作为一种经济类农产品，其价格除受市场影响外，还受品牌、上市时间、质量等级、制作工艺、营销手段等因素影响。在没有遭受低温霜冻时，管理水平好、有自己品牌的茶场各茶树品种春季名优茶经济产值：乌牛早为90000～120000 元/hm^2，龙井 43 为 67500～82500 元/hm^2，鸠坑为 45000～60000 元/hm^2；一般农户各茶树品种春季名优茶经济产值：乌牛早为 60000～90000 元/hm^2，龙井 43 为 45000～75000 元/hm^2，鸠坑为 30000～45000 元/hm^2。

在新昌，3 月温度变化正常的年份，一般早发茶树品种进入开采期 10 d 左右中发茶树品种进入开采期，中发茶树品种进入开采期 10 d 左右迟发茶树品种进入开采期。茶树进入开采期的前 5 d，达到龙井茶采摘标准的茶芽数量较少，所需劳动力较少，5～7 d 后茶芽进入旺长期，这时需要较多劳动力。乌牛早茶树或龙井 43 茶树在开采期的前 15 d，一方面采制的茶叶价格较高，另一方面中迟发茶树品种还未进入开采期或茶芽旺长期，茶农以采摘乌牛早或龙井 43 茶叶为主，同时随着大量茶芽达到采摘标准，茶叶的经济产出随时间呈线性增长；在进入开采期的 15 d 后，中迟发茶树品种进入茶芽旺长期，这时乌牛早茶树或龙井 43 茶树采制的茶叶价格已较低，大部分劳动力去采制中迟发茶树品种，因此这一时期乌牛早茶树或龙井 43 茶树的经济产出较少，一般只占到总经济产出的 20%左右。鸠坑茶树作为迟发茶树品种，在其采摘期间是茶农的主要采摘茶树品种，在采摘期的前 20 d 经济产出随采摘量增长呈线性增长，在进入开采期 20 d 后由于茶叶价格大幅度降低，经济产出明显降低，一般采摘期前 20 d 的经济产出占到总经济产出的 70%左右。图 5.1 是 2009 年大明有机茶场春茶生产期间各茶树品种茶叶经济累计产出随时间变化图。

不同茶场和茶农在同一时期采制的茶叶价格相差较大，如果用霜冻造成的经济损失来反映一次霜冻过程对茶叶生产的影响，难以对霜冻过程对不同茶场和茶农造成的影响进行对比，而经济损失率则消除了不同茶场和茶农经济产出不同的影响，因此可用经济损失率来表示霜冻对茶叶生产的影响。

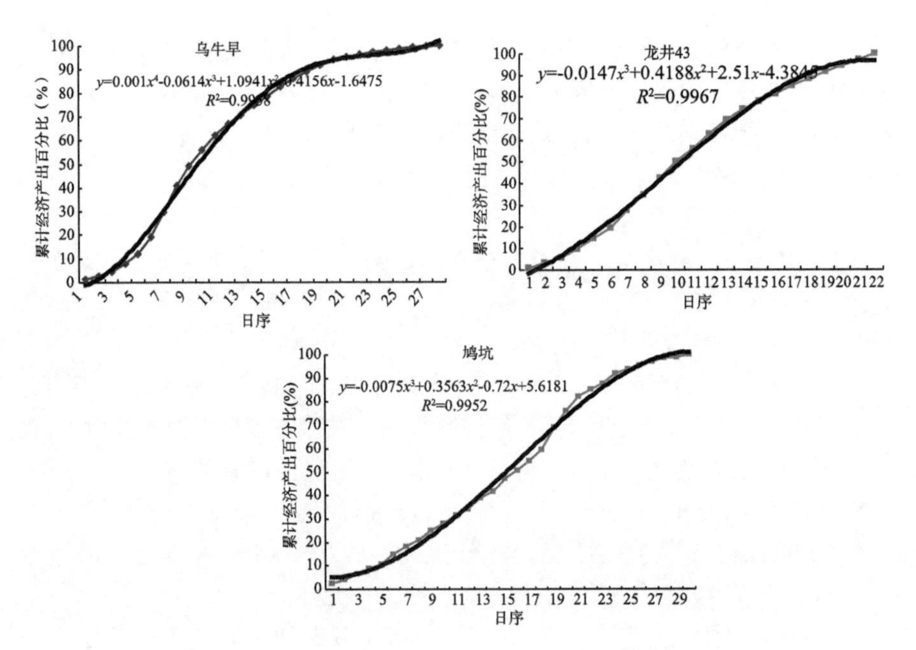

图 5.1　2009 年各茶树品种茶叶经济累计产出随时间的变化

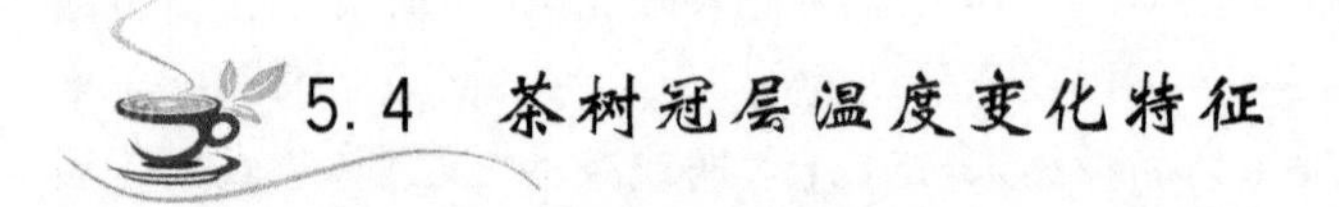

5.4　茶树冠层温度变化特征

茶树冠层是遭受霜冻灾害最先表现的部位，因此研究茶树冠层温度与大气温度的变化关系，可以为开展茶树霜冻灾害评估提供依据。

5.4.1　最低气温与树冠最低温度差和天气类型的关系

作物冠层温度的影响因素有：作物冠层的蒸腾作用和光合作用、与大气的乱流热量交换、天空状况、太阳辐射、长波辐射、降水、土壤水分、作物冠层内部热量交换等（Patel et al.，2001；Wagner and Reicosky，1992）。影响气温与冠层温度差变化的主要因子为天气状况和作物冠层内部热量交换。为便于分析，将天气类型分为五类：晴好天气，取值为 0；多云天气，取值为 0.25；阴天，取值为 0.5；降雨天且日雨量小于 10.0 mm，取值为 0.75；降雨天且日雨量大于等于 10.0 mm，取值为 1.0。图 5.2 为 2010 年 2 月 21 日到 4 月 10 日大明有机茶场自动气象站最低气温与茶树树冠各高度最低温度的差和天气类型的关系。它们的相关性见表 5.1，均为显著性负相关。丛生型茶树的 170 cm 处冠层和平面型茶树的 100 cm 处冠层茶树树冠的最顶层，完全

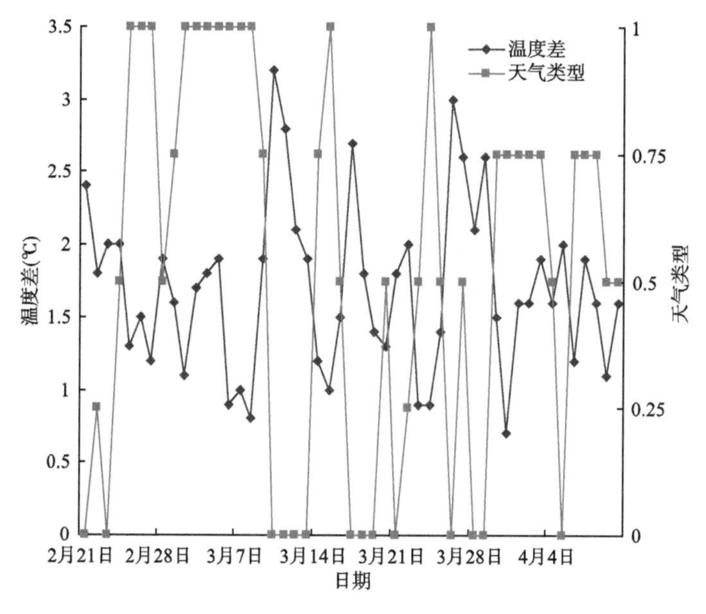

图 5.2a　2010 年最低气温与丛生型茶树冠层 170 cm 处最低温度差和天气类型的关系

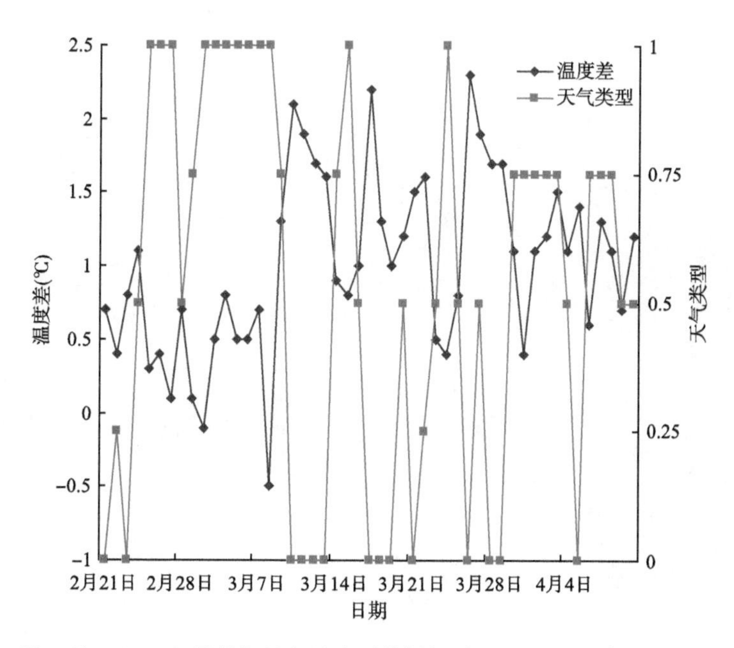

图 5.2b　2010 年最低气温与丛生型茶树冠层 130 cm 处最低温度差和天气类型的关系

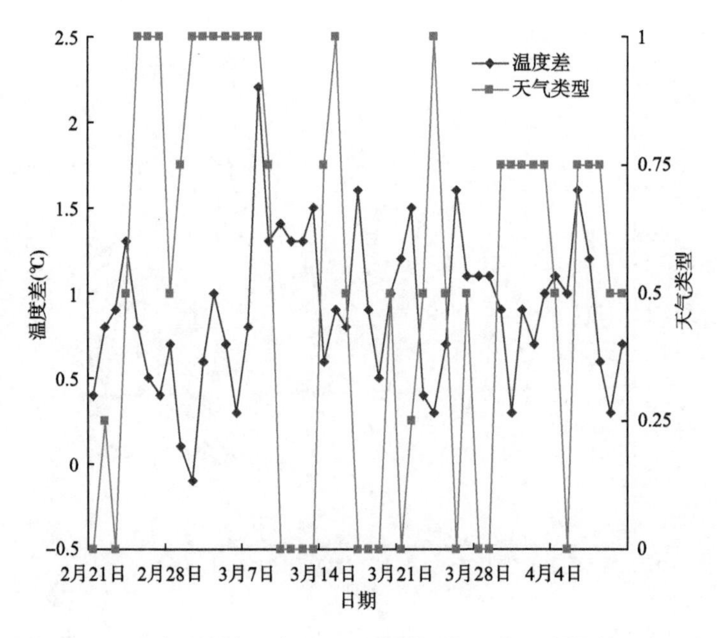

图 5.2c　2010 年最低气温与丛生型茶树冠层 100 cm 处最低温度差和天气类型的关系

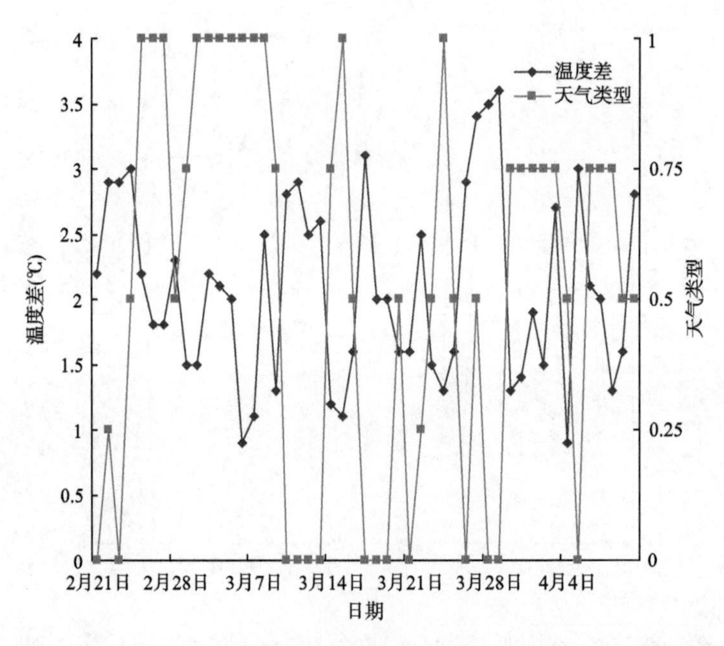

图 5.2d　2010 年最低气温与平面型茶树冠层 80 cm 处最低温度差和天气类型的关系

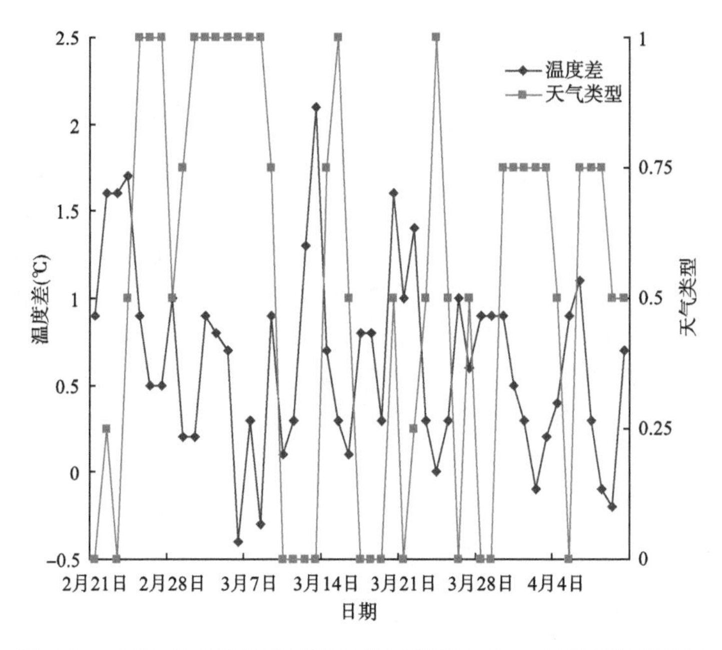

图 5.2e　2010 年最低气温与平面型茶树冠层 50 cm 处最低温度差和天气类型的关系

暴露在空气中，自动气象站最低气温和它们的最低温度差与天气类型关系密切。在晴好天气，平面型茶树树冠顶部夜间辐射降温明显，最低温度比最低气温偏低 3℃以上，丛生型茶树树冠叶片上下两面都暴露在空气中，和空气的热量交换比平面型树冠多，树冠最低温度与最低气温的差小于平面型树冠。树冠内部（丛生型茶树树冠 100 cm 处、平面型茶树树冠 50 cm 处）叶片长波辐射受到上部叶片的反射，下沉冷空气受到上层树冠的阻挡，最低温度和最低气温的差与天气类型的相关性小于树冠顶，在阴雨天气，甚至出现最低温度高于最低气温的现象。丛生型茶树 130 cm 处树冠部分暴露于空气中，介于树冠顶部和内部之间，树冠最低温度和最低气温之差与天气类型相关密切，但小于树冠顶部，在其上面有叶片对长波辐射的反射和下沉冷空气的阻挡，因此变化幅度和树冠内部相似。

表 5.1　2010 年最低气温与茶树树冠各高度最低温度差和天气类型的相关性

	丛生型			平面型	
	离地面 170 cm	离地面 130 cm	离地面 100 cm	离地面 80 cm	离地面 50 cm
相关系数	−0.6701**	−0.6869**	−0.3659**	−0.5907**	−0.4439**

注："**"表示相关系数达到 0.01 显著性检验水平（下同）。

5.4.2 晴朗静风或微风天气下树冠最低温度与最低气温的关系

春季霜冻过程极端最低气温出现在地面冷锋过境后，地面受冷高压控制出现晴朗无风的早晨。本节讨论了晴朗静风或微风、阴雨雪天两种天气对气温与冠层温度差的影响。

图 5.3a 和图 5.3b 是典型晴朗无风的天气下冠层温度和气象站气温变化图。早上 06 时在太阳直接照射作用下，树冠冠层温度和空气温度开始上升。对于丛生型茶树树冠，在 07 时树冠温度已高于空气温度。开始升温时顶部树冠升温幅度大于 130 cm 处树冠（从树顶向下树冠叶片密集呈平面状处），09 时 130 cm 处树冠升温幅度超过顶部树冠，11 时 130 cm 处树冠温度超过顶部树冠温度，到 13 时冠层温度达到最大值；13 时后树冠温度开始下降，130 cm 处树冠降温幅度大于顶部树冠，14 时顶部树冠温度已高于 130 cm 处树冠温度；18 时顶部树冠降温幅度大于 130 cm 处树冠，22 时顶部树冠温度低于 130 cm 处树冠温度，在 06 时左右冠层温度出现最低值。在 07 时到 15 时顶部和 130 cm 处冠层温度高于空气温度，其中 11 时到 13 时顶部和 130 cm 处冠层温度比空气温度偏高 4～8℃；在 16 时到次日 06 时顶部和 130 cm 处冠层温度低于空气温度，其中 17 时到次日 06 时顶部和 130 cm 处冠层温度比空气温度偏低 2～3℃。100 cm 处冠层处于茶树丛中间，温度变化比顶部和 130 cm 处冠层温度变化小，在 09 时到 13 时冠层温度高于空气温度，其余时间冠层温度低于空气温度。

平面型茶树顶部冠层温度与丛生型茶树顶部树冠温度变化趋势一致，树冠内部 50 cm 处冠层温度与丛生型茶树树冠内部 100 cm 处冠层温度变化

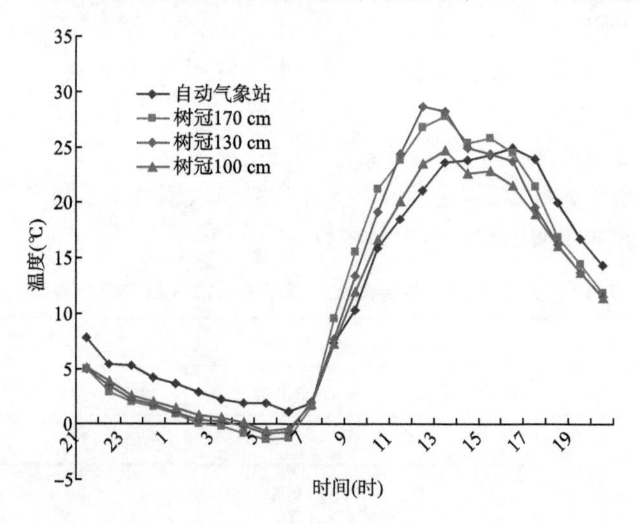

图 5.3a　晴天（3 月 12 日）丛生型茶树树冠温度和气象站气温的变化

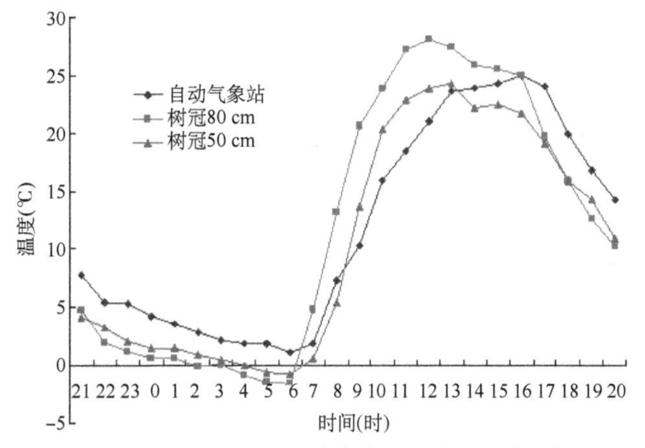

图 5.3b　晴天(3 月 12 日)平面型茶树树冠温度和气象站气温的变化

趋势一致。其中 17 时到次日 06 时顶部和 50 cm 处冠层温度比空气温度偏低 2～4℃。

因此，当最低气温达到 0℃时，茶树冠层最低温度可达－3～－2℃，造成霜冻。

5.4.3　阴雨雪天天气下树冠最低温度与最低气温的关系

阴雨雪天由于缺少太阳辐射，而茶树树冠叶片发射长波辐射，使树冠处温度比气象站气温低。其中夜间树冠顶部比气象站气温低 0.5～1.0℃，白天树冠顶部比气象站气温低 0.8～1.5℃，树冠内部由于上部叶片对长波辐射的反射和下沉冷空气的阻挡，温度高于树冠顶部。平面型茶树冠层叶片紧密，在冷空气影响时由于树冠顶部对冷空气的阻挡作用，树冠内部温度出现高于气象站气温的现象(图 5.4a、图 5.4b)。

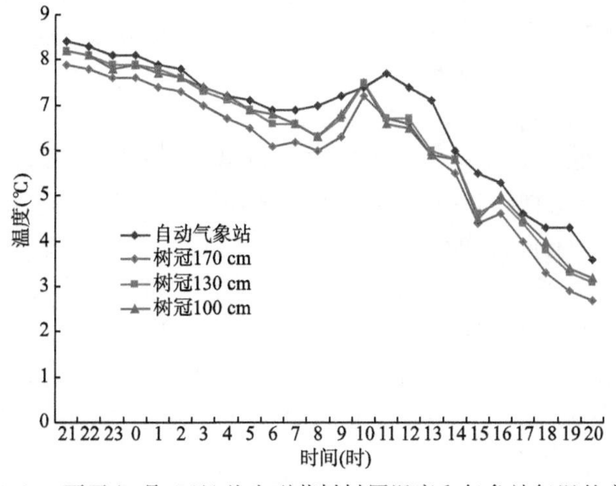

图 5.4a　雨天(3 月 6 日)丛生型茶树树冠温度和气象站气温的变化

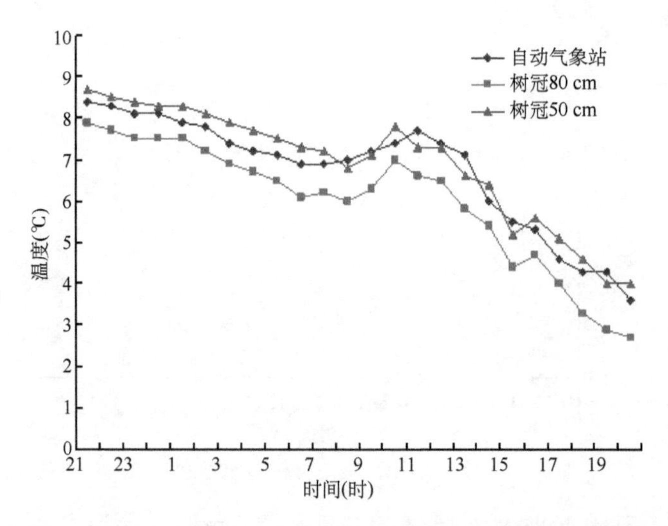

图 5.4b　雨天(3 月 6 日)平面型茶树树冠温度和气象站气温的变化

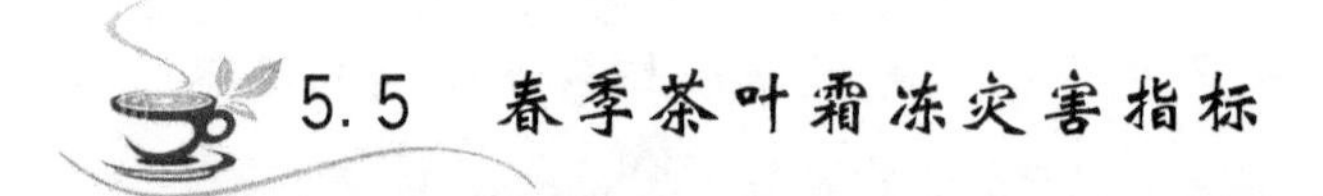

5.5　春季茶叶霜冻灾害指标

霜冻害与作物生育期和最低温度有关。对温度来说,各种类型的霜冻,可采用最低气温、最低地面温度或植株体温作为对作物的危害指标。

5.5.1　茶树霜冻等级划分

低温冻害对茶叶的危害分为冬季冻害和春季霜冻。由于 20 世纪 90 年代以前,我国茶叶生产以夏秋茶为主,冬季严重低温冻害会使茶树枝干枯死,影响来年夏茶产量,根据冬季低温过程中茶树叶片和枝干受冻情况将茶树冻害分为未受冻害、轻微冻害、一般冻害、冻害严重和冻害极重五级(李倬和贺龄萱,2005)。春季霜冻主要造成茶树嫩叶和茶芽受害,从而影响茶叶产量、质量和开采期,因此现有的茶树冻害指标不适用于春季茶叶生产中的霜冻等级划分(王世斌,2003)。许映莲和李旭群(2012)根据春季霜冻造成茶树嫩叶和茶芽受害面积占嫩叶或茶芽面积的百分比将春季茶叶霜冻分为四级。根据龙井茶生产标准,受冻害的嫩叶或茶芽不得用于加工龙井茶(中华人民共和国国家质量监督检验检疫总局,2008),因此,本节用芽冻伤率即冻伤的芽占茶树已萌发的芽总数的百分比来反映霜冻指标。根据历年各次春季霜冻过程最低气温和茶树嫩叶、茶芽受霜冻情况及对茶叶生产的影响,将茶树霜冻灾害分为以下五个级别:

1 级　顶部叶片周缘或芽顶部受冻呈黄褐色或红色，略有损伤；

2 级　芽冻伤率为 10%～30%；

3 级　芽冻伤率为 30%～50%；

4 级　芽冻伤率为 50%～80%；

5 级　芽冻伤率为 80%以上。

在新昌，春季一次冷空气影响过程的极端最低温度出现在冷锋过境后，地面受冷高压控制为晴朗无云的早晨，根据茶树冠层温度与气温的关系，结合历年各次春季霜冻过程极端最低气温和茶树霜冻灾害等级，得到各级冻害及其对应的最低温度，见表 5.2。从 2004 年以来各次霜冻过程的茶芽冻伤率与最低温度（表 5.3）来看，霜冻等级指标和实况相符。

表 5.2　春季茶树霜冻灾害等级及其对应的最低温度

冻害等级	1 级	2 级	3 级	4 级	5 级
最低温度（℃）	−1～0	−2～−1	−3～−2	−4～−3	≤−4

表 5.3　2004 年以来各次茶树霜冻过程中大明有机茶场茶芽冻伤率与最低温度的关系

年份（年）	2004	2005	2006	2006	2007	2007	2009	2010	2011
日期	3 月 4 日	3 月 25 日	3 月 14 日	3 月 29 日	3 月 7 日	3 月 21 日	3 月 15 日	10 月 3 日	3 月 28 日
最低温度（℃）	−2.9	−2.5	−3	−0.5	−0.8	−0.3	−0.9	−4.9	−0.5
芽冻伤率（%）	50	45	60	5	10	6	10	100	5

5.5.2　低温霜冻影响时期

茶树萌发生长的芽叶在遭受低温霜冻后不能用于生产龙井茶，茶树在遭受低温霜冻后没有达到制作龙井茶标准的茶芽的时期是低温霜冻对茶树的影响时期。根据茶叶生长观测和茶农调查资料，茶树在低温霜冻后到低温霜冻对茶树的影响时期结束需达到的≥5℃有效积温与最低气温之间有如下关系：

$$\sum T_{\geqslant 5℃} = \begin{cases} 2.6 - 28.1749 T_l - 0.9043 T_l^2 & (T_l > -5.0℃) \\ 120.9 & (T_l \leqslant -5.0℃) \end{cases} \quad (5.1)$$

式中，$\sum T_{\geqslant 5℃}$ 是茶树芽叶在低温霜冻后能生长到满足龙井茶制作要求需达到的≥5℃有效积温；T_l 是低温霜冻过程的最低气温。

如果低温霜冻发生在茶叶采摘期，根据式（5.1）得到的 $\sum T_{\geqslant 5℃}$ 结合气温资料得到的时期内茶树没有达到制作龙井茶标准的茶芽。如果低温霜冻发生在茶叶开采期前，由于低温霜冻茶树在进入开采期后茶芽达到龙井茶采摘标准需达到积温：

$$\sum T=\begin{cases}0 & (\sum T_{\geqslant 5℃}<\sum T_k)\\ \sum T_{\geqslant 5℃}-\sum T_k & (\sum T_{\geqslant 5℃}\geqslant \sum T_k)\end{cases} \tag{5.2}$$

式中，$\sum T$ 是由于低温霜冻茶树在进入开采期后茶芽达到龙井茶采摘标准需达到≥5℃有效积温；$\sum T_k$ 是低温霜冻发生日期到茶叶开采期之间≥5℃有效积温。根据 $\sum T$ 结合气温资料得到的时期内茶树没有达到制作龙井茶标准的茶芽。

5.6 霜冻灾害经济损失率评估方法

根据式(2.19)得到茶园的经济产出 E。根据式(5.1)、(5.2)得到茶树采摘期间没有茶芽达到龙井茶制作标准的时期，结合式(2.18)得到该时期茶叶正常采摘情况下的经济产出 E_{loss}。由 E 和 E_{loss} 得到茶叶霜冻灾害经济损失率：

$$P_{loss}=E_{loss}/E \tag{5.3}$$

式中，P_{loss} 为茶叶霜冻灾害经济损失率(%)。

2010 年 2 月 21 日到 3 月 1 日新昌县出现了日平均气温在 10℃以上、日最高气温在 15℃以上的“小阳春”天气，各地乌牛早茶树在 2 月下旬进入茶芽生长期，在 3 月上旬进入开采期，龙井 43 茶树在 3 月上旬进入茶芽生长期。3 月 9—11 日受强冷空气影响，在 3 月 10 日出现了过程最低气温在 −3℃以下的雨雪冰冻天气过程，使茶树已萌发的茶芽遭受严重冻害。表 5.4 是根据 3 月 9—11 日过程最低气温的预测值、实际值和茶叶霜冻灾害经济损失率评估模型得到的乌牛早茶树和龙井 43 茶树冻害经济损失率预评估值、实际过程最低气温和灾后评估值。茶树冻害经济损失率评估值和调查值误差小于 10%。

表 5.4　2010 年 3 月 9—11 日冻害过程茶树经济损失率评估

乡镇街道	茶树开采期日序		最低气温(℃)		乌牛早经济损失率(%)			龙井 43 经济损失率(%)		
	乌牛早	龙井 43	预测	实际	调查	预评估	评估	调查	预评估	评估
大市聚镇	66	79	−5～−4	−3.9	80	75	75	20	20～35	20
羽林街道	67	80	−5～−4	−4.9	90	85	86	35	25～40	37

续表

乡镇街道	茶树开采期日序		最低气温(℃)		乌牛早经济损失率(%)			龙井43经济损失率(%)		
	乌牛早	龙井43	预测	实际	调查	预评估	评估	调查	预评估	评估
南明街道	67	81	−4～−3	−2.7	45	70	65	10	15～20	13
七星街道	64	77	−4～−3	−3.1	50	50	54	35	35～40	36
新林乡	67	81	−5～−4	−4.8	95	90	86	20	18～23	22
沙溪镇	66	79	−5～−4	−4.5	90	90	86	30	25～40	30
巧英乡	72	85	−6～−5	−5.4	90	100	100	45	45～50	47
小将镇	69	84	−6～−5	−6.1	100	100	100	40	45～50	34
城南乡	66	80	−5～−4	−4.2	80	75	75	35	30～40	34
梅渚镇	66	82	−3～−2	−3.5	70	60	75	10	7～12	12
镜岭镇	62	77	−3～−2	−3.8	50	40	46	50	11～35	45
儒岙镇	71	82	−6～−5	−5.7	100	100	100	55	60	60
回山镇	72	84	−6～−5	−5.8	100	100	100	50	50	50
双彩乡	70	83	−6～−5	−5.7	100	100	100	55	55	55
澄潭镇	69	85	−6～−5	−4.9	95	100	100	30	30	31
东茗乡	68	83	−6～−5	−5.3	95	100	100	30	30	28

注：调查值是乡镇自动气象站所在地茶农的茶树霜冻经济损失率调查值。

5.7　基于遥感技术的春季茶叶霜冻经济损失率监测评估

基于气象站观测资料得到的茶叶霜冻经济损失率评估值是气象站所在地的评估值，该值不能反映茶叶霜冻经济损失率的精细化定量空间分布，要实现定点定量监测评估必须确定每一个网格点的最低气温和茶树开采期。2010年3月9—11日浙江省出现严重的低温冻害过程，使茶树遭受严重冻害，其中3月10日出现过程极端最低气温。本节以2010年3月9—11日绍兴市茶叶霜冻遥感监测评估为例，通过利用各茶树品种开采期资料推算出各茶树品种开采期格点化分布，利用卫星遥感资料和气象站实测最低气温资料，得到较为准确的遥感反演最低气温，结合茶叶霜冻经济损失率评估模型，实现茶叶霜冻定量定点监测评估。

5.7.1　茶树开采期的空间分布

温度是影响茶树开采期的主导因子，通过建立茶树开采期与温度的线性回归方程并考虑积温条件，可以用温度来推算各茶树品种的开采期。

气温是经度、纬度、海拔高度、地形等地理因子的函数。根据茶树开采期与气温、气温与地理因子的关系，茶树开采期在各点的分布可以用地理因子来拟合。

首先利用第2章建立的茶树开采期预测模型计算出2010年108个自动气象站所在地的乌牛早茶树、龙井43茶树、鸠坑茶树的开采期。从1∶250000DEM图上读出108个自动气象站所在网格点（100 m×100 m）海拔高度、坡向、坡度，分别与乌牛早茶树、龙井43茶树、鸠坑茶树的开采期进行相关分析，结果表明2010年各茶树品种的开采期分别与所在自动气象站的海拔高度达0.01显著性检验水平的正相关（图5.5），与坡向、坡度、经度、纬度相关性不显著。因此，对于各茶树品种可用线性方程来拟合茶树开采期随海拔高度的变化。

乌牛早：　$BDTP=0.0257H+61.3$　(5.4)

龙井43：　$BDTP=0.0205H+76.1$　(5.5)

鸠坑：　$BDTP=0.0061H+94.1$　(5.6)

其中，(5.4)～(5.6)式为2010年各茶树品种开采期随海拔高度变化的线性方程，式中 H 为海拔高度。方程拟合误差在±2 d。

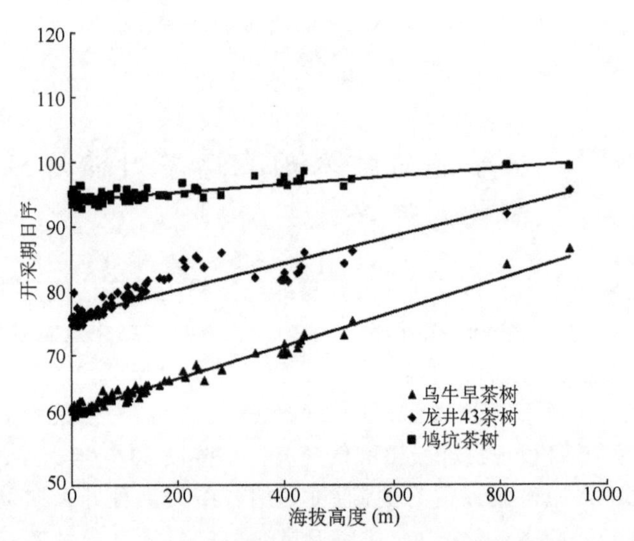

图5.5　2010年各茶树品种开采期随海拔高度的变化

由(5.4)～(5.6)式和GIS数据得到2010年各茶树品种开采期的空间分布图（图5.6）。乌牛早茶树开采期在300 m以下的低丘平原地区在3月上旬，在300～500 m的山区在3月11—15日，在500～800 m的山区在3月16—20日，在800 m以上山区在3月下旬；龙井43茶树开采期在300 m以下的低丘平原地区在3月15—25日，在300～500 m的山区开采期在3月

26—31 日，在 500 m 以上的山区在 4 月初；鸠坑茶树开采期在 500 m 以下地区开采期在 4 月 1—5 日，在 500 m 以上的山区在 4 月 6—10 日。

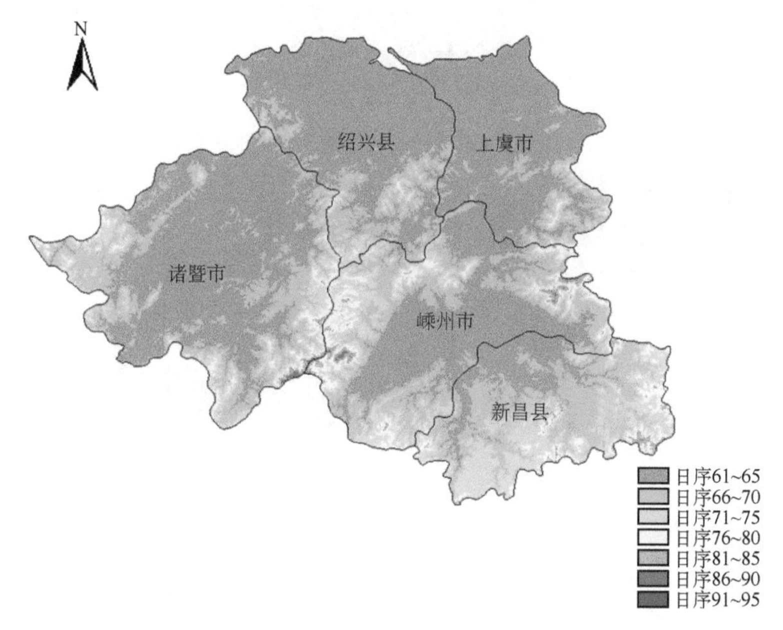

图 5.6a　2010 年绍兴市乌牛早茶树开采期空间分布

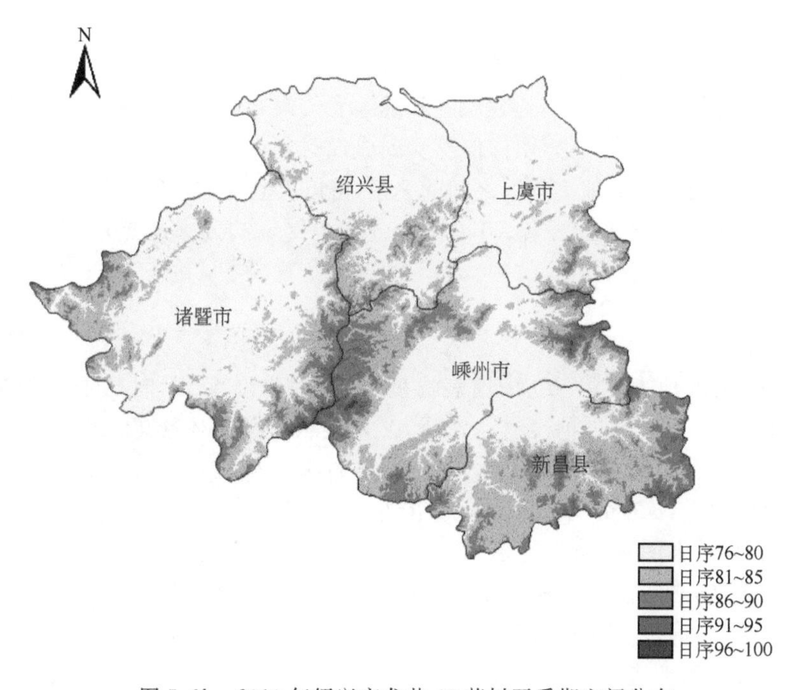

图 5.6b　2010 年绍兴市龙井 43 茶树开采期空间分布

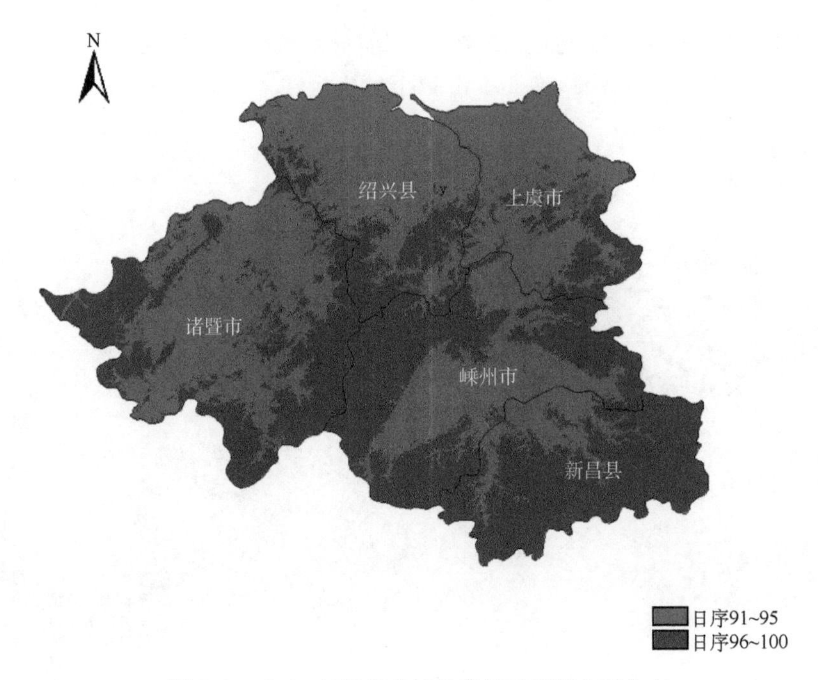

图 5.6c　2010 年绍兴市鸠坑茶树开采期空间分布

5.7.2　最低气温的遥感反演

(1)遥感反演近地表气温的物理机制

从能量平衡观点来看,地表温度和近地表气温之间存在能量方面的联系;从遥感成像过程来看,遥感图像信息受到成像时刻大气状况的影响。因此,通过找出地表温度和近地表气温之间的关系,可以反演晴空条件下的气温。

根据地表能量平衡方程,可以推出近地表气温与地表温度的关系(赵应时,2004):

$$T_a = T_s + \frac{e_0(T_a) - e_a}{\Delta + \gamma} - \frac{\gamma \gamma_a (1 - \zeta) R_n}{(\Delta + \gamma) \rho C_p} \tag{5.7}$$

式中,T_a 为近地表气温,T_s 为地表温度,$e_0(T_a)$为温度 T_a 时的下垫面饱和水汽压,e_a 为 1.5 m 处的空气水汽压,Δ 为饱和水汽压对温度的斜率,γ 干湿球常数,γ_a 为空气动力学阻抗,ζ 与下垫面性质有关的参数,R_n 为地表的净太阳辐射通量,ρ 为空气密度,C_p 为空气定压比热容。

式(5.7)表明,反演近地表气温时,除了要利用遥感资料精确反演出地表温度数据外,气温与地表温度之间的关系还与太阳辐射有关,同时受下垫面的影响。直接应用物理模型公式(5.7)进行近地表气温反演难度较大,国内外学者利用地表温度与气温之间的线性或非线性相关关系,通过建立一元或多元统计模型进行气温反演。如 Chen 等(1983)利用静止卫星数据反

演的地表温度和1.5 m处气温数据建立一元回归模型进行冬季晴朗夜间气温反演；Florio等(2004)利用AVHRR资料和分裂窗算法反演地面温度，利用气象站气温数据，建立气温与经纬度、高程、地表温度之间的多元回归方程，反演的气温误差达到了1.5℃。茶叶霜冻过程最低气温出现在晴朗无风的早晨，相对于白天的气温和地温之间的关系，影响因子少，因此考虑地理位置、地形、下垫面类型等因素是可以得到较高精度的气温反演值(Yang et al.,2007;Cheng et al.,2008)。

(2)地表温度反演

辐射传输方程是温度反演的模型基础(Qin et al.,2001;Franca and Cracknell,1994)：

$$B(T_i)=\tau_i(\theta)\varepsilon_i B(T_s)+\tau_i(\theta)(1-\varepsilon_i)I_{\downarrow}+I_{\uparrow} \tag{5.8}$$

式中，$B(T_i)$是传感器接收的辐射亮度，$\tau_i(\theta)$是大气透过率，ε_i是地表比辐射率，$B(T_s)$是地表的辐射亮度，$I_{\downarrow}$是大气下行辐射，$I_{\uparrow}$是大气上行辐射。传感器接收的热红外信号包括地表发射辐射和大气的上行辐射，因此准确分离地表与大气的热辐射作用是准确反演地表温度的基础。

分裂窗算法是反演地表温度应用最广泛的算法，该算法通过组合热红外大气窗口的相邻两个波段来消除大气辐射影响。分裂窗算法最初用于NOAA/AVHRR数据的两个热红外波段进行海水表面温度反演。Price(1984)、Becker和Li(1990)、Prata和Platt(1991)、Ulivieri等(1994)利用NOAA/AVHRR数据和分裂窗算法，通过作出合理假设，简化大气和比辐射率影响，反演得到与实地测量相接近的地表温度。

分裂窗算法的表达形式如下：

$$T_s=A_0+A_1T_x+A_2T_y \tag{5.9}$$

式中，T_s是地表温度(K)；对于NOAA/AHVRR资料，T_x和T_y分别为Ch4、Ch5通道的亮温T_4和T_5(K)；A_0、A_1、A_2是由地表比辐射率、观测角、大气状况所决定的系数。

四种常用的应用于NOAA/AHVRR资料的分裂窗算法如下。

Becker和Li：

$$\begin{aligned}T_s=&1.274+(T_4+T_5)/2\{1+[0.15616(1-\varepsilon)/\varepsilon]-\\&0.482(\Delta\varepsilon/\varepsilon^2)\}+(T_4-T_5)/\\&2\{6.26+[3.98(1-\varepsilon)/\varepsilon]+38.33(\Delta\varepsilon/\varepsilon^2)\}\end{aligned} \tag{5.10}$$

Price：

$$T_s=[T_4+3.33(T_4-T_5)][(3.5+\varepsilon_4)/4.5]+0.75T_5\Delta\varepsilon \tag{5.11}$$

Prata和Platt：

$$T_s=3.45(T_4-273.15)/\varepsilon_4-2.45(T_5-273.15)/\varepsilon_5+40(1-\varepsilon_4)/\varepsilon_4+273.15 \tag{5.12}$$

Ulivieri：　$T_s = T_4 + 1.8(T_4 - T_5) + 48(1-\varepsilon) - 75\Delta\varepsilon$　(5.13)

上述各式中，ε_4 和 ε_5 分别是 Ch4 和 Ch5 的地表比辐射率，$\Delta\varepsilon = \varepsilon_4 - \varepsilon_5$，$\varepsilon = (\varepsilon_4 + \varepsilon_5)/2$。

Van 和 Owe(1993)通过地面实验发现，归一化植被指数 NDVI 与地表比辐射率的相关系数为 0.941，达极显著水平，因此可通过 NDVI 近似计算象元的等效比辐射率。

归一化植被指数(NDVI)的计算公式为：

$$I_{NDV} = (\alpha_{Ch2} - \alpha_{Ch1})/(\alpha_{Ch2} + \alpha_{Ch1}) \tag{5.14}$$

式中，I_{NDV} 为归一化植被指数，α_{Ch1} 和 α_{Ch2} 是用百分比表示的 Ch1 和 Ch2 通道的地面反射率。

象元的等效比辐射率为：

$$\varepsilon = 1.0094 + 0.047\ln I_{NDV} \tag{5.15}$$

在上述常用的四种分裂窗算法中，使用了分波段的比辐射率。大气的影响是遥感定量化应用主要障碍之一，定量地获取当时当地的大气条件是校正遥感图像所受大气影响非常重要的条件之一。Salisbury 和 D'aria (1994)利用 NOAA/AVHRR 资料结合气溶胶模型、大气辐射传输模型，建立 NOAA/AVHRR 图像的大气影响校正模型。Cilar 等(1997)在此基础上，建立了 NOAA/AVHRR 的 ε_4 和 $\Delta\varepsilon$ 计算方程：

$$\varepsilon_4 = 0.9897 + 0.029\ \ln I_{NDV} \tag{5.16}$$

$$\Delta\varepsilon = \varepsilon_4 - \varepsilon_5 = 0.01019 + 0.01344\ln I_{NDV} \tag{5.17}$$

其中茶园的 I_{NDV} 值大于 0，因此以上方程成立。

(3)最低气温反演

由于受遥感资料分辨率的限制，本节网格点分辨率为 1000 m×1000 m。根据绍兴市下垫面属性，本节将下垫面分为五种类型(见表 5.5)。利用绍兴市土地利用图确定 108 个自动气象站所在地所属下垫面类型，在 1∶250000DEM 中读取 108 个自动气象站所在网格点(1000 m×1000 m)的海拔高度、坡度、坡向。2010 年 3 月 10 日 108 个自动气象站的最低气温分别与下垫面类型取值、海拔高度、坡度、坡向求相关，结果见表 5.6，最低气温与海拔高度、坡度、坡向和下垫面类型的相关系数均达 0.01 显著性检验水平。

表 5.5　下垫面分类及取值

类型	水域	建设用地	耕地	园地	林地
取值	1	2	3	4	5

表 5.6　2010 年 3 月 10 日绍兴市最低气温与地理因子的相关性

	海拔高度	坡度	坡向	下垫面类型取值
最低气温	−0.8247**	−0.6171**	−0.2693**	−0.5045**

利用 Becker 和 Li、Price、Prata 和 Platt、Ulivieri 提出的四种分裂窗算法分别对 NOAA/AVHRR 资料进行地表温度反演，将自动气象站最低气温与海拔高度、坡度、坡向、下垫面类型、地表温度反演值建立多元回归方程：

$$T=-2.4-0.00639H-0.07282S_l+0.00195A_s-0.04152S_t+0.1166T_b \tag{5.18}$$

$$T=-2.6-0.00615H-0.0667S_l+0.0019A_s-0.1647S_t+0.0552T_r \tag{5.19}$$

$$T=-2.7-0.00621H-0.06897S_l+0.001897A_s-0.1873S_t+0.00121T_p \tag{5.20}$$

$$T=-2.6-0.00633H-0.07131S_l+0.001918A_s-0.2096S_t-0.02544T_u \tag{5.21}$$

$$T=11.5-0.0056H-0.0607S_l+0.00154A_s-2.2115S_t-1.4894T_b+0.1159T_r-1.4189T_p+3.1470T_u \tag{5.22}$$

式(5.18)～(5.21)中，T 为 1.5 m 处最低气温，H 为海拔高度，S_l 为坡度，A_s 为坡向，S_t 为下垫面类型，T_b、T_r、T_p、T_u 分别为利用 Becker 和 Li、Price、Prata 和 Platt、Ulivieri 提出的四种分裂窗算法对 NOAA/AVHRR 资料的地表温度反演值。

根据式(5.18)～(5.22)，反演得到 108 个自动气象站最低气温。表 5.7 是最低气温反演值误差表。从表中可以看出，以式(5.22)反演的最低气温误差最小。从绍兴市土地利用图确定新昌县 1000 m×1000 m 网格点的下垫面类型，在 1∶250000DEM 中读取各网格点(1000 m×1000 m)的坡度、坡向和海拔高度，结合 Becker 和 Li、Price、Prata 和 Platt、Ulivieri 提出的四种分裂窗算法对 NOAA/AVHRR 资料的地表温度反演值，代入式(5.22)，得到 2010 年 3 月 10 日绍兴市各网格点最低气温(图 5.7)。有河网、水库等水域分布地区最低温度在−2～0℃，在海拔 300 m 以下低丘平原地区最低温度在−3～−2℃，在海拔 300～400 m 的地区最低温度在−5～−4℃，在海拔 400 m 以上地区最低温度在−5℃以下。

表 5.7　5 个公式反演的最低气温误差对比(单位：℃)

公式	式(5.18)	式(5.19)	式(5.20)	式(5.21)	式(5.22)
MAE	0.8	0.8	0.8	0.8	0.7

注：MAE 指平均绝对误差。

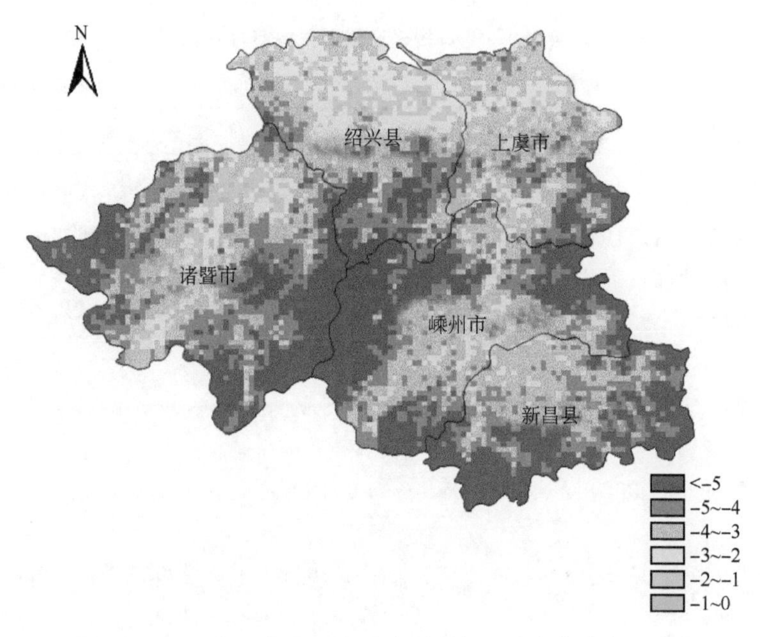

图 5.7　2010 年 3 月 10 日绍兴市最低气温反演值分布图(℃)

(4)2010 年 3 月 10 日茶叶霜冻评估

利用茶叶霜冻经济损失率评估模型计算出 2010 年 108 个自动气象站所在地的乌牛早茶树、龙井 43 茶树、鸠坑茶树的经济损失率，鸠坑茶树的经济损失率均为 0。乌牛早茶树、龙井 43 茶树的经济损失率与开采期、最低气温、自动气象站所在地的海拔高度、坡度、坡向进行相关分析，结果见表 5.8。

表 5.8　2010 年绍兴市茶树经济损失率与开采期、最低气温和地理因子的相关性

	海拔高度	坡度	坡向	3 月 11 日与开采期的日序差	3 月 9—11 日过程最低气温
乌牛早	0.8128**	0.4982**	0.3475**	−0.7757**	−0.9442**
龙井 43	0.4278**	0.3885**	0.1965	−0.3092**	−0.9288**

根据表 5.8 建立茶叶经济损失率随开采期、最低气温、自动气象站所在地地理因子变化的拟合方程。

乌牛早：

$$P_{loss}=20.76+0.00012H-0.3132S_l+0.0068A_s-4.1649\Delta d-14.3459T_l \tag{5.23}$$

龙井 43：

$$P_{loss}=0.17-0.0055H+0.0476S_l+2.4402\Delta d-10.3154T_l \tag{5.24}$$

式(5.23)和(5.24)中，H 为海拔高度，S_l 为坡度，A_s 为坡向，Δd 为 3 月 11

日与开采期的日序差，T_l 为3月10日最低气温，P_{loss} 为茶叶经济损失率（$0\leqslant P_{loss}\leqslant 100\%$）。

从图5.6读取100 m×100 m网格点各茶树品种开采期，取1000 m×1000 m网格点内各100 m×100 m网格点茶树开采期的平均值作为该网格点的茶树开采期，从图5.7读取各网格点最低气温，结合各网格点海拔高度、坡度、坡向，分别代入式(5.23)、(5.24)，得到各网格点各茶树品种经济损失率，结果见图5.8。鸠坑茶树因茶芽未萌发，经济损失率为0。

在海拔300 m以下的低丘平原地区，乌牛早茶树在3月上旬就进入开采期，价格最高的一批茶芽得到及时采摘，加上在3月9—11日出现的严重霜冻使3月中下旬基本上无春茶上市，采制的乌牛早茶叶价格比常年高出200～400元/kg，乌牛早茶树的经济损失率在70%以下；在海拔300 m以上的山区，乌牛早茶树上部茶芽处于芽伸长但尚未达到龙井茶采摘标准的时期，中下部茶芽也已萌发，－4℃以下的严重霜冻使茶芽基本冻死，茶叶基本没有经济产出，乌牛早茶树经济损失率在70%～100%。在海拔300 m以下地区，龙井43茶树上部茶芽已萌发，中部茶芽部分萌发，其中在海拔300 m以下地区，最低气温在－4℃以上，严重霜冻使中上部部分萌发茶芽冻死，龙井43茶树经济损失率在5%～20%，在海拔300 m以上地区，最低气温在－4℃以下，霜冻使萌发茶芽基本冻死，龙井43茶树经济损失率在20%～60%。

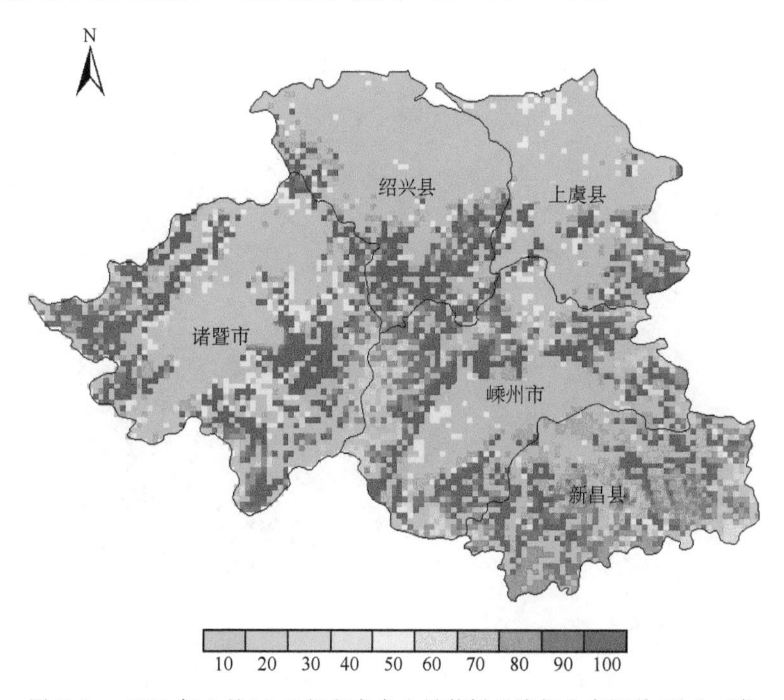

图5.8a　2010年3月10日绍兴市乌牛早茶树经济损失率评估(单位：%)

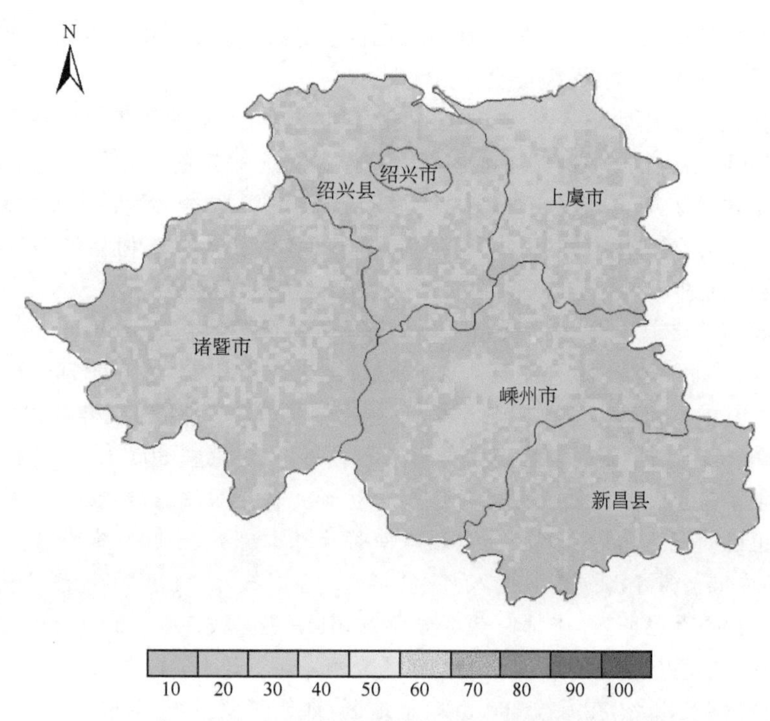

图 5.8b 2010 年 3 月 10 日绍兴市龙井 43 茶树经济损失率评估(单位:%)

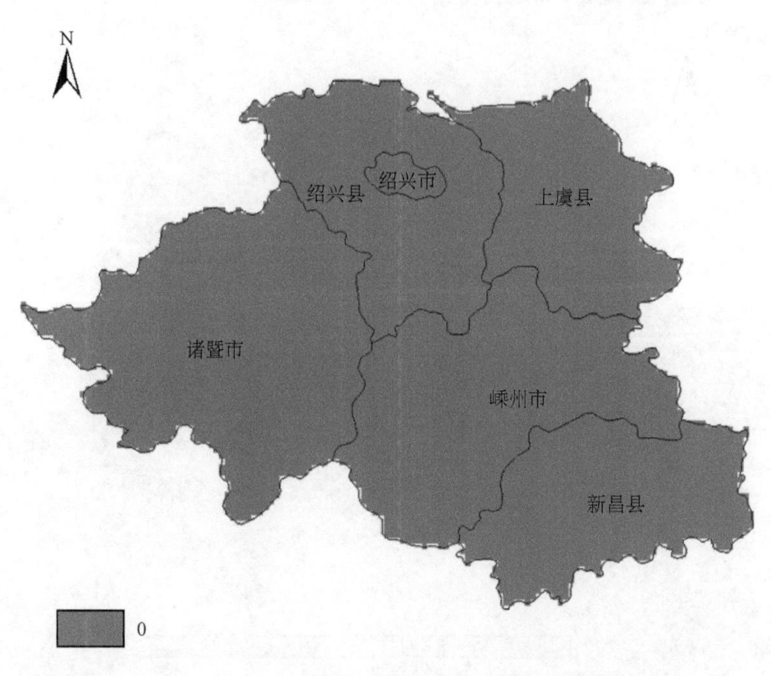

图 5.8c 2010 年 3 月 10 日绍兴市鸠坑茶树经济损失率评估(单位:%)

第6章 茶叶霜冻风险分析

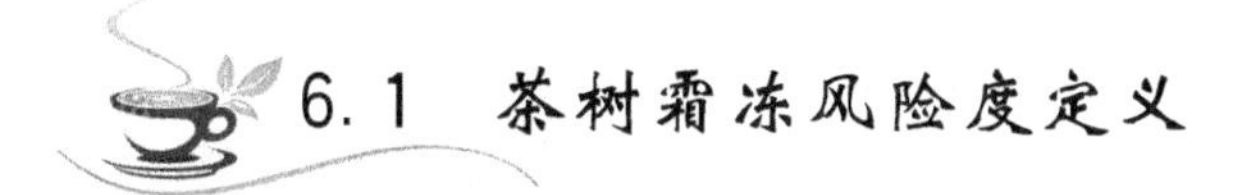

6.1 茶树霜冻风险度定义

灾害风险是致灾因素对承灾体可能引起的灾害事件后果及其发生概率的函数（Deyle et al.，1998；李世奎等，2004）。United Nations，Department of Humanitarian Affairs（1992）提出自然灾害风险表达式为：

$$R = H \times V \tag{6.1}$$

式中，H 为危险度，反映灾害的自然属性，是灾害发生概率的函数，取值为0～1；V 为易损度，反映灾害的社会属性，是承灾体人口、财产、经济和环境损失的函数，取值为0～1；R 为风险度，是灾害自然属性和社会属性的结合，表达为危险度和易损度的乘积，取值为0～1。

目前农业气象灾害风险评估技术是针对作物减产率的风险评估技术（Wu et al.，2004）。浙江省夏秋茶生产以生产珠茶为主，价格变化小，产出可以用产量来表示。20世纪90年代以来，浙江省茶叶生产逐步转为以春季名优茶生产为主，由于名优茶价格在其生产期间变化大，如新昌县利用乌牛早茶树生产的“大佛龙井”在上市初期可达2000元/kg以上，随着茶叶采摘的进行，价格迅速下降，到距开采期25 d时，价格下降到200元/kg左右。因此茶树不同采摘时期遭遇霜冻造成的茶叶经济损失是不同的。分析霜冻对茶叶生产的影响不能用霜冻造成茶叶产量的减少来反映，要用霜冻造成茶叶生产经济产出减少来表示，因此茶叶霜冻灾害风险评估技术是针对霜冻造成茶叶经济损失率的评估。本章定义茶树霜冻风险度为：在低温霜冻作用下，春季茶叶生产遭受的经济损失程度。其表达式为：

$$R = \int (P \times F) \tag{6.2}$$

式中，R 为茶树霜冻风险度，取值为0～1或0～100%；F 为霜冻造成的茶叶经济损失率，取值为0～1或者0～100%；P 为各级茶叶霜冻经济损失率出现概率，取值为0～1或0～100%。

6.2 浙江省春季茶叶生产霜冻风险度

6.2.1 茶树霜冻风险度计算

由式(6.2)知,茶树霜冻风险度由两部分组成:霜冻造成的各级茶叶霜冻经济损失率,各级茶叶霜冻经济损失率出现概率。本节首先利用第5章中的茶叶霜冻经济损失率评估模型计算了浙江省各县(市、区)气象站所在地的1972—2011年3个茶树品种历年霜冻灾害造成的经济损失,选择合适的分布模型计算各级茶叶霜冻经济损失率出现概率。

在农业生产风险分析中,非正态分布模型与正态分布模型相比更接近随机变量的概率变化特征实际(Ramirez et al.,2003)。近年来,许多非正态分布模型被用于农业生产风险分析,如Beta分布(Chen and Miranda,2004)、Gamma分布(Goodwin et al.,2000)、Weibull分布(娄伟平等,2010),但不同的风险分析模型对农业生产风险进行拟合,估算出的农业风险程度是不同的(Katkovnik and Shmulevich,2000)。因此,对各自动气象站所在地同一茶树品种各级茶叶霜冻经济损失率出现概率采用同一分布模型进行拟合。

为了找到一个适合各自动气象站所在地茶叶霜冻经济损失率概率分布模型,利用Beta、Burr、Gamma、Generalized Extreme Value、Generalized Gamma、Generalized Pareto、Gumbel Max、Gumbel Min、Johnson SB、Logistic、Normal、Weibull等12种分布对各自动气象站所在地茶叶霜冻经济损失率序列进行拟合,对各种分布的Anderson-Darling检验值按从小到大排序,3个茶树品种Anderson-Darling检验平均值以Gumbel Max分布最小,以Gumbel Max分布对各自动气象站所在地3个茶树品种茶叶霜冻经济损失率的概率分布进行拟合。

根据式(6.2)、各级茶叶霜冻经济损失率及其对应的出现概率得到3个茶树品种的霜冻风险度R计算公式:

$$R=\sum_{i=0}^{100}(P_i \times F_i) \qquad (i=0,0.01,0.02,0.03,\cdots,100) \tag{6.3}$$

根据(6.2)式霜冻风险度计算方法,计算了浙江省各县3个茶叶树品种的霜冻风险度,结果见图6.1。

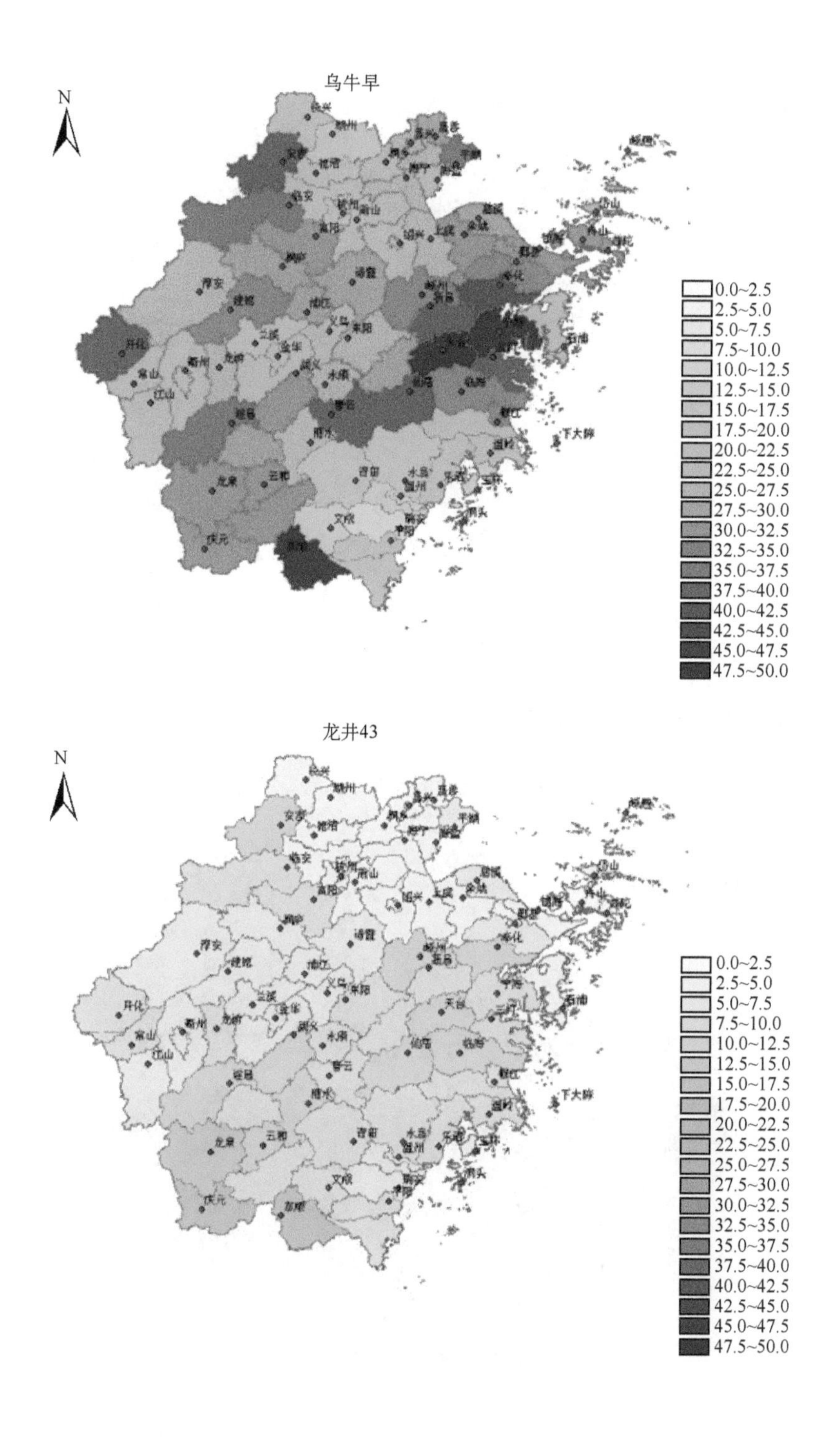
乌牛早
N
0.0~2.5
2.5~5.0
5.0~7.5
7.5~10.0
10.0~12.5
12.5~15.0
15.0~17.5
17.5~20.0
20.0~22.5
22.5~25.0
25.0~27.5
27.5~30.0
30.0~32.5
32.5~35.0
35.0~37.5
37.5~40.0
40.0~42.5
42.5~45.0
45.0~47.5
47.5~50.0
龙井43
N
0.0~2.5
2.5~5.0
5.0~7.5
7.5~10.0
10.0~12.5
12.5~15.0
15.0~17.5
17.5~20.0
20.0~22.5
22.5~25.0
25.0~27.5
27.5~30.0
30.0~32.5
32.5~35.0
35.0~37.5
37.5~40.0
40.0~42.5
42.5~45.0
45.0~47.5
47.5~50.0

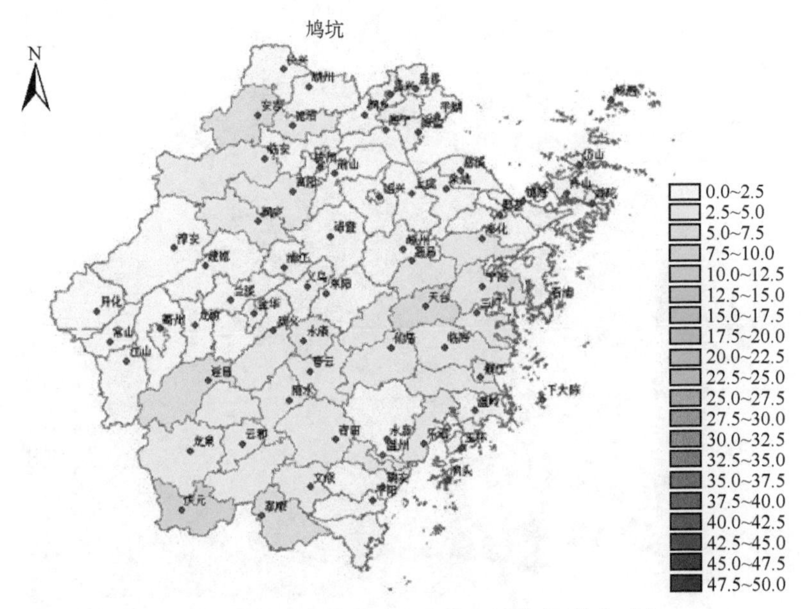

图 6.1　浙江省各县茶叶生产霜冻风险度(单位:%)

6.2.2　浙江省春季茶叶生产霜冻风险区划

根据 3 个代表性茶树的霜冻风险度,得到浙江省茶叶霜冻风险区划,见图 6.2。

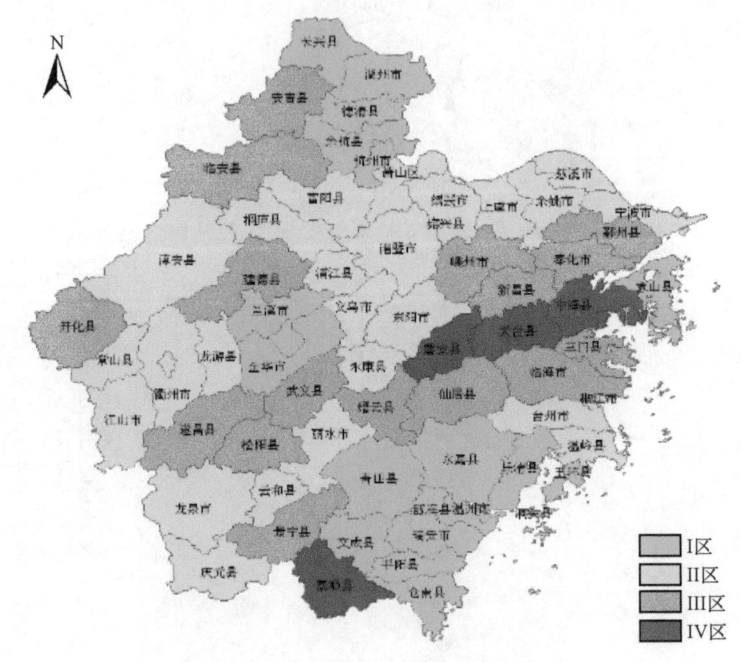

图 6.2　浙江省茶树霜冻风险区划

浙江省各县鸠坑茶树的霜冻风险度在10%以下，鸠坑茶树在浙江省种植已有1000多年历史，已适应浙江省的气候条件，在浙江省各地均可种植。乌牛早茶树是永嘉茶农培育的茶树新品种，由于其开采期早，一般在2月上旬到3月上旬，浙江省茶农利用其上市早，其上市时其他茶树还未进入开采期，这时采制的茶叶能获得较高的经济价值，所以它是近一二十年推广种植的茶树品种；龙井43是一种适宜制作龙井茶的优良茶树品种，开采期在乌牛早茶树和鸠坑茶树之间。

Ⅰ区：乌牛早茶树和龙井43茶树风险较低，在海拔400 m以下地区可种植乌牛早茶树，在海拔600 m以下地区可种植龙井43茶树。

Ⅱ区：在海拔300 m以下地区可种植乌牛早茶树，在海拔500 m以下地区可种植龙井43茶树。

Ⅲ区：在海拔250 m以下地区可种植乌牛早茶树，在海拔400 m以下地区可种植龙井43茶树。

Ⅳ区：在海拔150 m以下地区可种植乌牛早茶树，在海拔300 m以下地区可种植龙井43茶树。

6.3　新昌县茶树霜冻风险度

茶树种植于山区，由于山区小气候资源相差大，茶树霜冻风险差别大。本节利用绍兴市108个自动气象站资料，以新昌县为例分析茶树霜冻风险的空间精细化分布。

6.3.1　茶树开采期出现概率的空间分布

茶叶开采期越早，茶树遭受霜冻的风险越高，霜冻风险越大，因此首先分析茶树开采期出现概率的空间分布。

利用12种分布对各自动气象站所在地各茶树品种开采期序列的概率分布进行拟合，对各种分布的Anderson-Darling检验值按从小到大排序，3个茶树品种Anderson-Darling检验平均值以Burr分布最小，以Burr分布进行各自动气象站所在地3个茶树品种开采期的概率分布拟合。

利用Burr分布分别计算108个点乌牛早茶树从日序51到日序95、龙井43茶树从日序60到日序105、鸠坑茶树从日序80到日序125逐日进入开采期的概率，把不同日序进入开采期的累积概率与所在地的海拔高度、坡度、坡向进行相关分析。表6.1是3个茶树品种与4个代表性日序的相关分析结果，表明茶树不同日序进入开采期累积概率与海拔高度、坡度、坡向显著相关。

表 6.1　不同日序进入开采期的累积概率与地理因子的相关性

茶树品种	日序	海拔高度	坡度	坡向
乌牛早	60	−0.3974**	0.2562*	−0.5204**
	65	−0.3546**	0.4497**	−0.5846**
	70	−0.3444**	0.5039**	−0.6778**
	75	−0.3461**	0.4546**	−0.7691**
龙井 43	70	−0.3889**	−0.4959**	−0.3415**
	75	−0.5820**	−0.5895**	−0.4483**
	80	−0.7815**	−0.5364**	−0.4865**
	85	−0.7790**	−0.3711**	−0.4391**
鸠坑	85	−0.5859**	−0.6538**	−0.4805**
	90	−0.6694**	−0.6751**	−0.4807**
	95	−0.8164**	−0.5877**	−0.4402**
	100	−0.9044**	−0.3113**	−0.2670*

注："**"和"*"分别表示相关系数达到 0.01、0.05 显著性检验水平(下同)。

根据 108 个自动气象站所在地 3 个茶树品种不同日序进入开采期的概率和地理因子值，建立 3 个茶树品种不同日序进入开采期的概率随地理因子变化的拟合模型，结合 1∶250000DEM 上读取的 100 m×100 m 网格点地理因子值，得到各网格点 3 个茶树品种不同日序进入开采期的概率。图 6.3 是新昌县乌牛早茶树在日序 70、龙井 43 茶树在日序 80、鸠坑茶树在日序 95 进入开采期的累积概率分布图。

图 6.3a　新昌县乌牛早茶树在日序 70 进入开采期的累积概率空间分布(单位:%)

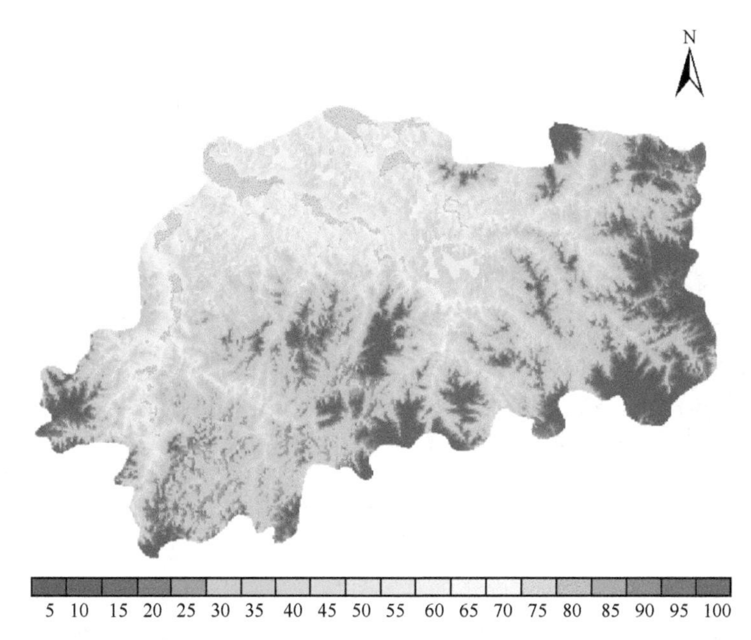

图 6.3b 新昌县龙井 43 茶树在日序 80 进入开采期的累积概率空间分布(%)

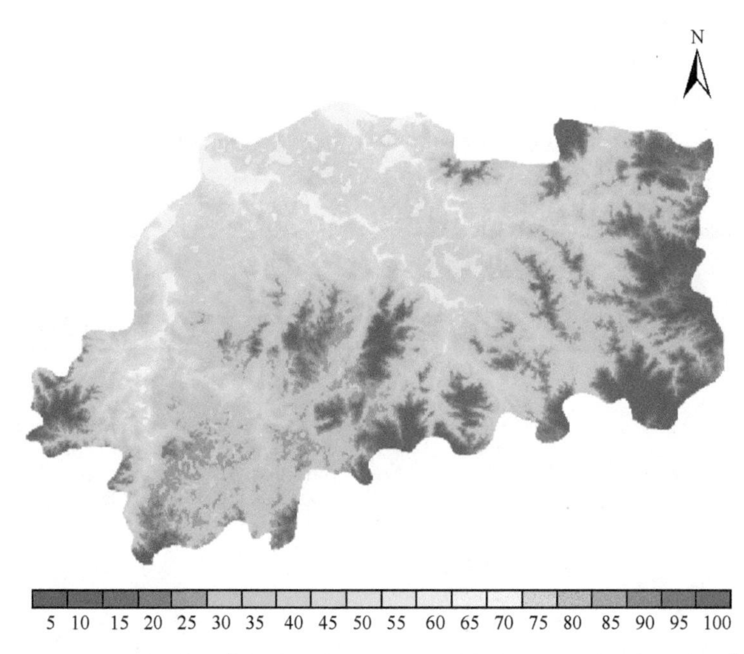

图 6.3c 新昌县鸠坑茶树在日序 95 进入开采期的累积概率空间分布(%)

乌牛早茶树是浙江省温州市永嘉县茶农在1988年选育而成，具有开采期早的特点。新昌县在20世纪90年代初引进种植，在2月气温偏高年份，低丘平原地区2月下旬就会进入开采期。2月下旬到3月中旬是冷暖空气影响新昌县最活跃的时候，年际间气温变化幅度大，同时新昌县是个山区县，各地气温变化幅度大，因此开采期不仅年际间变化幅度大，各地同一时期进入开采期的概率变化幅度也较大。

鸠坑茶树是在新昌县种植了数百年的传统茶树品种，已适应了新昌的气候条件，年际间和不同地形下开采期变幅小，开采期主要集中在4月上旬。

龙井43茶树是在20世纪80年代由中国农业科学院茶叶研究所选育的国家级茶树品种，适宜制作龙井茶，物候期介于乌牛早和鸠坑茶树之间。年际间和不同地形下开采期的变幅介于乌牛早和鸠坑茶树之间。

6.3.2 最低气温出现概率的空间分布

利用Beta、Burr等12种分布对各自动气象站从日序35到日序145的逐日最低气温序列的概率分布进行拟合，对各种分布的Anderson-Darling检验值按从小到大排序。各自动气象站从日序35到日序145的逐日最低气温序列各个概率分布拟合Anderson-Darling检验平均值以Generalized Extreme Value分布最小，因此以Generalized Extreme Value分布进行各自动气象站不同日序最低气温序列的概率分布拟合。

利用Generalized Extreme Value分布计算108个自动气象站从日序35到日序145的逐日最低气温为0℃、−0.1℃、−0.2℃、−0.3℃，…，−6.0℃的出现概率，分别与所在地的海拔高度、坡度、坡向进行相关分析。表6.2是日序60、65、70、75、80、85、90、95日最低气温≤0℃概率的相关分析结果。

表6.2 不同日序日最低气温≤0℃的出现概率与地理因子的相关性

日序＼地理因子	海拔高度	坡度	坡向
60	0.7313**	0.4931**	0.5334**
65	0.7095**	0.6051**	0.5325**
70	0.8491**	0.5252**	0.5019**
75	0.8356**	0.4355**	0.4284**
80	0.8860**	0.3891**	0.4170**
85	0.8489**	0.4418**	0.4070**
90	0.7274**	0.3033**	0.4213**
95	0.5351**	0.4185**	0.4265**

根据108个自动气象站从日序35到日序145的逐日最低气温为0℃、−0.1℃、−0.2℃、−0.3℃，…，−6.0℃的出现概率和地理因子值，建立不同日

序各级最低气温的概率随地理因子变化的拟合模型，结合1:250000DEM上读取的 100 m×100 m 网格点地理因子值，得到各网格点从日序 35 到日序 115 的逐日最低气温为 0℃、−0.1℃、−0.2℃、−0.3℃，…，−6.0℃的出现概率。图 6.4a～b 分别是新昌县日序 60、70 日最低气温≤0℃概率分布图。

图 6.4a　新昌县日序 60 日最低气温≤0℃概率分布(%)

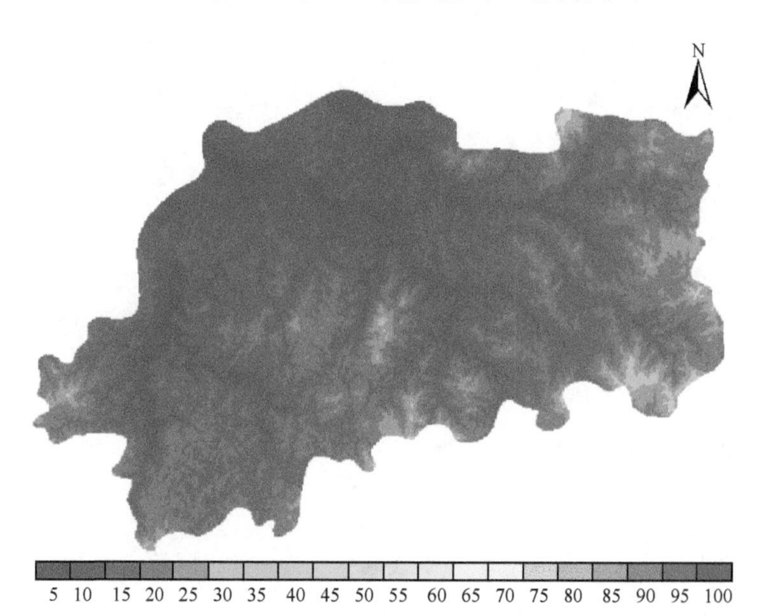

图 6.4b　新昌县日序 70 日最低气温≤0℃概率分布(%)

6.3.3 茶树霜冻风险度空间分布

108 个自动气象站所在地 3 个茶树品种霜冻风险度与地理因子、间隔为 5 的代表性日序的日最低气温≤0℃概率、进入开采期的概率求相关，结果见表 6.3。

表 6.3 霜冻风险度与影响因子的相关性

因子类型	乌牛早		龙井 43		鸠坑	
	因子	相关系数	因子	相关系数	因子	相关系数
地理因子	海拔	0.3865**	海拔	0.6895**	海拔	0.5489**
	坡度	0.6357**	坡度	0.2369*	坡度	0.1425
	坡向	0.6621**	坡向	−0.2369*	坡向	−0.0149
日最低气温≤0℃概率	日序 60	0.3633**	日序 70	0.4885**	日序 80	0.3965**
	日序 65	0.6591**	日序 75	0.5145**	日序 85	0.4267**
	日序 70	0.6196**	日序 80	0.5463**	日序 90	0.2382*
	日序 75	0.5588**	日序 85	0.5180**	日序 95	0.1944
进入开采期的概率	日序 60	−0.4117**	日序 70	−0.1796	日序 85	−0.4066**
	日序 65	−0.4025**	日序 75	−0.2890**	日序 90	−0.4112**
	日序 70	−0.3551**	日序 80	−0.4419**	日序 95	−0.4292**
	日序 75	−0.3245**	日序 85	−0.4662**	日序 100	−0.5138**

对表 6.3 中通过 0.05 显著性检验水平的因子进行主成分分析，以累积百分率达到 95%的几个变量作为主成分。乌牛早、龙井 43、鸠坑茶树霜冻风险度影响因子的主成分分别有 5 个、5 个和 3 个，以主成分作为影响因子，建立乌牛早、龙井 43、鸠坑茶树霜冻风险度拟合模型。

乌牛早：

$$R_w = 62.23 + 6.9232x_1 + 6.0159x_2 + 16.9997x_3 - 11.3507x_4 + 14.8525x_5 \quad (6.4)$$

龙井 43：

$$R_l = y = 2.85 + 0.2579x_1 + 0.5440x_2 - 0.5370x_3 + 0.4020x_4 + 0.0834x_5 \quad (6.5)$$

鸠坑：

$$R_j = 0.30 + 0.07997x_1 - 0.0254x_2 - 0.2285x_3 \quad (6.6)$$

式(6.4)、(6.5)和(6.6)中，R_w、R_l、R_j 分别表示乌牛早、龙井 43、鸠坑茶树的霜冻风险度；x_1、x_2、x_3、x_4、x_5 分别表示第 1 个主成分、第 2 个主成分、第 3 个主成分、第 4 个主成分和第 5 个主成分。

根据每个网格点的海拔高度、坡度、坡向、间隔为 5 的代表性日序的日最

低气温≤0℃概率和3个茶树品种进入开采期的概率，对乌牛早、龙井43、鸠坑茶树霜冻风险度的影响因子分别计算出前5个、5个和3个主成分，代入式(6.4)、(6.5)和(6.6)得到新昌县各网格点的茶叶霜冻风险度(图6.5)。

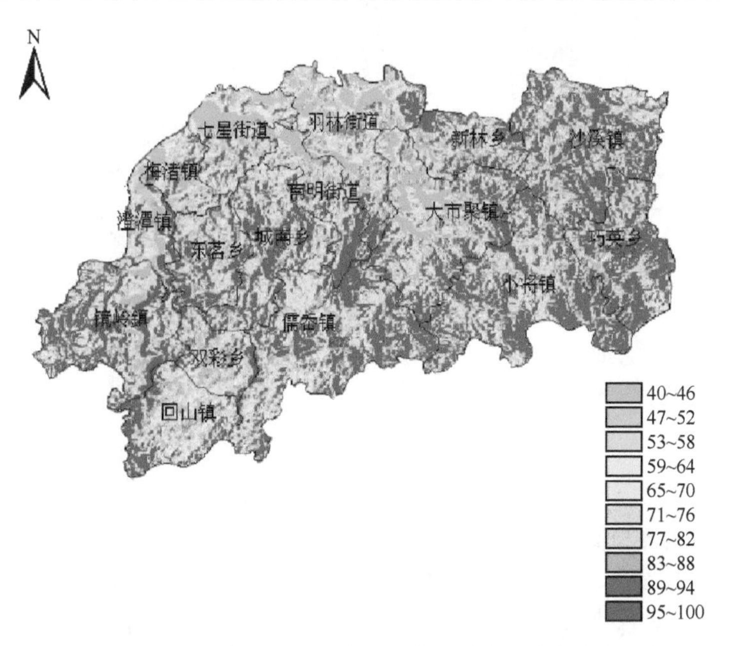

图6.5a　新昌县各网格点的乌牛早茶树霜冻风险度分布(%)

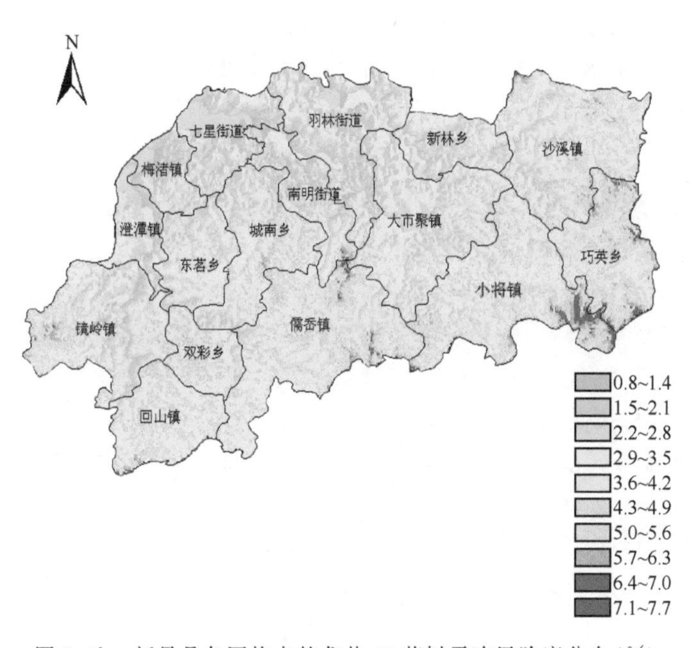

图6.5b　新昌县各网格点的龙井43茶树霜冻风险度分布(%)

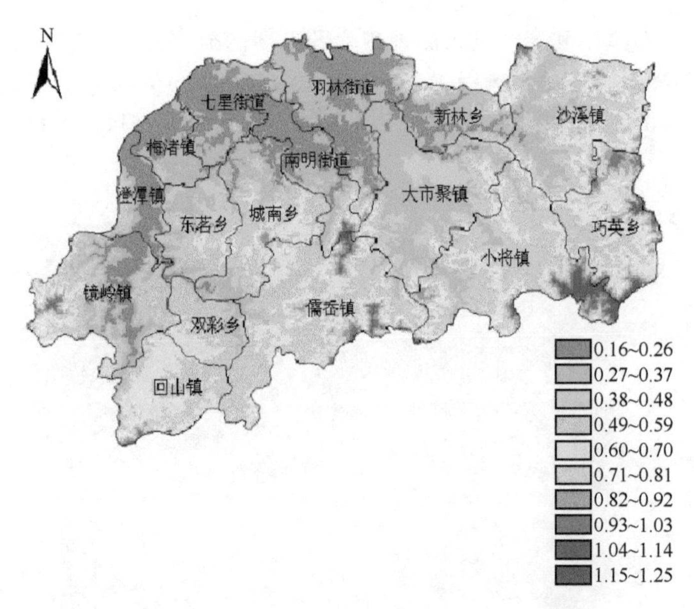

图 6.5c　新昌县各网格点的鸠坑茶树霜冻风险度分布图(%)

茶树霜冻风险度与不同等级强度的霜冻出现概率和开采期有关。乌牛早茶树茶芽在2月上中旬萌发,历年平均开采期在3月上旬到3月中旬,和历年平均0℃终日接近,霜冻风险度高达40%～100%。龙井43茶树茶芽在2月下旬到3月上旬萌发,历年平均开采期在3月中旬到3月下旬,比历年平均0℃终日偏迟6～15 d,霜冻风险度在8%以下。鸠坑茶树茶芽在3月中旬萌发,历年平均开采期在4月上旬,比历年平均0℃终日偏迟20～30 d,霜冻风险度在1.3%以下。

6.3.4　茶叶霜冻风险区划

龙井43茶树和鸠坑茶树霜冻风险度较低,适宜在新昌县种植,本节以乌牛早茶树的霜冻风险度作为指标进行霜冻风险区划。按照乌牛早茶树霜冻风险度≤50%、50%～60%、60%～70%、≥70%,将新昌县茶叶霜冻风险划分为Ⅰ区、Ⅱ区、Ⅲ区和Ⅳ区四个区(图6.6)。

Ⅰ区为海拔高度在150 m以下的平地和坡向朝南的低丘山地,新昌县南部回山镇和双彩乡海拔高度在350 m左右的平地,乌牛早茶树霜冻风险度在40%～50%。在海拔高度150 m以下地区,虽然乌牛早茶树开采期早,但3月出现霜冻的几率低,因此乌牛早茶树霜冻风险度较低。回山镇和双彩乡虽然海拔高度较高,3月中下旬霜冻出现几率较高,但乌牛早茶树开采期迟,海拔高度在350 m左右的平地出现霜冻的几率相对较小,乌牛早茶树霜冻风险度较低。

Ⅱ区为海拔高度在150 m以下坡向朝北的低丘山地，新昌县南部回山镇和双彩乡海拔高度在350～400 m坡向朝南的山地。该区虽然乌牛早茶树开采期和Ⅰ区相同，但3月出现霜冻的几率比Ⅰ区高，乌牛早茶树霜冻风险度在50%～60%。

Ⅲ区为海拔高度在150～300 m坡向朝南的丘陵山地，新昌县南部回山镇和双彩乡海拔高度在400～450 m坡向朝南的山地。该区乌牛早茶树霜冻风险度在60%～70%。

Ⅳ区为海拔高度在150～300 m坡向朝北的丘陵山地、新昌县南部回山镇和双彩乡海拔高度在400～450 m坡向朝北的山地以及海拔高度在300 m以上的山区，由于霜冻出现几率高，乌牛早茶树霜冻风险度在70%以上。

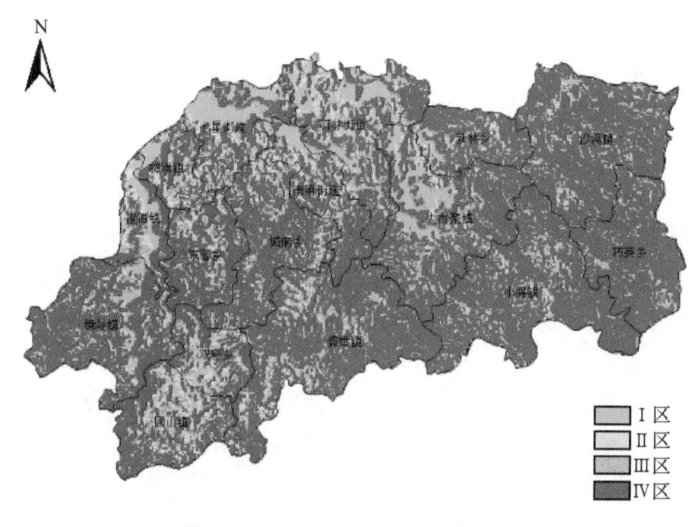

图6.6　新昌县茶叶霜冻风险区划

6.4　茶叶霜冻气象指数保险产品设计

政策性农业保险能减少乃致消除特定农业自然风险对农业生产的负面影响，稳定农民从事种养殖业带来的收入，实施政策性农业保险是政府实现农业发展目标和有效保护农民利益的政策措施。2004—2010年的中央1号文件均提出要尽快建立中国政策性农业保险制度，并进行试点。浙江省在2006年率先启动政策性农业保险，把水稻等作物作为政策性农业保险主要试点作物。但茶叶生产直接以经济产出来衡量，加上浙江省开展名优茶生产时间短，茶叶作为新一轮政策性农业保险试点作物还处于前期研究阶段。

中国农业保险自1934年试办以来，至今已经有70多年的历史，但对于农业保险在理论上的研究还处于较低的层次，实践中也很少有成功的经验。以往在中国农业保险的实践中，主要采取单一费率的形式，这一做法造成保户的保费负担与承受的风险特征不一致，诱发了逆选择和道德风险的问题，加上中国自然条件差异大，农业灾害造成的损失差异大，灾后需要大量的人力、物力勘查定损，灾后理赔时效低、理赔成本高，这些因素都是造成中国农业保险市场失灵的主要因素。国外大多数国家所采用的传统农业保险主要划分为两种：成本保险和产量或产值保险。20世纪40年代以来，这两种保险方式为化解农业风险、保障农业稳定作出了一定贡献。国外传统农业保险模式在保险区划及费率厘定上较我国精细得多，降低了逆选择与道德风险的发生概率，但仍存在我国农业保险经营中出现的各种弊病。为了解决传统农业保险中逆选择和道德风险、理赔成本高这一类问题，国际金融保险界从20世纪80年代开始，先后开发了两个农业保险产品：区域产量指数保险和气象指数保险。区域产量指数保险是当保单持有者的农作物发生了灾害损失时，只有在整个地区的平均产量低于保险产量时，才能得到保险赔款的农业保险模式，是一种面向农场的团体保险，主要为美国、巴西、加拿大等国所采用。气象指数保险是以特定的农业气象指标作为触发机制，如果超出了预定的标准，保险人就要负责赔偿的农业保险模式，它与大灾后实际的农作物受损状况无关，无需逐户勘查定损。气象指数保险作为天气衍生产品，将金融工具的理念用于自然灾害的风险管理，吸引社会资金参与分散农业自然风险，为农业生产者的风险转移提供了新途径，降低保险公司或再保险公司经营中的风险。印度开展了干旱农业气象指数保险；加拿大采用气象指数保险分散降低降雨造成的奶制品产出下降的风险，补偿高温带来的玉米和饲草种植利益损失的风险等；墨西哥种植业保险通过气象指数保险衍生工具进行再保险；阿根廷采用气象指数保险分散化肥贷款，即由于天气的不确定性而带来的财务风险；南非的苹果合作社应用气象指数保险分散霜冻带来的苹果种植风险。这两种指数保险分别从区域产量或气象数据出发建立农业保险模型，解决了信息不对称问题，是目前世界各国政策性农业保险采用的主要先进模式。目前我国政策性农业保险基本采用传统农业保险模式，在大灾发生后保险公司采用逐户查勘、定损的理赔方式。

6.4.1 茶叶霜冻气象指数保险

气象指数保险合同包括保险合同类型、保险合同依据的官方气象站数据、气象保险指数、诱发系数、费率、免赔额、单向或双向的赔付七个部分(Zeng,2000)。其中核心部分是厘定费率。

根据气象指数保险合同内容，茶叶霜冻气象指数保险是指在事先指定区域，针对春季茶叶生产中发生的霜冻灾害而开展的农业保险，保险费率和损失理赔支付根据霜冻造成茶叶的经济损失率和出现风险确定。茶叶霜冻气象指数是事先规定的霜冻灾害对应的气象指标，每个指数值与一定的茶叶经济损失率和赔付率相对应。本章中根据各乡镇（街道）所在地气象站的观测气象数据确定霜冻气象指数进行赔付。

纯保险费率为保险损失的期望值（Alan and Barry，2000）：

$$P_c = E[Loss]/\lambda\mu \tag{6.7}$$

式中，P_c 为纯保险费率；λ、μ 分别为保障比例、预期单产，根据浙江省农业保险试点方案，λ 和 μ 取 100%；$Loss$ 为作物损失。当灾害造成的作物损失低于免赔额时，不予赔偿；灾害造成的作物损失高于或等于免赔额时，保险公司按受损土地的保险额与损失率的乘积确定赔偿额。因此纯保险费率为：

$$P_c = E[Loss]/\lambda\mu = E[Loss] = \sum(L_r \times P) \qquad (L_r \geqslant M) \tag{6.8}$$

式中，L_r 为损失率，P 为 L_r 的出现概率，M 为免赔额。

6.4.2　以县为单位的茶树霜冻气象指数保险合同

为了让保险公司制定一个合理的免赔额和纯保险费率，本章根据(6.8)式分别计算了免赔额为 10%、20%、30%、40%、50%、60%、70%、80%的纯保险费率，结果见表 6.4。

表 6.4a　不同免赔额下各县乌牛早的纯保险费率(%)

县名	免赔额(%)									
	10	20	30	40	50	60	70	80	90	100
新昌	36.36	32.82	30.88	26.88	24.97	21.74	20.65	18.20	16.26	13.18
嵊州	32.99	29.64	27.85	24.11	22.35	19.34	18.38	16.11	14.39	11.62
绍兴	22.23	19.56	18.18	15.38	14.13	12.01	11.40	9.75	8.67	7.01
上虞	24.31	21.57	20.16	17.24	15.85	13.61	12.89	11.15	9.81	7.83
诸暨	27.89	24.92	23.29	20.06	18.64	16.10	15.37	13.25	12.05	10.08
武义	30.13	27.08	25.46	22.06	20.45	17.73	16.86	14.84	13.30	10.79
金华	18.76	16.42	15.30	12.88	11.73	9.90	9.36	8.07	7.09	5.64
兰溪	17.75	15.46	14.39	12.06	10.93	9.23	8.67	7.49	6.53	5.17
浦江	26.17	23.35	21.81	18.81	17.47	15.14	14.44	12.46	11.32	9.41
义乌	21.40	18.84	17.58	14.92	13.63	11.63	11.02	9.54	8.42	6.80
东阳	24.63	21.85	20.43	17.44	15.97	13.68	12.92	11.27	9.88	7.90
永康	24.80	22.04	20.64	17.65	16.15	13.86	13.01	11.50	10.05	7.86
磐安	43.52	39.47	37.08	32.23	29.62	26.13	23.89	21.69	18.27	13.88
龙游	24.95	22.15	20.77	17.74	16.24	13.89	13.13	11.51	10.12	7.99

续表

县名	免赔额(%)									
	10	20	30	40	50	60	70	80	90	100
衢州	22.48	19.84	18.55	15.71	14.29	12.14	11.37	9.93	8.56	6.65
江山	22.00	19.46	18.20	15.46	14.13	12.02	11.33	9.86	8.61	6.80
常山	22.70	20.02	18.70	15.85	14.41	12.28	11.47	10.07	8.69	6.77
开化	35.74	32.42	30.62	26.89	24.99	21.97	20.86	18.63	16.56	13.40
丽水	23.18	20.40	18.99	16.04	14.43	12.36	11.33	10.10	8.44	6.37
庆元	29.03	25.98	24.19	20.79	18.91	16.63	15.14	13.70	11.61	8.97
青田	14.25	12.23	11.21	9.25	8.21	6.93	6.30	5.47	4.54	3.43
龙泉	28.64	25.57	23.85	20.47	18.54	16.26	14.78	13.34	11.04	8.33
缙云	36.30	32.73	30.80	26.71	24.61	21.46	20.10	17.95	15.69	12.54
云和	28.75	25.62	23.95	20.52	18.64	16.16	14.91	13.36	11.31	8.68
遂昌	35.34	31.85	29.97	25.95	23.84	20.75	19.35	17.38	15.03	11.77
松阳	32.25	28.94	27.16	23.44	21.44	18.66	17.33	15.57	13.37	10.43
景宁	33.80	30.40	28.57	24.70	22.64	19.71	18.34	16.48	14.20	11.10
温州	12.17	10.27	9.37	7.62	6.66	5.55	5.04	4.35	3.60	2.71
瑞安	10.62	8.91	8.15	6.61	5.75	4.76	4.33	3.77	3.10	2.31
泰顺	44.02	39.97	37.58	32.73	30.12	26.63	24.39	22.19	18.77	14.38
永嘉	14.21	12.09	11.03	9.03	7.94	6.67	6.05	5.22	4.34	3.34
平阳	15.86	13.58	12.33	10.13	9.01	7.62	6.94	5.94	5.02	3.93
洞头	7.35	6.05	5.55	4.42	3.85	3.09	2.88	2.48	2.10	1.56
乐清	18.06	15.65	14.45	12.07	10.72	9.13	8.33	7.32	6.05	4.55
天台	43.92	39.85	37.57	32.84	30.37	26.57	25.01	22.43	19.61	15.42
临海	32.80	29.24	27.44	23.53	21.24	18.29	16.89	15.28	12.80	9.21
温岭	20.16	17.68	16.69	14.01	12.88	10.71	10.14	9.04	8.22	6.51
台州	25.28	22.14	20.57	17.31	15.53	13.28	12.13	10.82	9.18	6.80
仙居	37.20	33.41	31.40	27.12	24.79	21.49	20.02	17.98	15.44	11.94
玉环	11.71	9.91	9.14	7.48	6.66	5.50	5.15	4.44	3.83	2.97
三门	37.74	34.00	32.02	27.83	25.52	22.24	20.85	18.77	16.23	12.52
北仑	25.20	22.09	20.62	17.35	15.67	13.22	12.36	10.78	9.25	7.15
慈溪	25.79	22.71	21.13	17.88	16.37	13.88	13.16	11.30	9.97	7.95
余姚	28.26	25.01	23.38	19.92	18.20	15.54	14.68	12.78	11.20	8.90
鄞州	30.94	27.56	25.81	22.10	20.26	17.38	16.37	14.39	12.59	9.88
奉化	39.53	35.75	33.64	29.30	27.24	23.71	22.47	19.96	17.93	14.59
宁海	42.68	38.76	36.59	32.13	29.80	26.19	24.81	22.25	19.66	15.82
象山	19.59	17.02	15.81	13.24	11.95	10.12	9.44	8.19	7.08	5.61
杭州	18.58	16.26	15.10	12.75	11.67	9.93	9.42	8.02	7.11	5.76

续表

县名	免赔额(%)									
	10	20	30	40	50	60	70	80	90	100
淳安	23.42	20.56	19.16	16.22	14.70	12.57	11.77	10.28	8.93	7.12
富阳	28.86	25.86	24.06	20.80	19.33	16.86	15.99	13.75	12.46	10.47
临安	34.79	31.29	29.13	25.26	23.44	20.59	19.39	16.88	15.14	12.72
桐庐	26.74	23.86	22.34	19.21	17.83	15.34	14.63	12.65	11.43	9.34
萧山	21.59	18.97	17.58	14.89	13.66	11.69	11.08	9.45	8.43	6.92
建德	31.57	28.13	26.39	22.65	20.70	17.85	16.76	14.84	12.90	10.17
湖州	15.11	13.07	12.08	10.14	9.21	7.80	7.41	6.18	5.51	4.56
德清	19.43	16.99	15.72	13.32	12.17	10.42	9.85	8.31	7.42	6.21
安吉	36.34	32.69	30.42	26.36	24.26	21.36	19.90	17.30	15.15	12.37
长兴	18.92	16.46	15.23	12.84	11.63	9.89	9.33	7.91	6.95	5.63

表6.4b 不同免赔额下各县龙井43的纯保险费率(%)

县名	免赔额(%)									
	10	20	30	40	50	60	70	80	90	100
新昌	8.02	6.18	4.42	2.48	0.62	0.00	0.00	0.00	0.00	0.00
嵊州	9.00	7.01	5.10	2.93	0.76	0.00	0.00	0.00	0.00	0.00
绍兴	4.09	3.02	2.07	1.08	0.26	0.00	0.00	0.00	0.00	0.00
上虞	3.70	2.71	1.86	0.99	0.24	0.00	0.00	0.00	0.00	0.00
诸暨	5.47	4.14	2.90	1.57	0.37	0.00	0.00	0.00	0.00	0.00
武义	8.94	7.08	5.23	3.07	0.80	0.00	0.00	0.00	0.00	0.00
金华	6.32	4.85	3.44	1.90	0.48	0.00	0.00	0.00	0.00	0.00
兰溪	5.65	4.32	3.07	1.71	0.44	0.00	0.00	0.00	0.00	0.00
浦江	5.43	4.08	2.86	1.56	0.36	0.00	0.00	0.00	0.00	0.00
义乌	5.68	4.29	3.02	1.64	0.40	0.00	0.00	0.00	0.00	0.00
东阳	7.25	5.62	4.05	2.29	0.59	0.00	0.00	0.00	0.00	0.00
永康	8.32	6.60	4.87	2.86	0.76	0.00	0.00	0.00	0.00	0.00
磐安	13.06	10.745	8.235	5.165	1.595	0.00	0.00	0.00	0.00	0.00
龙游	7.76	6.09	4.48	2.60	0.69	0.00	0.00	0.00	0.00	0.00
衢州	6.03	4.68	3.43	1.97	0.53	0.00	0.00	0.00	0.00	0.00
江山	6.25	4.85	3.52	2.00	0.53	0.00	0.00	0.00	0.00	0.00
常山	7.63	6.00	4.43	2.60	0.74	0.00	0.00	0.00	0.00	0.00
开化	7.52	5.86	4.26	2.46	0.59	0.00	0.00	0.00	0.00	0.00
丽水	9.01	7.17	5.26	3.07	0.91	0.00	0.00	0.00	0.00	0.00
庆元	15.78	12.97	9.50	5.59	1.62	0.00	0.00	0.00	0.00	0.00
青田	7.22	5.50	3.71	1.94	0.49	0.00	0.00	0.00	0.00	0.00

续表

县名	免赔额(%)									
	10	20	30	40	50	60	70	80	90	100
龙泉	12.33	10.06	7.55	4.57	1.33	0.00	0.00	0.00	0.00	0.00
缙云	7.96	6.27	4.60	2.66	0.70	0.00	0.00	0.00	0.00	0.00
云和	10.92	8.85	6.66	4.03	1.22	0.00	0.00	0.00	0.00	0.00
遂昌	10.70	8.67	6.56	4.01	1.18	0.00	0.00	0.00	0.00	0.00
松阳	10.81	8.76	6.61	4.02	1.20	0.00	0.00	0.00	0.00	0.00
景宁	11.63	9.46	7.11	4.30	1.28	0.00	0.00	0.00	0.00	0.00
温州	6.36	4.74	3.11	1.57	0.37	0.00	0.00	0.00	0.00	0.00
瑞安	5.45	4.04	2.65	1.34	0.32	0.00	0.00	0.00	0.00	0.00
泰顺	15.20	12.64	9.81	6.30	1.97	0.00	0.00	0.00	0.00	0.00
永嘉	7.15	5.38	3.57	1.81	0.42	0.00	0.00	0.00	0.00	0.00
平阳	7.10	5.35	3.54	1.79	0.42	0.00	0.00	0.00	0.00	0.00
洞头	2.18	1.55	1.01	0.49	0.10	0.00	0.00	0.00	0.00	0.00
乐清	8.74	6.78	4.74	2.62	0.69	0.00	0.00	0.00	0.00	0.00
天台	10.05	7.91	5.67	3.18	0.78	0.00	0.00	0.00	0.00	0.00
临海	9.38	7.46	5.51	3.25	0.88	0.00	0.00	0.00	0.00	0.00
温岭	7.34	5.74	4.21	2.46	0.68	0.00	0.00	0.00	0.00	0.00
台州	4.92	3.73	2.66	1.49	0.36	0.00	0.00	0.00	0.00	0.00
仙居	10.85	8.66	6.39	3.76	1.02	0.00	0.00	0.00	0.00	0.00
玉环	3.36	2.46	1.66	0.86	0.21	0.00	0.00	0.00	0.00	0.00
三门	8.375	6.555	4.715	2.67	0.685	0.00	0.00	0.00	0.00	0.00
北仑	2.69	1.88	1.22	0.60	0.13	0.00	0.00	0.00	0.00	0.00
慈溪	4.71	3.45	2.30	1.16	0.27	0.00	0.00	0.00	0.00	0.00
余姚	3.98	2.88	1.94	1.00	0.23	0.00	0.00	0.00	0.00	0.00
鄞州	4.99	3.71	2.55	1.35	0.32	0.00	0.00	0.00	0.00	0.00
奉化	9.89	7.75	5.53	3.09	0.74	0.00	0.00	0.00	0.00	0.00
宁海	7.37	5.65	3.92	2.09	0.49	0.00	0.00	0.00	0.00	0.00
象山	2.36	1.70	1.18	0.64	0.15	0.00	0.00	0.00	0.00	0.00
杭州	3.20	2.33	1.61	0.86	0.21	0.00	0.00	0.00	0.00	0.00
淳安	4.62	3.41	2.35	1.26	0.30	0.00	0.00	0.00	0.00	0.00
富阳	7.10	5.50	3.89	2.16	0.58	0.00	0.00	0.00	0.00	0.00
临安	8.38	6.51	4.67	2.63	0.69	0.00	0.00	0.00	0.00	0.00
桐庐	5.46	4.10	2.88	1.58	0.38	0.00	0.00	0.00	0.00	0.00
萧山	4.27	3.17	2.18	1.16	0.29	0.00	0.00	0.00	0.00	0.00
建德	6.29	4.77	3.37	1.86	0.46	0.00	0.00	0.00	0.00	0.00
湖州	2.35	1.67	1.14	0.59	0.14	0.00	0.00	0.00	0.00	0.00

续表

县名	免赔额(%)									
	10	20	30	40	50	60	70	80	90	100
德清	3.54	2.59	1.79	0.94	0.23	0.00	0.00	0.00	0.00	0.00
安吉	10.02	7.97	5.90	3.44	0.92	0.00	0.00	0.00	0.00	0.00
长兴	3.92	2.89	2.01	1.07	0.26	0.00	0.00	0.00	0.00	0.00

表6.4c 不同免赔额下各县鸠坑的纯保险费率(%)

县名	免赔偿(%)									
	10	20	30	40	50	60	70	80	90	100
新昌	2.25	1.63	1.14	0.61	0.15	0.00	0.00	0.00	0.00	0.00
嵊州	1.88	1.35	0.95	0.50	0.12	0.00	0.00	0.00	0.00	0.00
绍兴	0.78	0.54	0.37	0.19	0.04	0.00	0.00	0.00	0.00	0.00
上虞	1.22	0.84	0.57	0.29	0.07	0.00	0.00	0.00	0.00	0.00
诸暨	1.35	0.98	0.68	0.35	0.08	0.00	0.00	0.00	0.00	0.00
武义	2.78	2.08	1.46	0.79	0.19	0.00	0.00	0.00	0.00	0.00
金华	1.46	1.07	0.75	0.40	0.10	0.00	0.00	0.00	0.00	0.00
兰溪	1.53	1.10	0.75	0.40	0.10	0.00	0.00	0.00	0.00	0.00
浦江	1.25	0.90	0.61	0.30	0.07	0.00	0.00	0.00	0.00	0.00
义乌	1.32	0.94	0.65	0.34	0.08	0.00	0.00	0.00	0.00	0.00
东阳	2.14	1.57	1.10	0.59	0.15	0.00	0.00	0.00	0.00	0.00
永康	3.20	2.44	1.73	0.95	0.22	0.00	0.00	0.00	0.00	0.00
磐安	3.01	2.26	1.60	0.87	0.21	0.00	0.00	0.00	0.00	0.00
龙游	1.52	1.11	0.78	0.41	0.10	0.00	0.00	0.00	0.00	0.00
衢州	0.87	0.62	0.43	0.22	0.05	0.00	0.00	0.00	0.00	0.00
江山	0.82	0.59	0.40	0.20	0.05	0.00	0.00	0.00	0.00	0.00
常山	1.10	0.79	0.54	0.28	0.07	0.00	0.00	0.00	0.00	0.00
开化	1.08	0.82	0.58	0.28	0.07	0.00	0.00	0.00	0.00	0.00
丽水	3.54	2.70	1.94	1.09	0.28	0.00	0.00	0.00	0.00	0.00
庆元	7.19	5.82	4.43	2.72	0.76	0.00	0.00	0.00	0.00	0.00
青田	2.65	1.97	1.39	0.75	0.20	0.00	0.00	0.00	0.00	0.00
龙泉	3.55	2.74	2.02	1.18	0.30	0.00	0.00	0.00	0.00	0.00
缙云	2.41	1.82	1.29	0.71	0.18	0.00	0.00	0.00	0.00	0.00
云和	4.10	3.15	2.28	1.30	0.34	0.00	0.00	0.00	0.00	0.00
遂昌	4.54	3.46	2.45	1.34	0.33	0.00	0.00	0.00	0.00	0.00
松阳	4.32	3.31	2.38	1.32	0.33	0.00	0.00	0.00	0.00	0.00
景宁	4.93	3.80	2.73	1.54	0.38	0.00	0.00	0.00	0.00	0.00
温州	2.48	1.81	1.24	0.65	0.16	0.00	0.00	0.00	0.00	0.00

续表

县名	免赔偿(%)									
	10	20	30	40	50	60	70	80	90	100
瑞安	0.93	0.63	0.40	0.20	0.04	0.00	0.00	0.00	0.00	0.00
泰顺	5.76	4.45	3.18	1.78	0.42	0.00	0.00	0.00	0.00	0.00
永嘉	1.83	1.32	0.90	0.47	0.11	0.00	0.00	0.00	0.00	0.00
平阳	1.41	0.99	0.66	0.33	0.07	0.00	0.00	0.00	0.00	0.00
洞头	0.18	0.12	0.08	0.04	0.01	0.00	0.00	0.00	0.00	0.00
乐清	3.45	2.58	1.81	0.99	0.25	0.00	0.00	0.00	0.00	0.00
天台	4.88	3.76	2.66	1.43	0.37	0.00	0.00	0.00	0.00	0.00
临海	4.17	3.14	2.15	1.13	0.27	0.00	0.00	0.00	0.00	0.00
温岭	2.08	1.50	0.99	0.50	0.12	0.00	0.00	0.00	0.00	0.00
台州	1.37	1.02	0.66	0.26	0.06	0.00	0.00	0.00	0.00	0.00
仙居	2.88	2.22	1.56	0.79	0.19	0.00	0.00	0.00	0.00	0.00
玉环	0.62	0.49	0.32	0.11	0.02	0.00	0.00	0.00	0.00	0.00
三门	3.58	2.69	1.86	0.99	0.24	0.00	0.00	0.00	0.00	0.00
北仑	1.11	0.75	0.48	0.23	0.05	0.00	0.00	0.00	0.00	0.00
慈溪	1.03	0.73	0.50	0.26	0.06	0.00	0.00	0.00	0.00	0.00
余姚	1.59	1.11	0.74	0.37	0.08	0.00	0.00	0.00	0.00	0.00
鄞州	1.97	1.41	0.95	0.48	0.11	0.00	0.00	0.00	0.00	0.00
奉化	3.59	2.69	1.88	1.00	0.25	0.00	0.00	0.00	0.00	0.00
宁海	2.98	2.23	1.57	0.85	0.21	0.00	0.00	0.00	0.00	0.00
象山	0.13	0.08	0.05	0.02	0.00	0.00	0.00	0.00	0.00	0.00
杭州	1.13	0.79	0.53	0.27	0.06	0.00	0.00	0.00	0.00	0.00
淳安	1.11	0.77	0.52	0.26	0.06	0.00	0.00	0.00	0.00	0.00
富阳	2.34	1.74	1.23	0.66	0.16	0.00	0.00	0.00	0.00	0.00
临安	2.89	2.16	1.52	0.82	0.20	0.00	0.00	0.00	0.00	0.00
桐庐	2.81	2.04	1.41	0.74	0.18	0.00	0.00	0.00	0.00	0.00
萧山	2.08	1.51	1.03	0.54	0.13	0.00	0.00	0.00	0.00	0.00
建德	1.77	1.26	0.86	0.44	0.10	0.00	0.00	0.00	0.00	0.00
湖州	1.15	0.79	0.51	0.24	0.05	0.00	0.00	0.00	0.00	0.00
德清	2.23	1.66	1.13	0.52	0.11	0.00	0.00	0.00	0.00	0.00
安吉	5.91	4.62	3.40	1.95	0.51	0.00	0.00	0.00	0.00	0.00
长兴	1.74	1.27	0.83	0.38	0.08	0.00	0.00	0.00	0.00	0.00

如果保险费率过高，会影响农民参加农业保险的积极性，因此结合浙江省各县实际，乌牛早、龙井43、鸠坑茶树分别以纯保险费率不超过10%、5%、2.5%进行茶树霜冻农业保险产品设计，其中乌牛早因开采期早，遭受霜冻风险高，只有部分县可以开展农业保险。各县的纯保险费率和免赔额见表6.5。

表6.5　浙江省各县3个茶树品种霜冻保险的纯保险费率和免赔额

县名	乌牛早		龙井43		鸠坑	
	纯保险费率（%）	免赔额（%）	纯保险费率（%）	免赔额（%）	纯保险费率（%）	免赔额（%）
新昌	—	—	4.42	30	2.25	10
嵊州	—	—	2.93	40	1.88	10
绍兴	9.75	80	4.09	10	0.78	10
上虞	9.81	90	3.70	10	1.21	10
诸暨	—	—	4.14	20	1.35	10
武义	—	—	3.07	40	2.08	20
金华	9.90	60	4.85	20	1.46	10
兰溪	9.23	60	4.32	20	1.53	10
浦江	9.41	100	4.08	20	1.25	10
义乌	9.54	80	4.29	20	1.32	10
东阳	9.88	90	4.05	30	2.14	10
永康	7.86	100	4.87	30	2.44	20
磐安	—	—	1.60	50	2.26	20
龙游	7.99	100	4.48	30	1.52	10
衢州	9.93	80	4.68	20	0.87	10
江山	9.86	80	4.85	20	0.82	10
常山	8.69	90	4.43	30	1.1	10
开化	—	—	4.26	30	1.08	10
丽水	8.44	90	3.07	40	1.94	30
庆元	8.97	100	1.62	50	0.76	50
青田	9.25	40	3.71	30	1.97	20
龙泉	8.33	100	4.57	40	2.02	30
缙云	—	—	4.6	30	2.41	10
云和	8.68	100	4.03	40	2.28	30
遂昌	—	—	4.01	40	2.45	30
松阳	—	—	4.02	40	2.38	30
景宁	—	—	4.30	40	1.54	40
温州	9.37	30	4.74	20	2.48	10
瑞安	8.91	20	4.04	20	0.93	10
泰顺	—	—	1.97	50	1.78	40
永嘉	9.03	40	3.57	30	1.83	10
平阳	9.01	50	3.54	30	1.41	10
洞头	7.35	10	2.18	10	0.18	10
乐清	9.13	60	4.74	30	1.81	30

续表

县名	乌牛早		龙井43		鸠坑	
	纯保险费率(%)	免赔额(%)	纯保险费率(%)	免赔额(%)	纯保险费率(%)	免赔额(%)
天台	—	—	3.18	40	1.43	40
临海	9.21	100	3.25	40	2.15	30
温岭	9.04	80	4.21	30	2.08	10
台州	9.18	90	4.92	10	1.37	10
仙居	—	—	3.76	40	2.22	20
玉环	9.91	20	3.36	10	0.62	10
三门	—	—	4.72	30	1.86	30
北仑	9.25	90	2.69	10	1.11	10
慈溪	9.97	90	4.71	10	1.03	10
余姚	8.90	100	3.98	10	1.59	10
鄞州	9.88	100	4.99	10	1.97	10
奉化	—	—	3.09	40	1.88	30
宁海	—	—	3.92	30	2.23	20
象山	9.44	70	2.36	10	0.13	10
杭州	9.93	60	3.20	10	1.13	10
淳安	8.93	90	4.62	10	1.11	10
富阳	—	—	3.89	30	2.34	10
临安	—	—	4.67	30	2.16	20
桐庐	9.34	100	4.10	20	2.04	20
萧山	9.45	80	4.27	10	2.08	10
建德	—	—	4.77	20	1.77	10
湖州	9.21	50	2.35	10	1.15	10
德清	9.85	70	3.54	10	2.23	10
安吉	—	—	3.44	40	1.95	40
长兴	9.89	60	3.92	10	1.74	10

注："—"表示该县该茶叶树品种霜冻风险太高，不适宜开展农业保险。

各县保险公司以本书设计的纯保险费率为基础，考虑安全系数、营业费用、预定节余率等因素，确定本县乌牛早、龙井43、鸠坑霜冻保险费率分别为R_{Z1}、R_{Z2}、R_{Z3}，根据本县乌牛早、龙井43、鸠坑经济产出确定农民的投保额分别为I_1、I_2、I_3，设该县某农民乌牛早、龙井43、鸠坑的种植面积分别为S_1、S_2、S_3，该农民参加乌牛早、龙井43、鸠坑霜冻保险应交纳的保险费分别为$R_{Z1} \times I_1 \times S_1$、$R_{Z2} \times I_2 \times S_2$、$R_{Z3} \times I_3 \times S_3$。

出现低温霜冻时，保险公司根据各茶树品种开采期、各县气象站观测数

据和第 5 章提供的茶叶霜冻灾害经济损失率评估方法确定本县乌牛早、龙井 43、鸠坑经济损失率 L_{r1}、L_{r2}、L_{r3}，如茶叶经济损失率达到或超过免赔额，则对参加农业保险农民的乌牛早、龙井 43、鸠坑分别赔偿 $L_{r1}\times I_1\times S_1$、$L_{r2}\times I_2\times S_2$、$L_{r3}\times I_3\times S_3$。

6.4.3　新昌县茶叶霜冻气象指数保险产品设计

本节以新昌县 16 个乡镇(街道)作为茶叶霜冻气象指数保险产品设计区域。

计算了鸠坑茶树和龙井 43 茶树免赔额分别为 10%、20%、30%、40%、50%对应的纯保险费率，乌牛早茶树免赔额分别为 10%、20%、30%、40%、50%、60%、70%、80%、90%、100%对应的纯保险费率，结果见表 6.6。

表 6.6a　不同免赔额下各乡镇(街道)的鸠坑纯保险费率(%)

乡镇(街道)	免赔额(%)				
	10	20	30	40	50
大市聚	2.16	0.00	0.00	0.00	0.00
羽林街道	0.00	0.00	0.00	0.00	0.00
南明街道	3.63	0.18	0.00	0.00	0.00
七星街道	2.24	0.00	0.00	0.00	0.00
新林乡	0.00	0.00	0.00	0.00	0.00
沙溪镇	0.00	0.00	0.00	0.00	0.00
小将镇	0.00	0.00	0.00	0.00	0.00
巧英乡	0.00	0.00	0.00	0.00	0.00
城南乡	3.67	0.24	0.00	0.00	0.00
梅渚	3.79	0.36	0.00	0.00	0.00
镜岭	0.00	0.00	0.00	0.00	0.00
儒岙镇	0.00	0.00	0.00	0.00	0.00
回山镇	0.00	0.00	0.00	0.00	0.00
双彩乡	0.00	0.00	0.00	0.00	0.00
澄潭镇	0.00	0.00	0.00	0.00	0.00
东茗乡	0.00	0.00	0.00	0.00	0.00

表 6.6b　不同免赔额下各乡镇(街道)的龙井 43 纯保险费率(%)

乡镇(街道)	免赔额(%)				
	10	20	30	40	50
大市聚	25.57	7.66	2.13	0.58	0.16
羽林街道	29.25	9.58	2.89	0.85	0.25
南明街道	25.66	7.08	2.09	0.60	0.19

续表

乡镇(街道)	免赔额(%)				
	10	20	30	40	50
七星街道	14.31	2.55	0.37	0.03	0.00
新林乡	27.26	10.27	3.22	1.08	0.37
沙溪镇	28.77	9.24	2.73	0.79	0.23
小将镇	42.71	19.92	8.48	3.47	1.40
巧英乡	27.29	12.52	3.90	1.44	0.63
城南乡	14.44	2.56	0.37	0.03	0.00
梅渚	18.56	3.68	0.75	0.19	0.06
镜岭	12.69	2.07	0.32	0.00	0.00
儒岙镇	24.26	8.75	2.08	0.73	0.22
回山镇	18.89	4.06	0.82	0.16	0.00
双彩乡	15.84	3.08	0.57	0.10	0.00
澄潭镇	14.23	2.79	0.41	0.06	0.00
东茗乡	20.47	4.58	0.95	0.00	0.00

表 6.6c 免赔额为 10%～50%时各乡镇(街道)的乌牛早纯保险费率(%)

乡镇(街道)	免赔额(%)				
	10	20	30	40	50
大市聚	61.66	43.36	28.62	18.12	11.18
羽林街道	74.47	59.80	45.58	33.38	23.75
南明街道	64.29	49.13	34.75	23.73	16.16
七星街道	59.74	36.44	22.36	12.97	7.80
新林乡	56.71	46.20	32.54	22.20	14.85
沙溪镇	64.26	49.34	36.19	25.69	17.82
小将镇	61.92	47.24	34.52	24.46	16.95
巧英乡	58.14	46.67	32.82	22.35	14.99
城南乡	59.45	36.41	22.43	13.12	7.92
梅渚	59.77	41.85	27.82	17.94	11.37
镜岭	54.08	34.15	20.09	11.34	6.26
儒岙镇	70.24	49.45	34.22	23.02	15.43
回山镇	52.47	34.55	21.46	12.86	7.55
双彩乡	69.66	52.39	36.97	24.96	16.36
澄潭镇	65.84	42.98	26.99	16.27	9.88
东茗乡	51.93	33.51	20.34	11.90	6.82

表 6.6 d　免赔额为 60%～100%时各乡镇(街道)的乌牛早纯保险费率(%)

乡镇(街道)	免赔额(%)				
	60	70	80	90	100
大市聚	6.79	4.08	2.44	1.46	0.86
羽林街道	16.56	11.38	7.75	5.24	4.26
南明街道	10.84	7.19	4.76	3.04	2.33
七星街道	4.69	2.81	1.61	0.96	0.73
新林乡	9.83	6.68	4.39	2.80	2.33
沙溪镇	12.16	8.21	5.50	3.67	3.10
小将镇	11.58	7.83	5.26	3.51	3.10
巧英乡	9.98	6.66	4.41	2.86	2.38
城南乡	4.73	2.86	1.64	1.00	0.74
梅渚	7.33	4.63	2.95	1.69	1.39
镜岭	3.41	1.85	1.00	0.54	0.38
儒岙镇	10.98	6.86	4.66	2.92	2.41
回山镇	4.37	2.52	1.44	0.82	0.65
双彩乡	10.52	6.68	4.21	2.64	2.01
澄潭镇	6.42	3.73	2.18	1.19	0.93
东茗乡	3.86	2.17	1.21	0.68	0.43

各乡镇(街道)由于地形差异较大,茶树开采期不同,同一次冷空气影响过程最低气温不同,对茶树造成的经济损失率差异较大,因此,在同一免赔额下各乡镇(街道)茶树霜冻保险的纯保险费率差异较大。保险费率由纯保险费率和附加费率构成,从农户角度来讲,希望保险费率和免赔额低,从而用较低的保险费用获得较高的保障,如保险费率过高,会影响农民参加农业保险的积极性;对保险公司而言,政策性农业保险要做到一定时期内的保险费收入和赔偿及相关费用平衡,否则保险公司就会处于亏本经营状态而导致农业保险无法经营下去。因此,对适宜开展农业保险的作物险种,必须选择合适的保险费率和免赔额。对不适宜开展农业保险的作物险种可采取两种策略:一种是农民要求开展农业保险呼声高的作物险种,可采取较高的、能让保险公司收支平衡的保险费率和免赔额;第二种是不开展。因此结合新昌县实际,以纯保险费率不超过 5%作为依据设计茶叶霜冻农业保险产品,各乡镇(街道)各茶树品种的纯保险费率和免赔额见表 6.7。羽林街道、新林乡、沙溪镇、小将镇、巧英乡、镜岭、儒岙镇、回山镇、双彩乡、澄潭镇、东茗乡鸠坑茶树在免赔额为 10%时,纯保险费率为 0.00,茶树霜冻风险低,不需开展鸠坑茶树霜冻农业保险。

表 6.7 各乡镇(街道)的纯保险费率和免赔额

乡镇(街道)	鸠坑		龙井 43		乌牛早	
	免赔额(%)	纯保险费率(%)	免赔额(%)	纯保险费率(%)	免赔额(%)	纯保险费率(%)
大市聚	10	2.16	30	2.13	70	4.08
羽林街道	10	0.00	30	2.89	100	4.26
南明街道	10	3.63	30	2.09	80	4.76
七星街道	10	2.24	20	2.55	60	4.69
新林乡	10	0.00	30	3.22	80	4.39
沙溪镇	10	0.00	30	2.73	90	3.67
小将镇	10	0.00	40	3.47	90	3.51
巧英乡	10	0.00	30	3.90	80	4.41
城南乡	10	3.67	20	2.56	60	4.73
梅渚	10	3.79	20	3.68	70	4.63
镜岭	10	0.00	20	2.07	60	3.41
儒岙镇	10	0.00	30	2.08	80	4.66
回山镇	10	0.00	20	4.06	60	4.37
双彩乡	10	0.00	20	3.08	80	4.21
澄潭镇	10	0.00	20	2.79	70	3.73
东茗乡	10	0.00	20	4.58	60	3.86

春季茶叶生产期间出现低温霜冻时,保险公司根据各乡镇(街道)自动气象站观测数据结合茶叶霜冻经济损失率评估模型确定茶叶霜冻灾害经济损失率,如茶叶经济损失率达到或超过免赔额则对参保农民进行赔偿。

6.5 春季茶叶生产霜冻风险对气候变化的响应

植物春季物候如萌芽、展叶和开花等受晚冬和早春温度的影响(Avolio et al. ,2012;Chmielewski and Rotzer,2001;Sparks et al. ,1997),温度上升会导致植物春季物候提早(Ahas et al. ,2002)。20 世纪 80 年代以来,除了在秦岭以南地区出现春季温度降低外,中国大部分地区出现春季温度升高,造成中国东北、中国北方及长江下游地区春季物候提前,西南地区的东部和长江中游物候推迟(Zheng et al. ,2004)。晚霜冻会损害甚至杀死萌芽的植物。Cannell 和 Smith(1986)、Hanninen(1991)根据历史植物物候资料研究表明:气候变暖会使许多树种萌芽提前,遭受霜冻风险增加。Colombo

(1998)的研究表明，气候变暖使加拿大白云杉萌芽提前，霜冻危害风险加大，但气候变暖呈波动性，霜冻风险变化取决于物候和当地气候变化的相互作用。

本节以龙井茶生产区域（杭州市和绍兴市）为例，通过分析霜冻终日和茶树开采期变化，分析气候变暖对茶树霜冻风险的影响。

6.5.1　研究区域

龙井茶生产区域位于浙江省中北部，即 28.87°～30.55°N，118.38°～121.22°E。龙井茶分为西湖龙井、钱塘龙井和越州龙井。西湖龙井生产于杭州市西湖边上。钱塘龙井是指在萧山、富阳、临安、桐庐、建德、淳安县生产的龙井茶。富阳和萧山紧临杭州市；淳安有杭州地区最大的水体——新安江水库，建德在新安江水库附近；临安和桐庐是山区县。越州龙井是指在绍兴、新昌、嵊州、诸暨、上虞以及磐安、东阳、天台等县（市、区）现辖部分乡镇区域生产的龙井茶。绍兴和上虞为绍虞平原，很容易遭受冷空气侵袭。嵊州和新昌地处新嵊盆地，冷空气很容易滞留。

6.5.2　倾向分析

线性倾向分析是用于物候和气候时间序列倾向分析的主要方法。Mann-Kendall 检验能可靠地识别出非正态数据集中的线性和非线性倾向趋势。几种检验方法对比表明，Mann-Kendall 检验是一种有效的趋势倾向检验方法，它较少受非正态数据影响。

（1）开采期倾向分析

图 6.7 为龙井茶产区 3 个茶树品种开采期趋势的空间分布。表 6.8 为各个龙井茶产区 3 个茶树品种的开采期倾向率。由图 6.7 可知，各个茶树品种开采期在 1990 年前后有明显差异。建德的鸠坑茶树在 1990 年前，开采期推迟倾向率通过 0.05 显著性检验水平，变化幅度为 3.1 d/10a，其他县开采期推迟或提前趋势不显著。1990 年后，各县鸠坑茶树开采期提前倾向率通过 0.05 显著性检验水平，提前趋势在－5.5～－3.4 d/10a。龙井 43 茶树，各县在 1990 年前后均没有显著的开采期提前或推迟趋势，1991—2010 年的平均开采期比 1971—1990 年的平均开采期提前 3.8～4.8 d。乌牛早茶树，各县在 1990 年前后开采期均没有显著的提前或推迟趋势，1991—2010 年的平均开采期比 1971—1990 年的平均开采期提前 2.0～3.1 d。

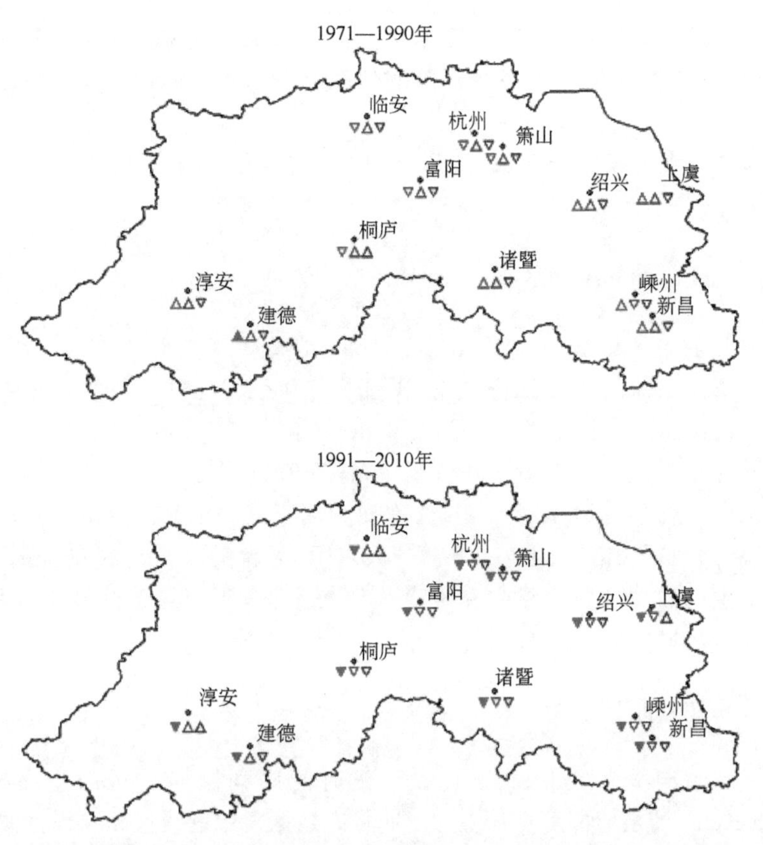

图 6.7 龙井茶产区 3 个茶树品种开采期倾向率空间分布(Mann-Kendall test)(▼、▼和▼分别表示鸠坑、龙井 43 和乌牛早的倾向率为负，且通过显著性检验；▽、▽和▽分别表示鸠坑、龙井 43 和乌牛早的倾向率为负，但未通过显著性检验；▲、▲和▲分别表示鸠坑、龙井 43 和乌牛早的倾向率为正，且通过显著性检验；△、△和△分别表示鸠坑、龙井 43 和乌牛早的倾向率为正，但未通过显著性检验。)

表 6.8 龙井茶产区 3 个茶树品种的开采期倾向率

区域	时期(年)	乌牛早		龙井 43		鸠坑	
		倾向率(d/a)	P	倾向率(d/a)	P	倾向率(d/a)	P
西湖	1971—1990	−0.06	>0.05	0.06	>0.05	−0.24	>0.05
	1991—2010	0.02	>0.05	−0.07	>0.05	−0.55	<0.05
钱塘	1971—1990	−0.03	>0.05	0.12	>0.05	−0.05	>0.05
	1991—2010	0.03	>0.05	−0.01	>0.05	0.42	<0.05
越州	1971—1990	−0.08	>0.05	0.03	>0.05	0.11	>0.05
	1991—2010	0.01	>0.05	−0.05	>0.05	−0.49	<0.05

注：P 表示 Mann-Kendall test 显著性水平(下同)。

(2)0℃终日倾向率

0℃终日被用于表示霜冻终日(Lou and Sun,2012;Cittadini et al.,2006;Snyder and Melo-Abreu,2005)。图6.8为0℃终日倾向率的空间分布。表6.9为各个龙井茶产区0℃终日倾向率。淳安县0℃终日存在显著的推迟倾向,1990年前和1990年后倾向率分别为7.3 d/10a和3.3 d/10a,而且1971—1990年的0℃终日平均日期比1991—2010年迟18.5 d。诸暨市在1990年前0℃终日存在显著的推迟倾向,倾向率为4.0 d/10a,1990年后变化不显著,但1971—1990年的0℃终日平均日期比1991—2010年迟6.9 d。其他县(市、区)0℃终日变化不显著,但1971—1990年的0℃终日平均日期比1991—2010年迟3～12 d。

图6.8　0℃终日倾向率空间分布(Mann-Kendall test)

(▼和▼分别表示1971—1990年、1991—2010年两个时期0℃终日倾向率为负,且通过显著性检验;▽和▽分别表示1971—1990年、1991—2010年两个时期0℃终日倾向率为负,但未通过显著性检验;▲和▲分别表示1971—1990年、1991—2010年两个时期0℃终日倾向率为正,且通过显著性检验;△和△分别表示1971—1990年、1991—2010年两个时期0℃终日倾向率为正,但未通过显著性检验。)

表6.9　龙井茶产区0℃终日倾向率

时期(年)	西湖龙井		钱塘龙井		越州龙井	
	倾向率(d/a)	P	倾向率(d/a)	P	倾向率(d/a)	P
1971—1990	0.17	>0.05	0.31	>0.05	0.37	>0.05
1991—2010	−0.26	>0.05	−0.4	>0.05	−0.31	>0.05

(3)开采期和0℃终日差的倾向

图6.9为开采期和0℃终日差倾向率的空间分布。表6.10为各个龙井茶产区开采期和0℃终日差的倾向率。对于鸠坑茶树,桐庐在1990年以前有−6.6 d/10a的显著性变化,但在1990年后变化不显著;其他县没有显著变化。

对于龙井43茶树，嵊州在1990年以前有−7.0 d/10a的显著性变化，但在1990年后变化不显著；其他县没有显著变化。对于乌牛早茶树，建德在1990年以前有−5.3 d/10a的显著性变化，但在1990年后变化不显著；其他县没有显著变化。

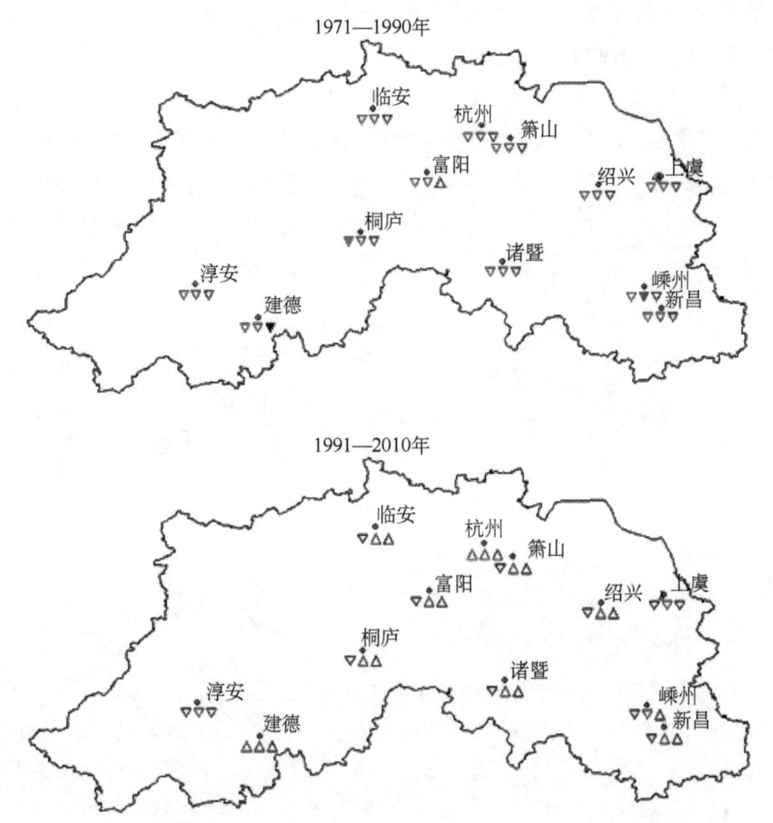

图6.9 开采期和0℃终日差倾向率空间分布(Mann-Kendall test)

(▼、▼和▼分别表示鸠坑、龙井43和乌牛早的倾向率为负，且通过显著性检验；▽、▽和▽分别表示鸠坑、龙井43和乌牛早的倾向率为负，但未通过显著性检验；▲、▲和▲分别表示鸠坑、龙井43和乌牛早的倾向率为正，且通过显著性检验；△、△和△分别表示鸠坑、龙井43和乌牛早的倾向率为正，但未通过显著性检验。)

(4)各年代霜冻风险

茶树霜冻灾害是在茶树开采期间出现的霜冻灾害。0℃终日是霜冻终日指标，因此当出现茶树霜冻灾害时，茶树开采期早于或等于0℃终日。茶树霜冻风险等于茶树开采期早于或等于0℃终日的概率。基于历史的茶树开采期和0℃终日差资料，我们利用信息扩散模型计算了1970s、1980s、

* 1970s表示20世纪70年代。

1990s、2000s的茶树霜冻风险(表6.11)。在同一年代,鸠坑茶树霜冻风险<龙井43<乌牛早。对于鸠坑茶树,除了杭州、临安和绍兴,8个县在2000s霜冻风险最大,在淳安、上虞、诸暨和嵊州,霜冻风险随年代增加。对于龙井43茶树,年代间霜冻风险变化不明显。对于乌牛早,富阳的霜冻风险随年代减少,其他县变化不明显。

表6.10 龙井茶产区开采期和0℃终日差的倾向率

区域	时期(年)	乌牛早		龙井43		鸠坑	
		倾向率(d/a)	P	倾向率(d/a)	P	倾向率(d/a)	P
西湖	1971—1990	−0.23	>0.05	0.22	>0.05	−0.43	>0.05
	1991—2010	0.27	>0.05	0.19	>0.05	0.12	>0.05
钱塘	1971—1990	−0.34	>0.05	−0.25	>0.05	−0.36	>0.05
	1991—2010	0.43	>0.05	0.39	>0.05	−0.09	>0.05
越州	1971—1990	−0.3	>0.05	−0.34	>0.05	−0.25	>0.05
	1991—2010	0.26	>0.05	0.26	>0.05	−0.17	>0.05

表6.11 各年代茶树霜冻风险(%)

县名	鸠坑				龙井43				乌牛早			
	1970s	1980s	1990s	2000s	1970s	1980s	1990s	2000s	1970s	1980s	1990s	2000s
杭州	6.59	3.88	4.02	3.51	6.98	7.67	7.94	5.35	23.88	27.18	20.38	15.60
淳安	0.21	1.94	2.67	3.21	11.67	13.69	0.13	10.70	29.46	43.13	11.00	21.28
富阳	0.06	1.78	0.00	5.71	13.63	11.95	11.98	5.86	38.75	37.88	28.25	18.65
临安	0.08	0.07	4.59	2.16	7.94	7.66	17.96	6.29	38.53	39.28	40.15	36.01
桐庐	0.12	4.13	3.11	9.80	3.16	10.02	7.86	11.68	19.85	32.41	23.56	26.69
萧山	0.21	2.25	1.90	2.58	6.07	7.23	7.62	2.94	23.94	26.26	24.42	14.00
建德	0.49	0.00	2.06	3.30	9.78	0.00	10.82	9.65	30.80	45.21	36.75	23.12
韶兴	0.03	0.74	1.28	1.16	1.34	8.98	8.01	9.33	15.57	29.99	21.97	21.00
诸暨	0.01	0.16	0.78	2.61	3.15	10.37	11.70	7.05	20.97	41.95	30.68	26.07
上虞	0.09	1.29	2.15	2.42	5.55	8.79	7.36	22.34	27.25	33.32	21.43	24.63
嵊州	0.07	0.30	3.50	5.88	10.92	13.56	19.47	19.58	28.52	45.07	36.26	33.38
新昌	5.65	0.30	1.94	7.14	20.44	10.54	15.94	17.13	41.05	44.90	36.47	34.83

(5)讨论和结论

随着冬季和春季气温升高,植物物候提前,多年生植物种植北界北移、萌芽提前。但冬季和春季气温升高对霜冻风险影响是不确定的(Rigby and Porporato,2008),虽然很多研究表明这会增加霜冻风险(Walther et al.,

2002)，但也有研究表明在一些地方会降低霜冻风险(Moonen et al. ,2002; Colombo,1998)。龙井茶是用春季的茶树茶芽采制而成，发生在茶树茶芽采摘期的春季霜冻会降低茶叶产量、质量和市场价值。因此，研究气候变化对茶树霜冻风险的影响对茶叶产业适应气候变化有积极意义(Meinke et al. , 2009; Howden et al. ,2007)。

在龙井茶产区，自1990年以来年和月平均气温均增加了。各县年平均气温在1990年后存在显著的增加趋势，增加幅度从0.33 d/10a到0.93 d/10a，在1990年以前，变化幅度不显著(图6.10和表6.12)。2月平均气温在1990年前或后变化不明显，但2月平均气温在1990s和2000s比1970s和1980s偏高1.5～2.0℃(图6.11和表6.13)。3月平均气温在1990年前变化不显著，在1990年后，3月平均气温呈显著增高趋势，增高幅度从0.82 ℃/10a到1.51 ℃/10a，而且3月平均气温在1990s和2000s比1970s和1980s偏高0.9～1.5℃(图6.12和表6.14)。

图6.10　龙井茶产区各县年平均气温倾向率空间分布(Mann-Kendall test)
(▼和▼分别表示1971—1990年、1991—2010年两个时期倾向率为负，且通过显著性检验；▽和▽分别表示1971—1990年、1991—2010年两个时期倾向率为负，但未通过显著性检验；▲和▲分别表示1971—1990年、1991—2010年两个时期倾向率为正，且通过显著性检验；△和△分别表示1971—1990年、1991—2010年两个时期倾向率为正，但未通过显著性检验。下同)

表6.12　年平均气温倾向率

时期(年)	西湖龙井		钱塘龙井		越州龙井	
	倾向率(d/a)	P	倾向率(d/a)	P	倾向率(d/a)	P
1971—1990	0.13	>0.05	0	>0.05	0.06	>0.05
1991—2010	0.79	<0.05	0.56	<0.05	0.60	<0.05

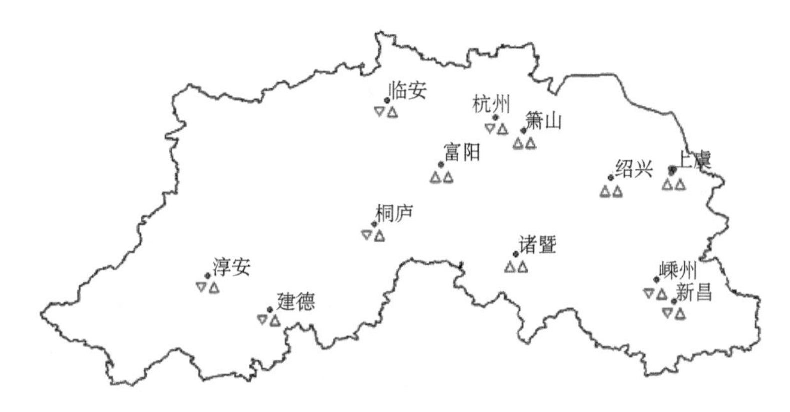

图 6.11　龙井茶产区各县 2 月平均气温倾向率空间分布(Mann-Kendall test)

表 6.13　2 月平均气温倾向率

时期(年)	西湖龙井		钱塘龙井		越州龙井	
	倾向率(d/a)	P	倾向率(d/a)	P	倾向率(d/a)	P
1971—1990	0.07	>0.05	−0.12	>0.05	0.09	>0.05
1991—2010	0.67	>0.05	0.53	>0.05	0.59	>0.05

图 6.12　龙井茶产区各县 3 月平均气温倾向率空间分布(Mann-Kendall test)

表 6.14　3 月平均气温倾向率

时期(年)	西湖龙井		钱塘龙井		越州龙井	
	倾向率(d/a)	P	倾向率(d/a)	P	倾向率(d/a)	P
1971—1990	−0.02	>0.05	−0.26	>0.05	−0.11	>0.05
1991—2010	1.39	<0.05	1.08	<0.05	1.09	<0.05

鸠坑茶树在龙井茶产区种植已有1000多年历史，它的茶芽在3月上中旬萌芽，开采期在4月上中旬，3月温度是影响开采期的主要气象因子。因此鸠坑茶树开采期线性倾向和当地3月温度的线性倾向一致。除了建德在1990年后开采期显著提前外，其他县变化不显著。

龙井43是20世纪70年代选育的适宜生产龙井茶的优良茶树良种，它的茶芽在2月中旬萌动，开采期在3月。乌牛早是在20世纪90年代从永嘉县(28°29′N,120°32′E)引进的，它的芽在2月上旬萌动，开采期从2月下旬到3月中旬。2月平均气温是影响龙井43和乌牛早茶树开采期的主要因素。因此龙井43和乌牛早茶树的开采期和当地2月平均气温的变化趋势是相同的。因此，各县龙井43和乌牛早茶树的开采期在1990年前后没有显著的提前或推迟趋势，1990年后的平均开采期比1990年前的平均开采期提前。

如果我们只考虑春季物候的变化趋势或春季物候和霜冻终日日期的变化趋势，在开采期和0℃终日日期变化趋势的基础上，我们可能会得出结论：在1990年以前，淳安、诸暨的鸠坑、龙井43和乌牛早茶树有显著的霜冻风险增加趋势，建德的鸠坑茶树有显著的霜冻风险减少趋势，其他县的3种茶树霜冻风险变化不显著；在1990年后，各县的鸠坑茶树有显著的霜冻风险增加趋势，建德、淳安的龙井43和乌牛早茶树有显著的霜冻风险增加趋势，其他县的龙井43和乌牛早茶树霜冻风险变化不显著。各县的鸠坑、龙井43和乌牛早茶树在1990年后的平均霜冻风险大于1990年前的平均霜冻风险。

但茶树是一种经济作物，茶树霜冻灾害是一种农业气象灾害。当北方的冷空气在春季茶树开采期后南下，使茶树树冠温度低于0℃时，茶树的芽叶受冻。由于冻害，茶叶产量和质量下降，从而影响其市场价值。所以茶树霜冻灾害的风险取决于茶树物候和当地气候之间的相互作用。只有开采期小于或等于0℃终日，茶树霜冻灾害才可能发生。茶树开采期和0℃终日之间的差异可以反映茶树在当年是否发生霜冻灾害。茶树霜冻灾害的风险等于开采期概率小于或等于0℃终日的概率。如果茶树开采期和0℃终日的变化是同步的(提前或推迟的趋势)，茶树霜冻风险则不会变化。

在茶树开采期和0℃终日之间的差异基础上，我们可以推断桐庐的鸠坑茶树在1990年前有显著的霜冻风险增加趋势，在1990年后霜冻风险变化趋势不明显，其他县的鸠坑茶树在1990年前后霜冻风险变化趋势不明显。嵊州的龙井43茶树在1990年前有显著的霜冻风险增加趋势，在1990年后霜冻风险变化趋势不明显，其他县的龙井43茶树在1990年前后霜冻风险变化趋势不明显。建德的乌牛早茶树在1990年前有显著的霜冻风险增加趋势，在1990年后霜冻风险变化趋势不明显，其他县的乌牛早茶树在1990年前后

霜冻风险变化趋势不明显。

为了说明上述两种方法哪一种方法更接近实际，我们用信息扩散理论计算了鸠坑、龙井43和乌牛早茶树在各年代的霜冻风险。由于温度是波动变化的，它导致茶树开采期每年也是波动变化。同时霜冻终日每年也是波动变化的。因此我们认为，利用茶树开采期和0℃终日之间差的趋势分析霜冻灾害的风险趋势，并考虑每年茶树开采期和霜冻终日关系，其结果更接近实际 *BDTP* 和霜终止日的趋势。

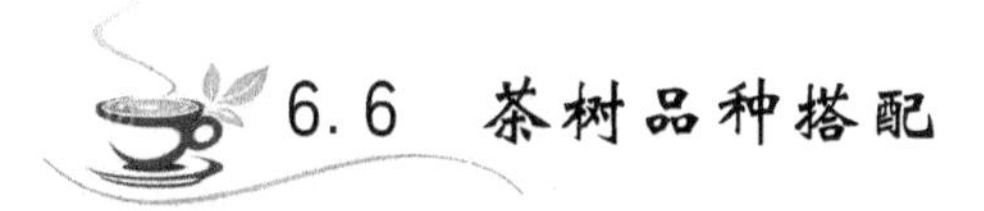

6.6　茶树品种搭配

6.6.1　绍兴种植茶树对水热条件需求

绍兴种植茶树品种属于小叶茶种，需年平均气温在13℃以上，全年大于10℃积温在3000 ℃·d以上，年最低气温多年均值在－10℃以上，需年降水量为1150～1400 mm。

6.6.2　绍兴茶叶生产与气候条件的关系

20世纪90年代以前，绍兴市茶叶生产以珠茶为主，茶叶产出以产量来衡量。茶树品种为本地的鸠坑等品种。茶叶在4月初进入开采期，主要以4—5月的春茶、夏茶、秋茶为主。我国进入4月后，虽然北方冷空气仍活动频繁，但最低气温一般在0℃以上，对茶叶不会造成霜冻影响。

在7—9月经常出现高温干旱，使茶芽停止生长，严重高温干旱甚至使枝梢干枯，影响夏茶生产，使夏茶产量下降。

20世纪90年代以来，随着农业结构调整、高效农业兴起，绍兴茶叶生产转向经济产出较高的名优茶生产，茶叶生产以春茶生产为主。由于名优茶上市越早、价格越高，一批早发优良茶树品种被大量引进推广。到2005年后，绍兴市主导茶叶种植品种已分为3类：以茶叶树品种乌牛早为代表的在2月下旬到3月上旬进入开采期的早发品种、以茶叶树品种龙井43为代表的在3月中旬到3月下旬进入开采期的中发品种、以茶叶树品种鸠坑为代表的在3月下旬到4月上旬进入开采期的迟发品种。

夏秋茶因价格低，在绍兴茶叶生产中所占比重小，因此近年来，夏季高温干旱对绍兴茶叶生产影响小。

由于茶芽萌发后，低温抵抗能力降低，当出现温度低于0℃的霜冻时，会使茶从上部长出的嫩叶、茶芽冻伤，失去经济价值；当出现－3℃以下的低温冻害时，可使茶丛中下部长出萌发的茶芽冻伤，失去经济价值。以绍兴各气象站资料统计，3月最低温度等于或低于0℃的出现几率为65%，3月最低温度等于或低于－3℃的出现几率为7.5%，因此茶叶遭受霜冻灾害约“两年一遇”。遭受严重霜冻害约“十五年一遇”。山区霜冻灾害出现几率更高，在海拔500 m以上地区，3月最低温度等于或低于－3℃的出现几率达到“两年一遇”。

综上所述，影响绍兴茶叶生产的主要气象因素是春季的低温霜冻。

6.6.3 基于经济产出最大化的茶树品种最佳搭配模式

影响绍兴茶叶经济产出的主要气象灾害是春季霜冻，由于龙井茶还完全是手工生产方式，除了气象因素，劳力资源也是影响龙井生产的制约因素之一。根据绍兴茶叶主要代表性茶树种植品种、各品种的经济产出、采摘期和龙井茶生产时期，我们提出基于经济产出最大化的茶树品种最佳搭配模式：在3月最低温度等于或低于0℃的出现几率不超过“两年一遇”，在3月最低温度等于或低于－3℃的出现几率不超过“十五年一遇”的地区，茶树种植上以乌牛早、龙井43等早中发茶树品种为主，种植比例为5∶5；在3月最低温度等于或低于0℃的出现几率不超过“三年两遇”，以及在3月最低温度等于或低于－3℃的出现几率不超过“十年一遇”的地区，茶树种植品种搭配以中发品种为主，乌牛早、龙井43、鸠坑茶树三者种植比例为3∶5∶2为宜；在3月最低温度等于或低于0℃的出现几率不超过“五年四遇”，以及在在3月最低温度等于或低于－3℃的出现几率不超过“五到六年一遇”的地区，茶树种植品种搭配以早、中、迟发品种种植比例为1∶5∶4为宜；在每年3月会出现最低温度等于或低于0℃，以及在3月最低温度等于或低于－3℃的出现几率约“三到四年一遇”的地区，不适宜种植乌牛早，龙井43、鸠坑茶树的种植比例在4∶6为宜；在3月最低温度等于或低于－3℃的出现几率约“两年一遇”的地区，茶树品种种植上以鸠坑茶树为主，可适当种植一些龙井43茶树；在冬季最低气温在－8℃以下，以及在3月最低温度等于或低于－3℃的出现几率约“两年一遇”的地区，适宜种植鸠坑等迟发茶树品种。

6.6.4 茶叶种植气候区划

(1)茶叶种植气候区划指标和区划方法

茶叶是一种以茶树幼叶作为制作原料的经济作物，如果长出的幼叶不能及时采摘，会使幼叶老化，失去经济价值。根据各茶树品种特性、劳力资源情况，结合各地3月最低温度等于或低于0℃、－3℃的出现几率，将绍兴市茶叶种植划分为Ⅰ区(乌牛早和龙井43种植区)、Ⅱ区(龙井43为主种植

区)、Ⅲ区(乌牛早、龙井43、鸠坑种植区)、Ⅳ区(龙井43、鸠坑种植区)、Ⅴ区(鸠坑为主种植区)、Ⅵ区(鸠坑种植区),见图6.13。

(2)分区评述

Ⅰ区:乌牛早、龙井43种植区

本区包括绍虞平原、新嵊盆地、诸暨中部的河谷盆地和北部的河网平原。

本区为海拔在120 m以下的低丘平原地区,3月最低温度等于或低于0℃的出现几率约"两年一遇",3月最低温度等于或低于-3℃的出现几率约"十五年一遇"。本区春季回暖早,茶叶开采期早。虽然3月低温霜冻的出现几率较高,但出现严重霜冻的几率较低,利用乌牛早上市早、经济价值高的特点,茶叶种植上以乌牛早、龙井43等早中发品种为主,种植比例为5∶5。位于该区的山体北面、迎风口,虽然海拔低,但受冷空气影响,易出现霜冻,应适当降低乌牛早种植比例。

Ⅱ区:龙井43为主种植区

本区为海拔在120～200 m的低丘平原地区,3月最低温度等于或低于0℃的出现几率约"三年两遇",3月最低温度等于或低于-3℃的出现几率约"十年一遇"。种植品种搭配以中发品种为主,乌牛早、龙井43两者种植比例以3∶5∶2为宜,在该区的山体北面、迎风口,茶叶种植以鸠坑等迟发品种为主,在朝阳坡以种植乌牛早、龙井43等早中发品种为主。

Ⅲ区:乌牛早、龙井43、鸠坑种植区

本区位于会稽山脉、四明山脉、天台山脉向低丘平原过渡地区。

本区为海拔在200～350 m的丘陵地区,基本上每年3月会出现最低温度等于或低于0℃的霜冻,3月最低温度等于或低于-3℃的出现几率为"五到六年一遇"。本区茶叶种植品种搭配以早、中、迟发品种种植比例以2∶4∶4为宜,在该区的山体北面、迎风口,茶叶种植以鸠坑等迟发品种为主,在朝阳坡以种植乌牛早、龙井43等早中发品种为主。

Ⅳ区:龙井43、鸠坑种植区

本区位于会稽山脉、四明山脉、天台山脉山脚部位。

本区为海拔在350～450 m的丘陵山区,3月最低温度等于或低于-3℃的出现几率为"三到四年一遇"。本区在3月上中旬出现严重低温霜冻的出现几率较高,不适宜种植乌牛早。茶叶种植以龙井43、鸠坑等中迟发品种为主,在该区的山体北面、迎风口,茶叶种植以鸠坑等迟发品种为主,在朝阳坡以种植龙井43等中发品种为主,在朝阳坡海拔较低地区可适当种植乌牛早。

Ⅴ区:鸠坑为主种植区

本区位于会稽山脉、四明山脉、天台山脉山腰部位。

本区为海拔在450～600 m的山区，3月最低温度等于或低于－3℃的出现几率约“两年一遇”。本区春季回暖迟，茶叶开采期迟。茶树品种种植上以鸠坑、白茶等迟发品种为主，在朝阳坡可适当种植龙井43等中发品种。

Ⅵ区：鸠坑种植区

本区包括会稽山脉、四明山脉、天台山脉的各个山峰。

本区为海拔在600 m以上的高山，冬季最低气温在－8℃以下，3月最低温度等于或低于－3℃的出现几率约“两年一遇”。4月上中旬最低温度等于或低于0℃的出现几率约“三年一遇”。本区春季回暖迟，茶叶开采期迟。茶树品种种植鸠坑、白茶等迟发品种，不宜种植龙井43等中发品种。

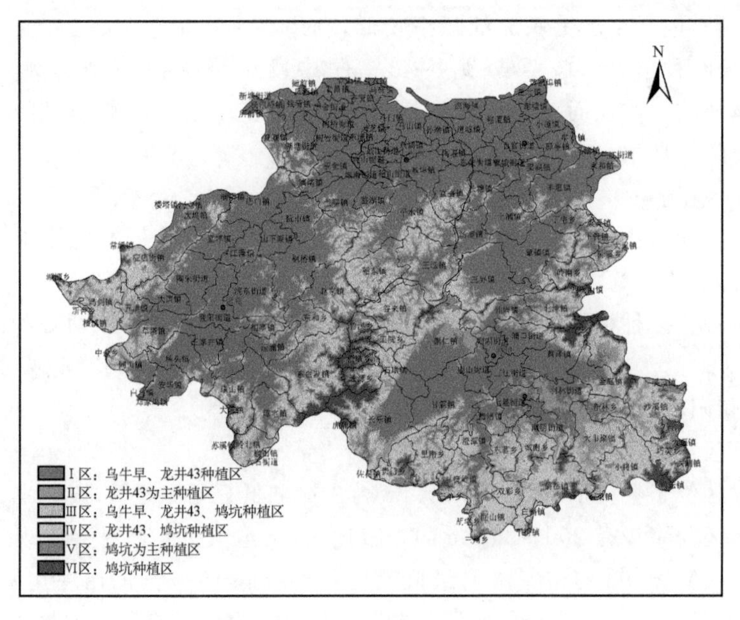

图6.13　绍兴市茶叶种植区划

第 7 章　浙江省高温和干旱的空间分布

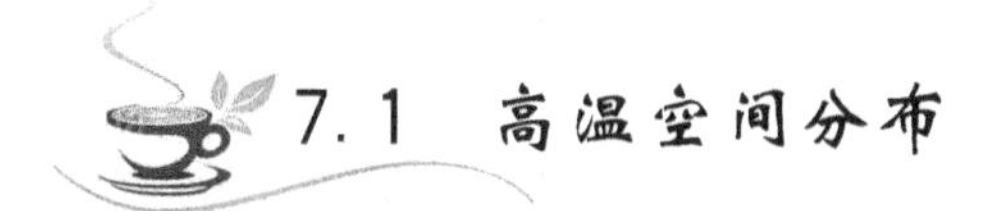

7.1　高温空间分布

不同茶树品种的生物学最高温度存在着差异。一般认为，当最高气温达到 35℃时，新梢生长缓慢或停止；当最高气温持续在 40℃以上时，会造成枝梢枯萎，叶片脱落，幼龄茶树死亡。

7.1.1　极端最高气温的空间分布

浙江省各县气象站在 1974—2012 年的极端最高气温空间分布见图 7.1。

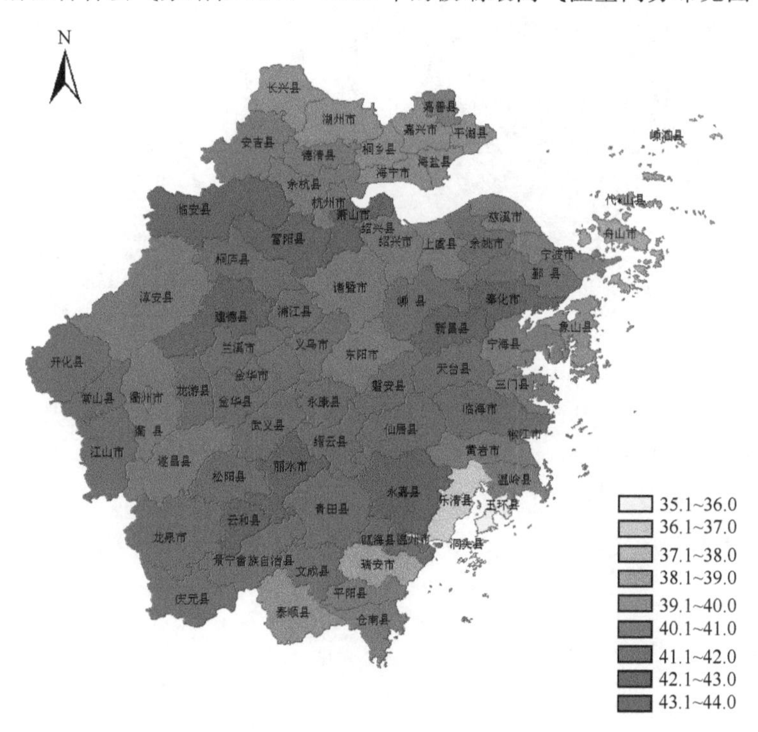

图 7.1　浙江省近 40 年极端最高气温空间分布(单位：℃)

浙江省除洞头、玉环两个县近 40 年极端最高气温在 35～36℃，乐清、嵊泗两个县近 40 年极端最高气温在 36～37℃，岱山县近 40 年极端最高气温在 37～38℃，瑞安、象山、普陀和平湖近 40 年极端最高气温在 38～39℃，长兴、湖州、海宁、桐乡、海盐、绍兴、泰顺近 40 年极端最高气温在 39～40℃，其余县(市、区)在 40℃以上。

7.1.2 ≥35℃高温天数的空间分布

浙江省各县气象站 1974—2012 年≥35℃高温出现平均天数空间分布见图 7.2。

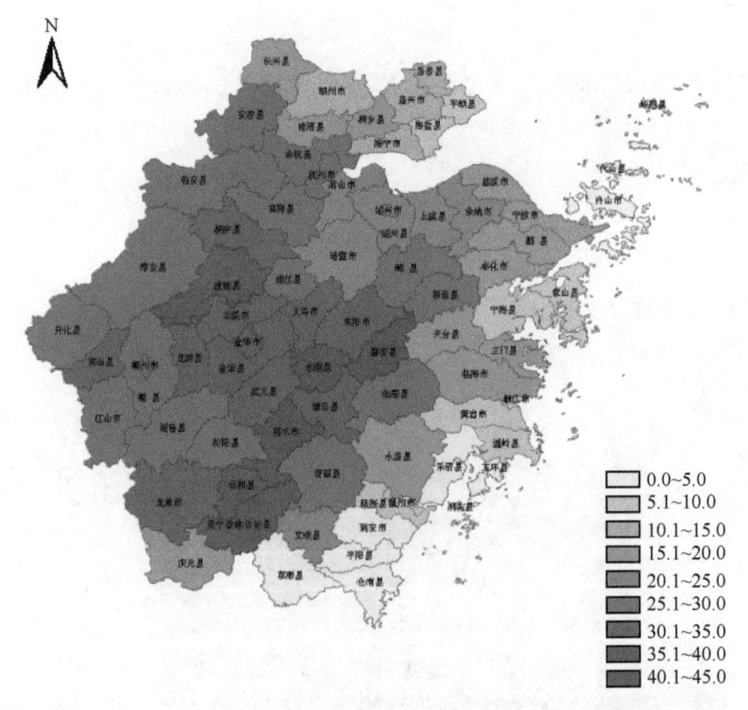

图 7.2 浙江省近 40 年≥35℃高温出现平均天数空间分布(单位:d)

浙江省各县气象站 1974—2012 年在 20%保证率下(五年一遇)≥35℃高温出现天数空间分布见图 7.3。

浙江省各县气象站在 1974—2012 年≥35℃高温出现最多天数空间分布见图 7.4。

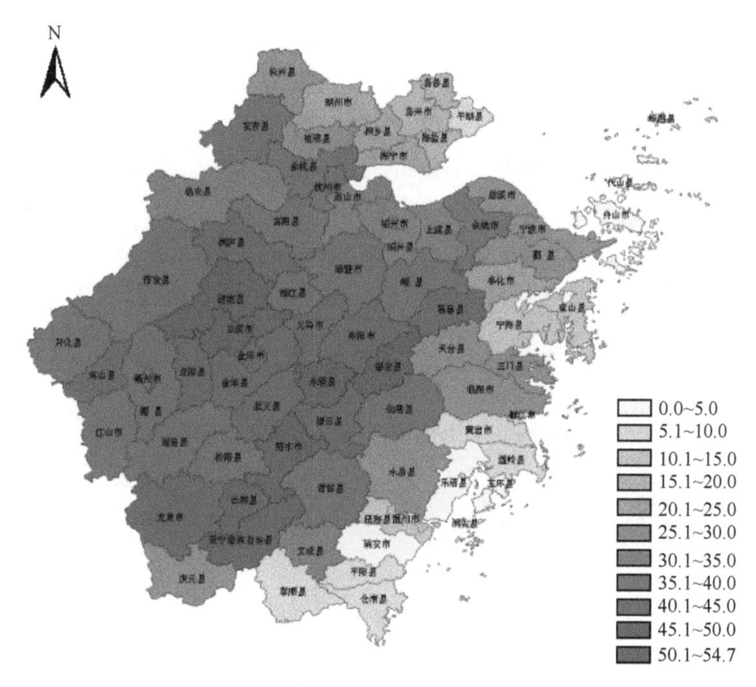

图 7.3　浙江省在 20%保证率下≥35℃高温出现天数空间分布(单位:d)

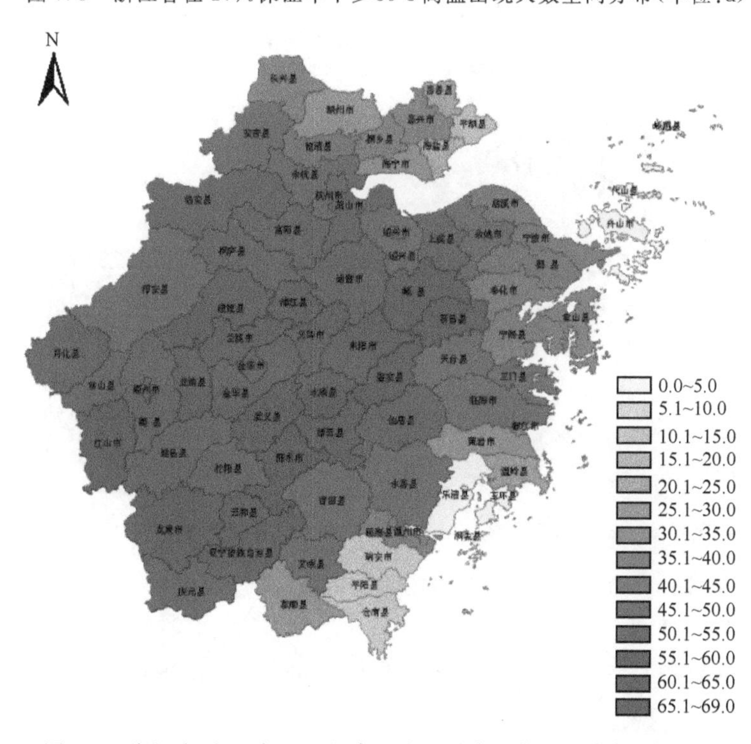

图 7.4　浙江省近 40 年≥35℃高温出现最多天数空间分布(单位:d)

浙江省除沿海地区≥35℃高温出现天数较少，其他地区均在 20 d 以上。其中桐庐、建德、兰溪、金华、义乌、东阳、永康、武义、丽水、龙泉、缙云、云和、龙游、常山、新昌等县(市、区)≥35℃平均天数在 30 d 以上，且≥35℃高温天数在 40 d 以上的出现概率达 20%(即五年一遇)。淳安、富阳、杭州、临安、桐庐、萧山、建德、浦江、兰溪、金华、义乌、东阳、永康、武义、丽水、龙泉、缙云、云和、庆元、遂昌、江山、衢州、开化、龙游、常山、诸暨、上虞、嵊州、新昌、仙居≥35℃高温最多在 50 d 以上。

7.1.3 ≥38℃高温天数的空间分布

浙江省各县气象站 1974—2012 年≥38℃高温出现平均天数空间分布见图 7.5。

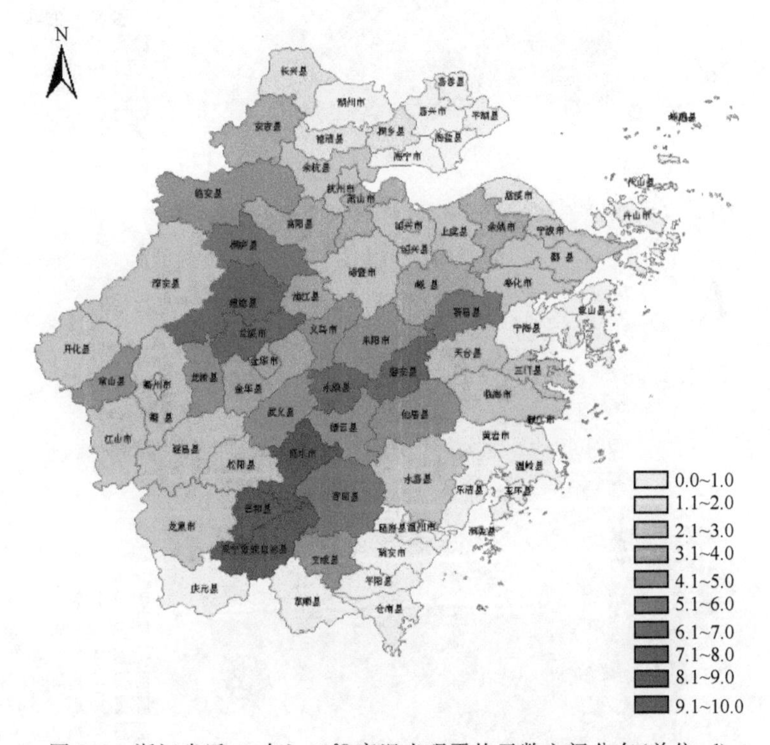

图 7.5 浙江省近 40 年≥38℃高温出现平均天数空间分布(单位:d)

浙江省各县气象站 1974—2012 年≥38℃高温在 20%保证率下出现天数空间分布见图 7.6。

浙江省各县气象站在 1974—2012 年≥38℃高温出现最多天数空间分布见图 7.7。

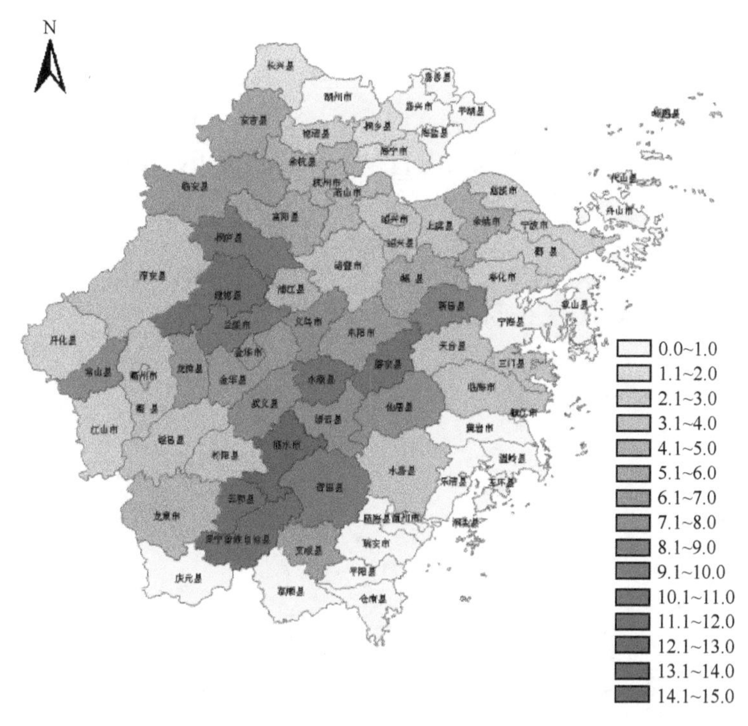

图 7.6 浙江省在20%保证率下≥38℃高温出现天数空间分布(单位:d)

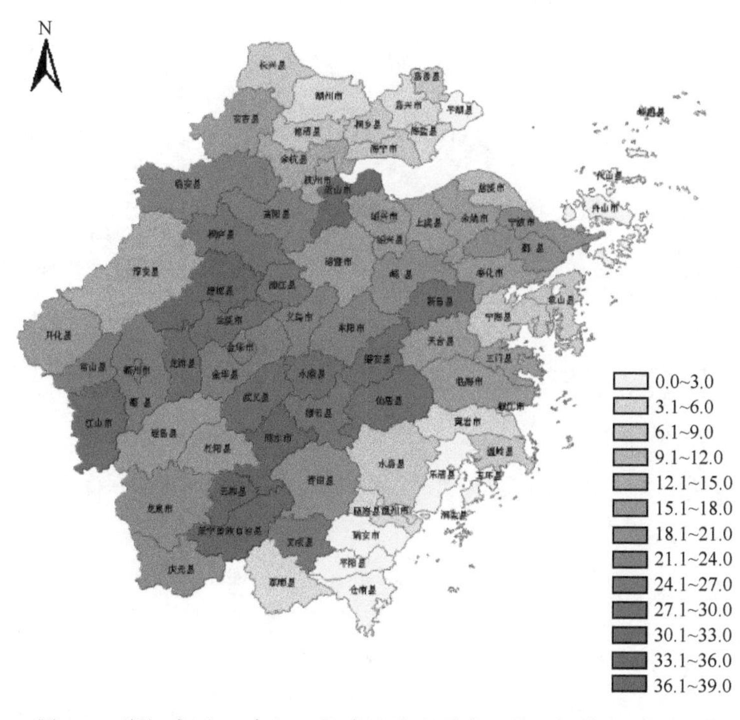

图 7.7 浙江省近40年≥38℃高温出现最多天数空间分布(单位:d)

浙江省≥38℃高温平均出现天数较少，只有桐庐、建德、兰溪、永康、丽水、青田、云和、新昌等县(市、区)≥38℃平均天数在 8 d 以上；≥38℃高温天数在 10 d 以上的出现概率达 20%(即五年一遇)的只有建德、永康、丽水、云和等县(市、区)。但富阳、临安、桐庐、萧山、建德、浦江、兰溪、金华、义乌、东阳、永康、武义、丽水、龙泉、缙云、云和、庆元、鄞州、江山、衢州、龙游、常山、新昌、仙居、文成≥38℃高温最多天数在 20 d 以上。

7.1.4 ≥40℃高温天数的空间分布

浙江省各县气象站 1974—2012 年≥40℃高温出现平均天数空间分布见图 7.8。

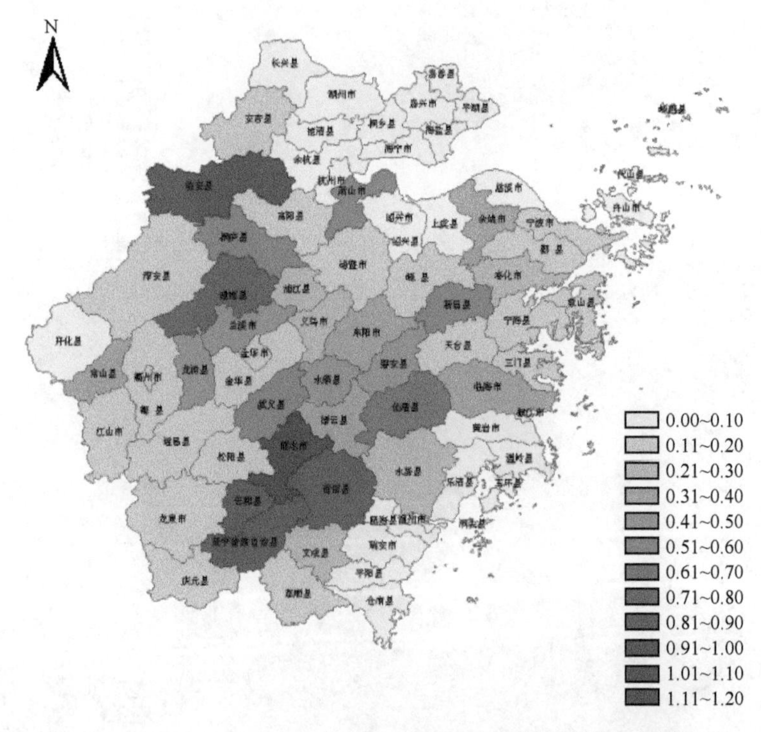

图 7.8 浙江省近 40 年≥40℃高温出现平均天数空间分布(单位：℃)

浙江省各县气象站 1974—2012 年≥40℃高温在 20%保证率下出现天数空间分布见图 7.9。

浙江省各县气象站在 1974—2012 年≥40℃高温出现最多天数空间分布见图 7.10。

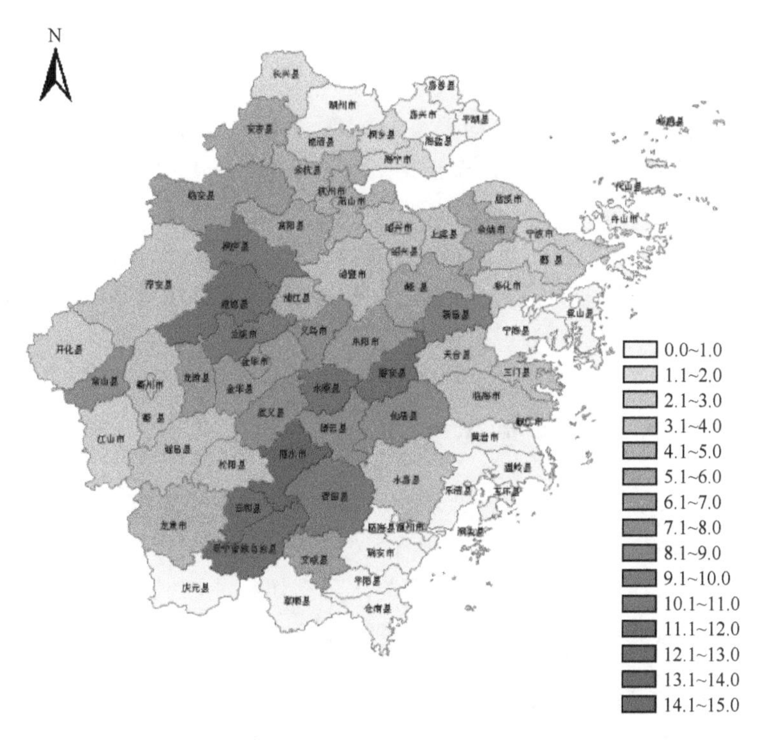

图 7.9　浙江省在 20％保证率下≥40℃高温出现天数空间分布(单位:d)

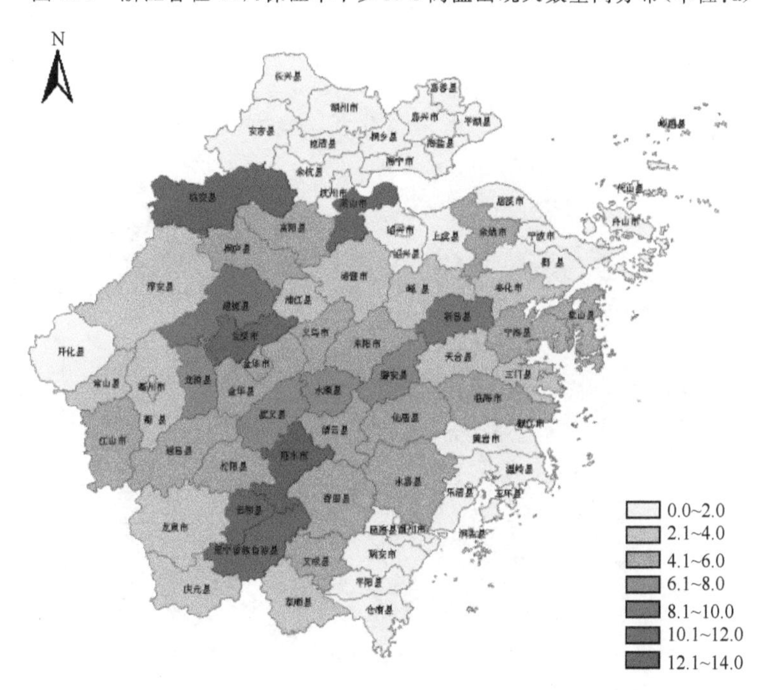

图 7.10　浙江省近 40 年≥40℃高温出现最多天数空间分布(单位:d)

浙江省≥40℃高温平均出现天数几率较高，只有杭州、湖州、长兴、嘉兴、海宁、桐乡、海盐、平湖、嘉善、石浦、绍兴、玉环、乐清、温州、平阳、瑞安、定海、嵊泗、普陀等县(市、区)≥40℃平均天数为0；临安、桐庐、萧山、建德、武义、丽水、青田、云和、新昌、仙居≥40℃高温出现平均天数为0.5 d。青田和丽水在20%保证率下(五年一遇)≥40℃高温出现天数为1 d。富阳、临安、桐庐、萧山、建德、兰溪、金华、义乌、东阳、永康、武义、丽水、缙云、青田、云和、遂昌、余姚、宁海、江山、龙游、新昌、仙居、临海、文成、永嘉≥40℃高温最多天数在5 d以上。

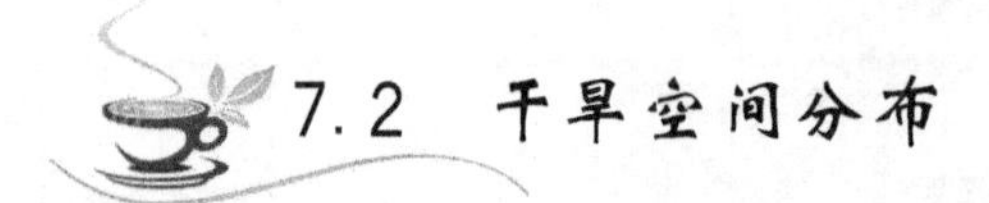

7.2 干旱空间分布

浙江省7—9月份经常出现干旱，影响夏茶和秋茶生产。夏茶与7月降水量密切相关，而秋茶则与8月、9月降水量密切相关，严重干旱还影响下一年茶叶生产(黄寿波，1985)。茶叶正常生长需月降水量在100 mm以上。

7.2.1 7月降水量空间分布

浙江省各县气象站7月降水量不到100 mm的出现概率见图7.11。

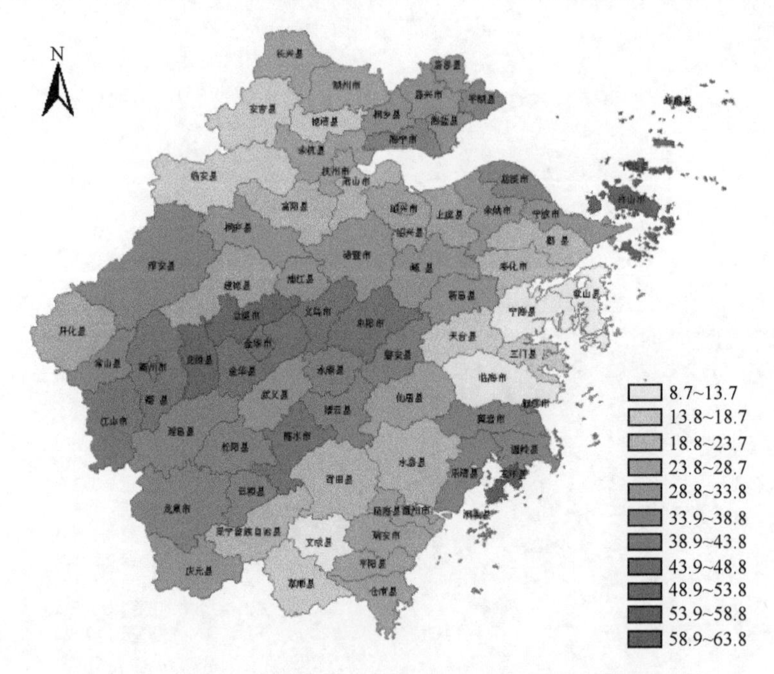

图7.11 浙江省7月降水量不到100 mm的出现概率(单位：%)

浙江省各县气象站 7 月最少降水量的空间分布见图 7.12。

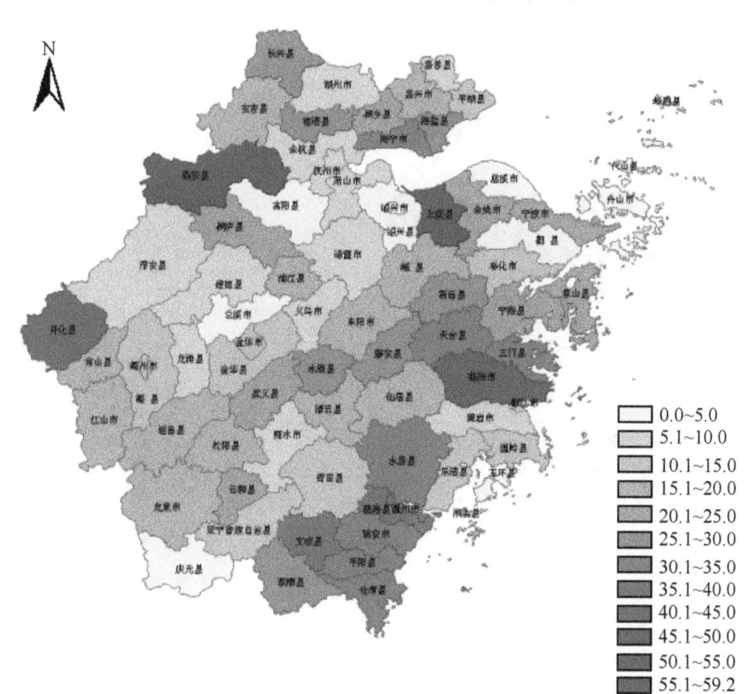

图 7.12 浙江省 7 月最少降水量空间分布(单位:mm)

浙江省 7 月影响茶叶生产的干旱出现概率较高,7 月最少降水量除了临海在 100 mm 以上,其余各县均在 100 mm 以下,其中 80%的县(市、区)在 30 mm以下。75%的县(市、区)7 月降水量在 100 mm 以下的出现概率在 20%(五年一遇)以上,45%的县(市、区)7 月降水量在 100 mm 以下的出现概率在 30%以上(三年一遇)。

7.2.2 8 月降水量空间分布

浙江省各县气象站 8 月降水量不到 100 mm 的出现概率见图 7.13。

浙江省各县气象站 8 月最少降水量的空间分布见图 7.14。

浙江省 8 月最少降水量除了临海在 100 mm 以上,其余各县均在 100 mm 以下,其中 67%的县(市、区)在 30 mm 以下。68%的县(市、区)8 月降水量在 100 mm 以下的出现概率在 20%(五年一遇)以上,33%的县(市、区)8 月降水量在 100 mm 以下的出现概率在 30%以上(三年一遇)。浙江省 8 月最少降水量从东南部向西北部减少,8 月降水量在 100 mm 以下的出现概率从东南部向西北部增加,这主要是因为 8 月是浙江省台风主要影响期,而浙江省东南部易受台风影响。

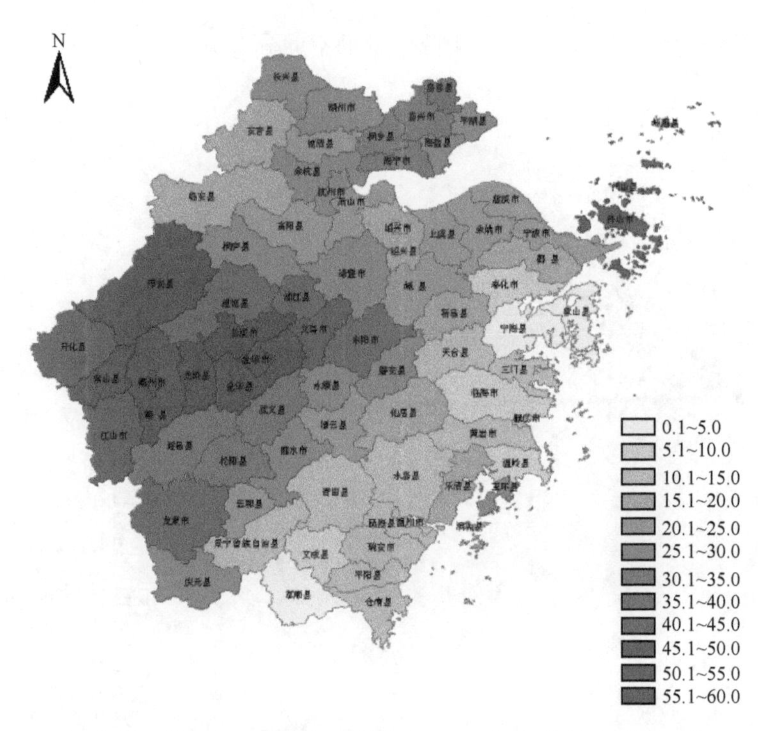

图 7.13　浙江省 8 月降水量不到 100 mm 的出现概率(单位:%)

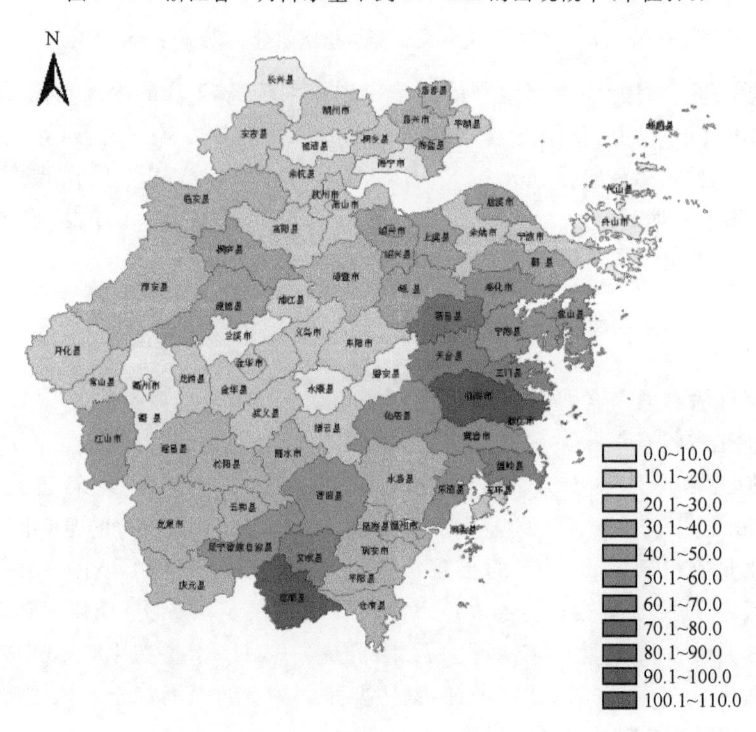

图 7.14　浙江省 8 月最少降水量空间分布(单位:mm)

7.2.3　9月降水量空间分布

浙江省各县气象站9月降水量不到100 mm的出现概率见图7.15。

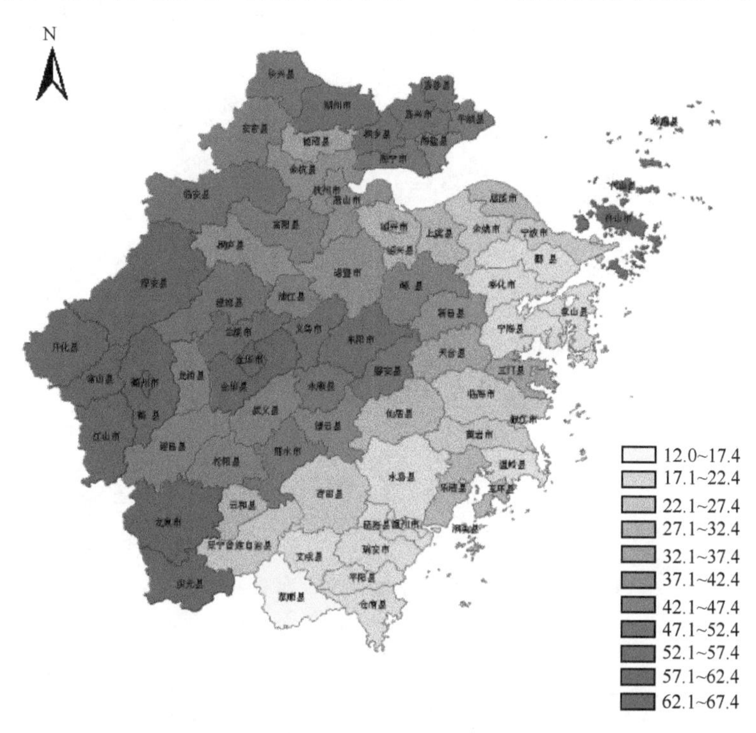

图7.15　浙江省9月降水量不到100 mm的出现概率(单位:%)

浙江省各县气象站9月最少降水量的空间分布见图7.16。

浙江省9月最少降水量除了泰顺在50 mm以上,其余各县均在50 mm以下,其中75%的县(市、区)在30 mm以下。94%的县(市、区)9月降水量在100 mm以下的出现概率在20%(五年一遇)以上,70%的县(市、区)9月降水量在100 mm以下的出现概率在30%以上(三年一遇)。浙江省9月最少降水量从东南部向西北部增加,9月降水量在100 mm以下的出现概率从东南部向西北部减少,这和9月影响浙江省的台风已减少、浙江省降水主要转受西风带系统影响有关。

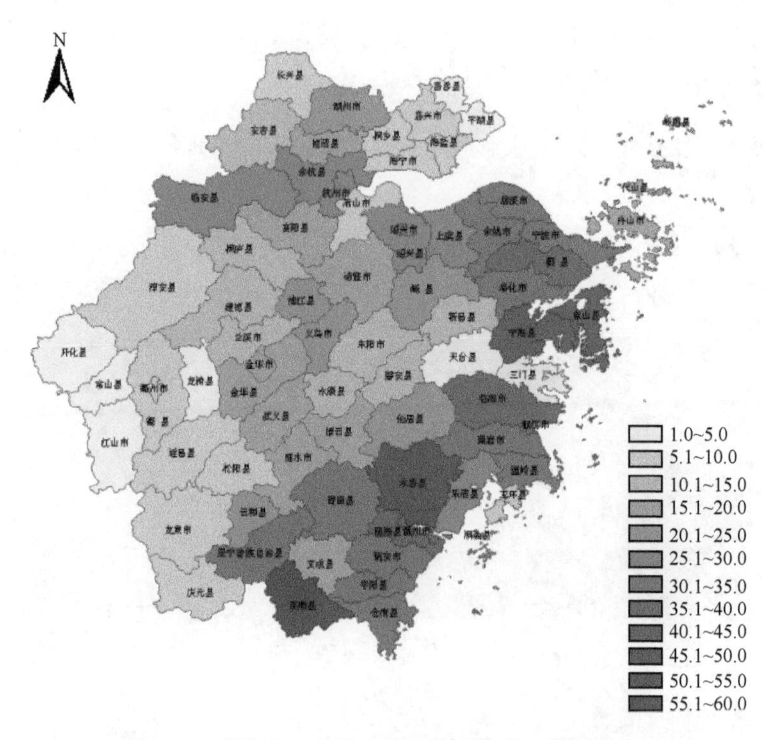

图 7.16　浙江省 9 月最少降水量空间分布(单位:mm)

第8章　茶树气候风险变化

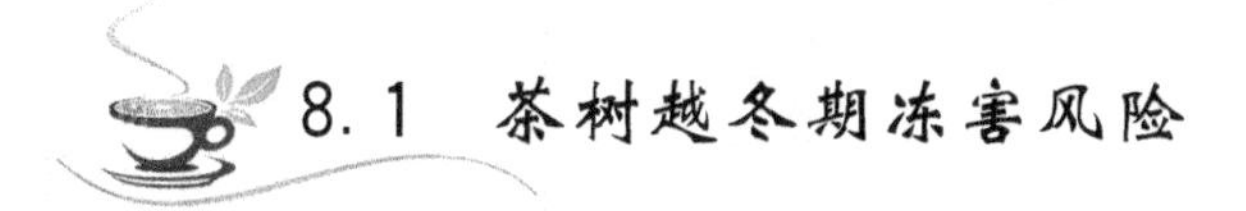

8.1　茶树越冬期冻害风险

当越冬期最低气温降到−5℃以下时，茶树嫩梢就会受到不同程度的冻害；当最低气温降到−15℃以下时，茶树会受到严重冻害。因此，本章把−5℃作为茶树开始遭受冻害的起始温度，把−15℃作为茶树越冬的下限温度。引入气候适宜度模型，根据赵峰等(2003)的研究，结合浙江省茶树生产实际情况，建立茶树越冬期气候适宜度：

$$S(T_w)=\begin{cases}1 & (T_L>-5℃)\\ 1-(-5-T_L)/10 & (-15℃\leqslant T_L\leqslant -5℃)\\ 0 & (T_L<-15℃)\end{cases} \tag{8.1}$$

式中，$S(T_w)$为茶树越冬期气候适宜度，T_L为冬季最低气温。$S(T_w)$越小，茶树冻害风险越大；$S(T_w)$越大，茶树冻害风险越小，越适宜茶树越冬。

茶树越冬期气候适宜度的长期趋势变化，采用以下线性回归方程：

$$S(T_w)=a_0+a_1t \tag{8.2}$$

$$a_1=\frac{\mathrm{d}S(T_w)}{\mathrm{d}t}\qquad(t=1,2,\cdots,n) \tag{8.3}$$

式中，a_0为常数，t为与$S(T_w)$对应的时间，a_1为回归系数。$a_1>0$表示随时间的增加$S(T_w)$呈现上升趋势；反之，呈现下降趋势。$a_1\times10$称为茶树越冬期气候适宜度倾向率，表示每10年上升或下降的适宜度。

浙江省除安吉、临安两县茶树冬季冻害风险较高，茶树越冬期气候适宜度分别为0.68和0.76；其他县冬季冻害风险较小，茶树越冬期气候适宜度在0.8以上(图8.1)。其中温州市(除泰顺县外)、玉环县、定海和普陀的茶树越冬期气候适宜度为1。浙江西部、浙北东部和浙南东部茶树越冬期气候适宜度在0.9以上。

除了茶树越冬期气候适宜度为1的县茶树越冬期气候适宜度倾向率为0，其他县的茶树越冬期气候适宜度倾向率在0.01/10a～0.07/10a，其中富阳、萧山、安吉、嘉兴、海宁、桐乡、平湖、海盐、绍兴、诸暨、武义、永康、东阳、义乌、余姚、奉化、宁海的茶树越冬期气候适宜度倾向率均通过0.05显著性检验水平(图8.2)。说明随着气候变暖，浙江省茶树冬季遭受低温冻害的风险在降低。

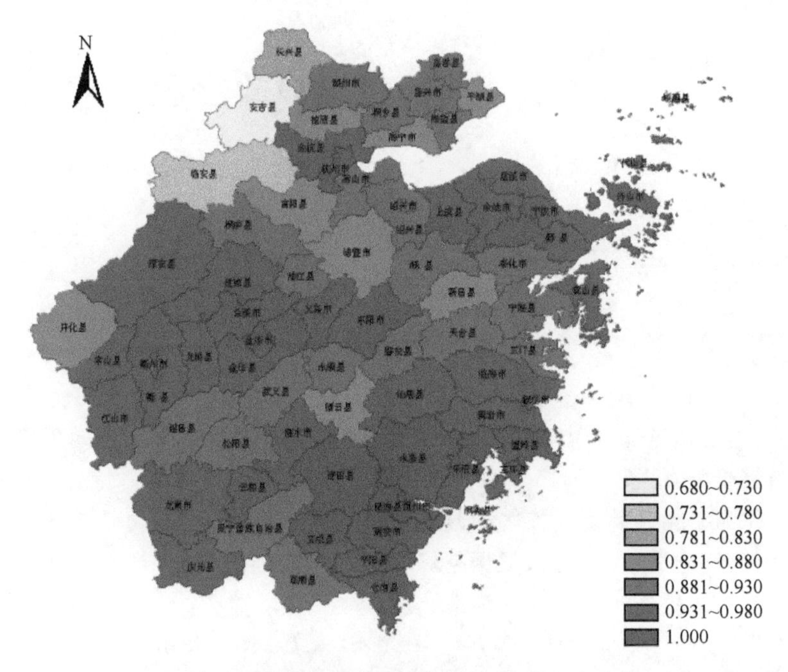

图 8.1　浙江省各县茶树越冬期气候适宜度分布

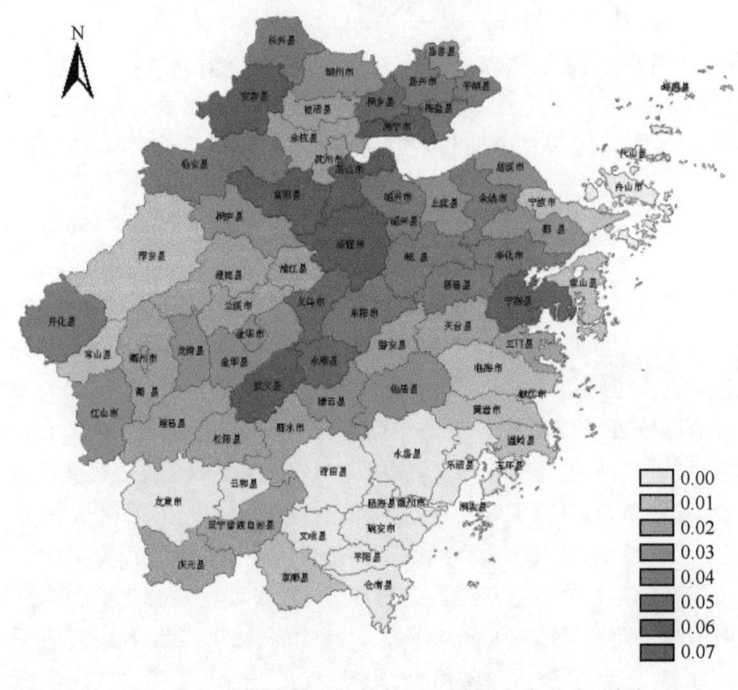

图 8.2　浙江省各县茶树越冬期气候适宜度倾向率分布(单位:/10a)

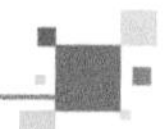

8.2　春季霜冻风险

茶树低温霜冻是指春季茶芽萌发伸长后，遇北方冷空气南下，冠层温度降到 0℃以下时，使茶芽遭受冻害的气象灾害。浙江省各县 3 个茶树品种的霜冻风险度见图 6.1。图 8.3 是 3 个茶树品种霜冻经济损失率倾向率。乌牛早茶树霜冻经济损失率倾向率具有明显的地区性，浙江省中南部地区除了义乌、龙游、衢州、江山、常山、兰溪、金华、浦江等县(市、区)霜冻经济损失率倾向率为正，其余各县均小于 0，其中龙泉、云和、遂昌、庆元、奉化、宁海、临海、台州、仙居、泰顺等县(市、区)霜冻经济损失率倾向率小于－5%/10a，说明浙江省中南部地区乌牛早茶树霜冻经济损失率呈减少趋势，霜冻风险随时间降低；浙江省北部地区乌牛早茶树霜冻经济损失率倾向率在 1%/10a～5%/10a，霜冻风险随时间增加(图 8.3a)。

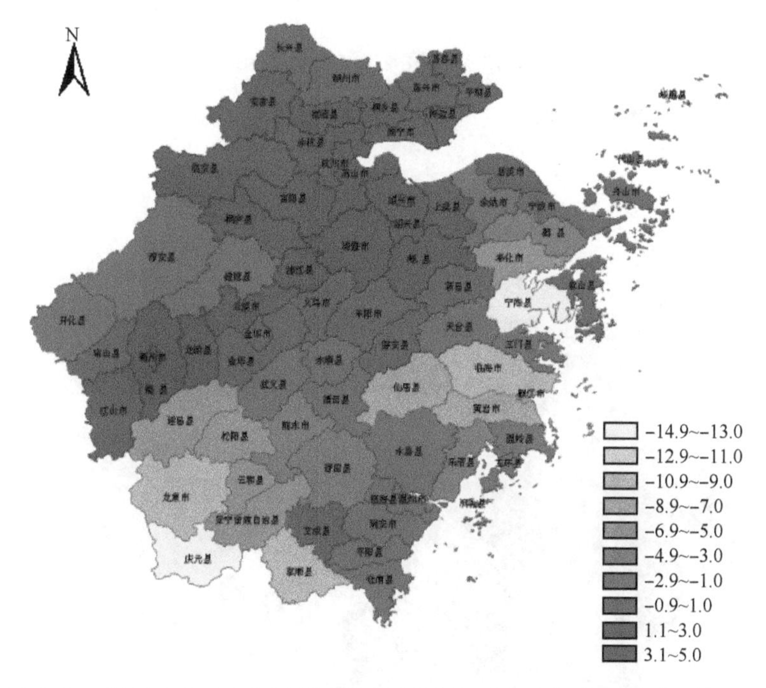

图 8.3a　浙江省各县乌牛早茶树霜冻经济损失率倾向率分布(单位：%/10a)

龙井 43 茶树霜冻经济损失率倾向率除了庆元为－10.54%/10a、乐清为－2.59%/10a、常山为 2.71%/10a、遂昌为 2.43%/10a，其他各县在－2%/10a～2%/10a，霜冻风险随时间变化小(图 8.3b)。

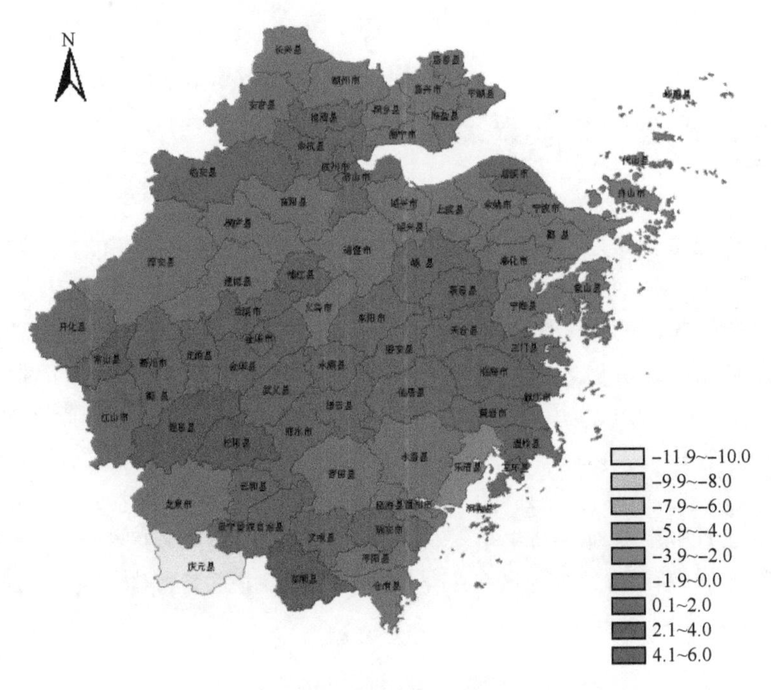

图 8.3b　浙江省各县龙井 43 茶树霜冻经济损失率倾向率分布(单位：%/10a)

鸠坑茶树在浙江省各县的霜冻经济损失率小，其霜冻经济损失率倾向率接近于 0(图 8.3c)。

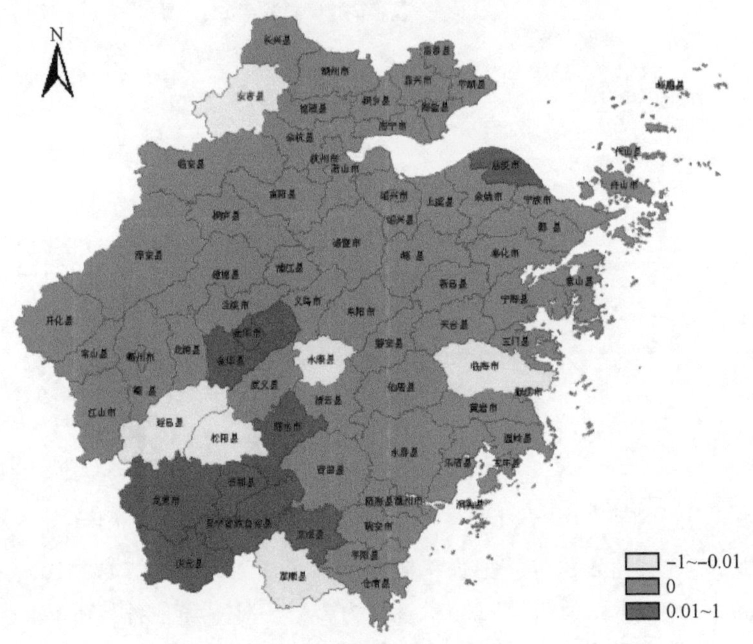

图 8.3c　浙江省各县鸠坑茶树霜冻经济损失率倾向率分布(单位：%/10a)

8.3　春季气温变化对采摘期的影响

茶叶价格与茶叶等级密切相关，在春茶采摘期间，气温偏低，茶芽生长缓慢，高等级茶芽采摘时间长，茶园经济产出高；反之，在春茶采摘期间，气温偏高，茶芽生长快，高等级茶芽采摘时间短，茶园经济产出低。春茶采摘期长短反映了春茶采摘期间气温高低对春茶生长的影响。图 8.4 是浙江省各县近 40 年春茶采摘期线性倾向率分布。

对于乌牛早茶树，春茶采摘期线性倾向率为负，随时间变化春茶采摘期缩短，说明随着气候变暖，早春气温升高，乌牛早茶树高档茶采制时间缩短。其中浙江省西南地区采摘期线性倾向率较小，为－1.0～－0.6 d/10a，其他地区在－1.0 d/10a 以下(图 8.4a)。

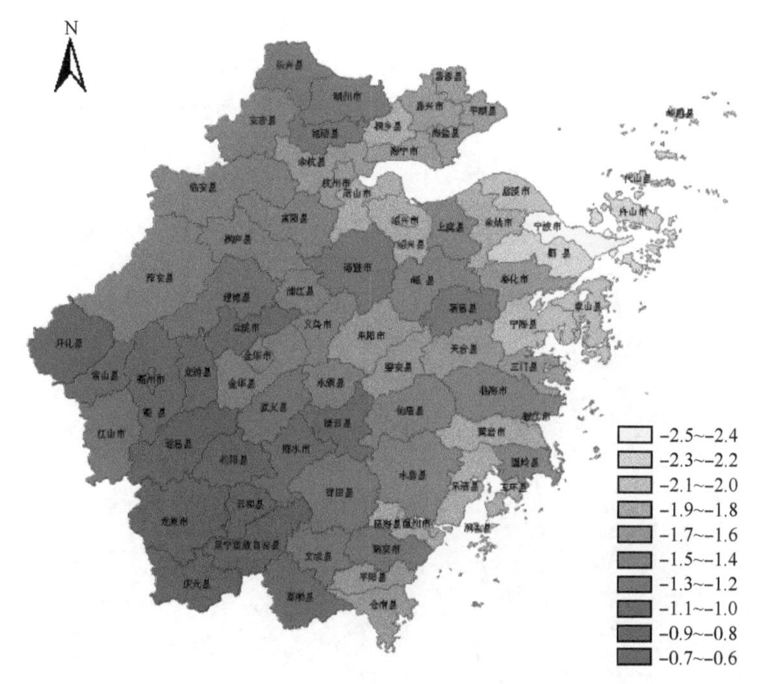

图 8.4a　浙江省各县近 40 年乌牛早茶树采摘期线性倾向率分布(单位：d/10a)

龙井 43 茶树，春茶采摘期线性倾向率为负，随时间变化春茶采摘期缩短，说明随着气候变暖，早春气温升高，龙井 43 茶树高档茶采制时间缩短。其中浙江省北部和西部地区采摘期线性倾向率较小，为－1.0～0.0 d/10a，浙江中南部地区(除武义、永嘉、庆元)在－1.0 d/10a 以下(图 8.4b)。

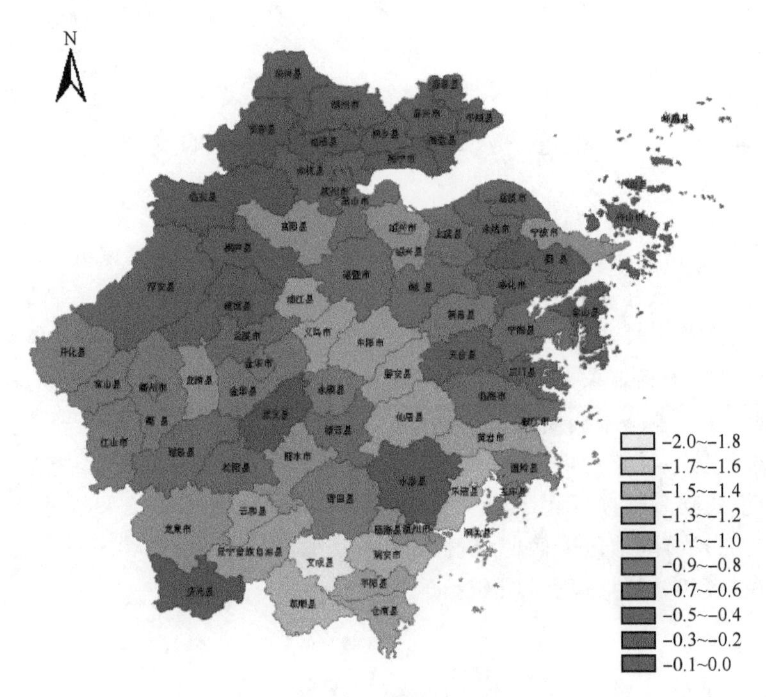

图 8.4b 浙江省各县近 40 年龙井 43 茶树采摘期线性倾向率分布(单位:d/10a)

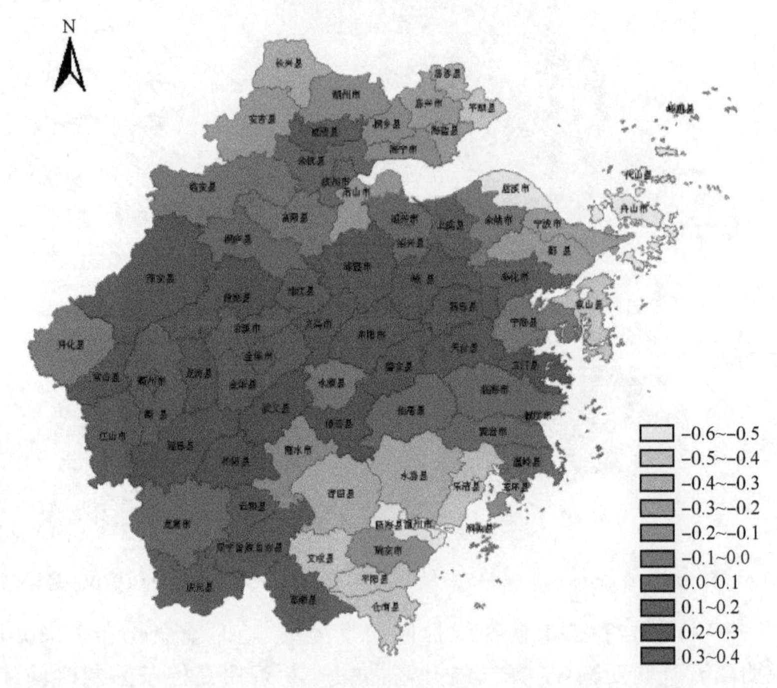

图 8.4c 浙江省各县近 40 年鸠坑茶树采摘期线性倾向率分布(单位:d/10a)

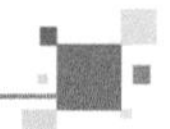

鸠坑茶树，春茶采摘期线性倾向率在－0.6～0.4 d/10a，鸠坑茶树高档茶采制时间变化小，说明气候变暖对鸠坑茶树影响较小(图 8.4c)。

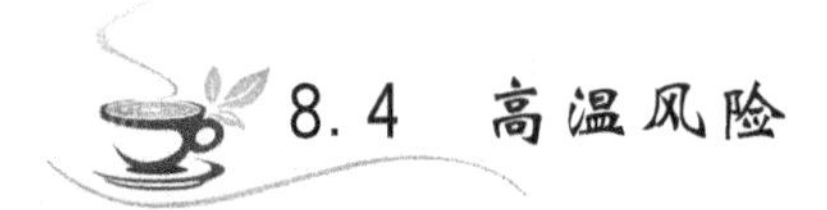

8.4　高温风险

随着气候变暖，高温日数呈增加趋势。除了玉环≥35℃高温日数倾向率为 0，淳安、象山、开化、乐清、平阳、瑞安、定海、嵊泗、普陀等县(市、区)≥35℃高温日数倾向率为小于 2 d/10a，其他县≥35℃高温日数倾向率均大于 2 d/10a，其中富阳、杭州、萧山、嘉善、浦江、东阳、武义、丽水、龙泉、慈溪、余姚、鄞州、奉化、衢州、绍兴、诸暨、天台、仙居、临海、文成、永嘉等县(市、区)≥35℃高温日数倾向率大于 6 d/10a(图 8.5a)。说明随着气候变暖，茶树遭受高温热害的风险在加大。

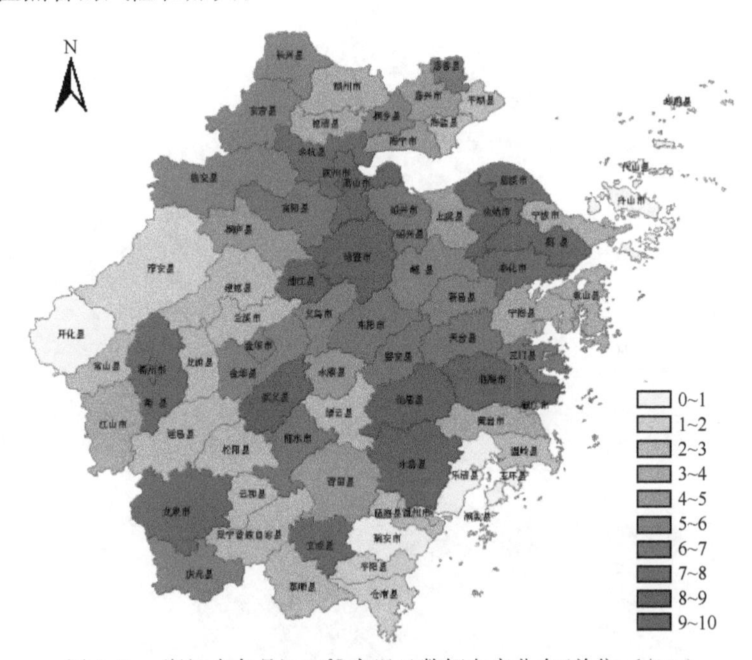

图 8.5a　浙江省各县≥35℃高温日数倾向率分布(单位：d/10a)

除了淳安、湖州、开化、瑞安≥38℃高温日数倾向率小于 0，玉环、乐清、嵊泗≥38℃高温日数倾向率为 0，其他各县≥38℃高温日数倾向率大于 0，其中临安、萧山、浦江、义乌、东阳、永康、武义、丽水、余姚、鄞州、奉化、诸暨、仙居、临海、文成≥38℃高温日数倾向率在 2 d/10a 以上(图 8.5b)。

除了淳安、平湖、开化、泰顺、瑞安≥40℃高温日数倾向率小于 0，湖州、长兴、嘉兴、桐乡、海盐、绍兴、大陈、玉环、乐清、平阳、嵊泗、普陀≥40℃高温日数倾向率为0，其他各县≥40℃高温日数倾向率大于0，虽然≥40℃高温日数倾向率较小，在0.01～0.70 d/10a，但总体上≥40℃高温日数呈增加趋势(图8.5c)。

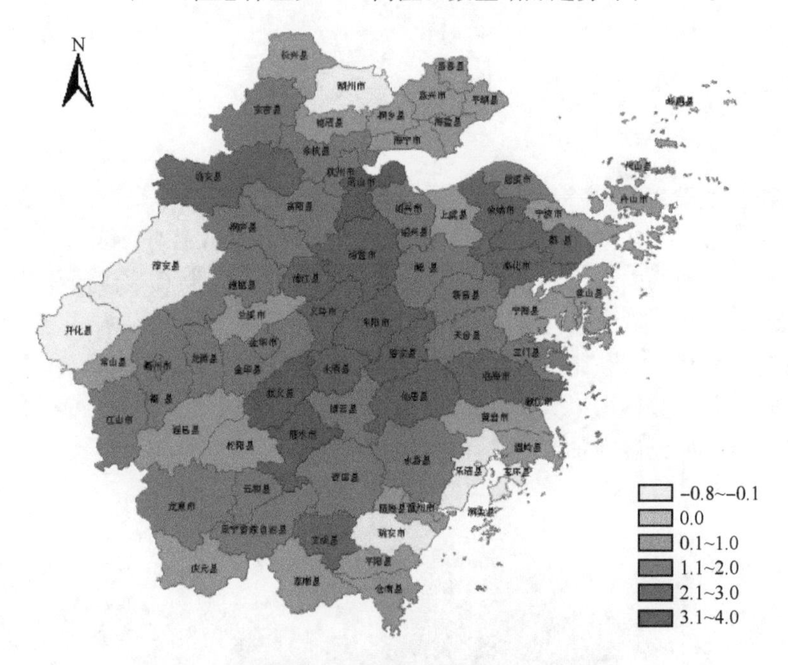

图8.5b　浙江省各县≥38℃高温日数倾向率分布(单位:d/10a)

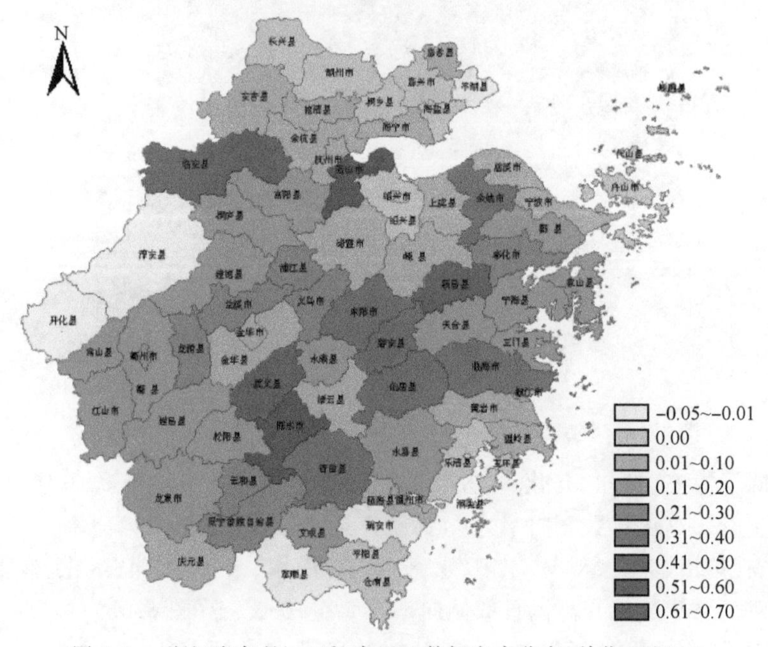

图8.5c　浙江省各县≥40℃高温日数倾向率分布(单位:d/10a)

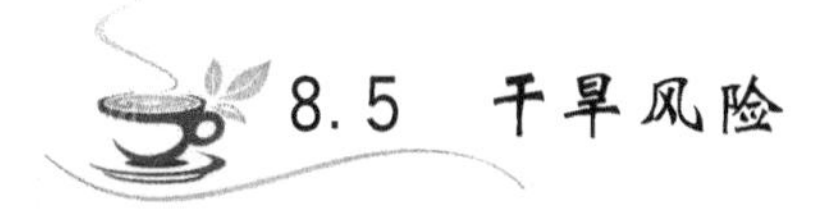

8.5　干旱风险

当茶树生长季月降水量小于 100 mm 时，茶树生长就会受到影响，使当月产量降低。夏秋茶产量占到浙江省茶叶产量的 60%，但浙江省 7—9 月经常出现干旱，影响茶叶生产。本节把 100 mm 作为茶叶产量开始受降水量影响的起始指标，建立茶树降水量气候适宜度：

$$S(RR)=\begin{cases}1 & (RR>100\ \text{mm})\\ 1-(100-RR)/100 & (RR\leqslant 100\ \text{mm})\end{cases}\tag{8.4}$$

式中，$S(RR)$为茶树降水量气候适宜度，RR 分别为 7—9 月各月降水量。$S(RR)$越小，茶树遭受干旱的风险越大；$S(RR)$越大，茶树遭受干旱的风险越小。

图 8.6 是浙江省 7—9 月降水量适宜度倾向率分布图。各月降水量适宜度倾向率在－0.1/10a～0.1/10a，降水量适宜度随时间变化小，说明干旱风险随气候变化较小。

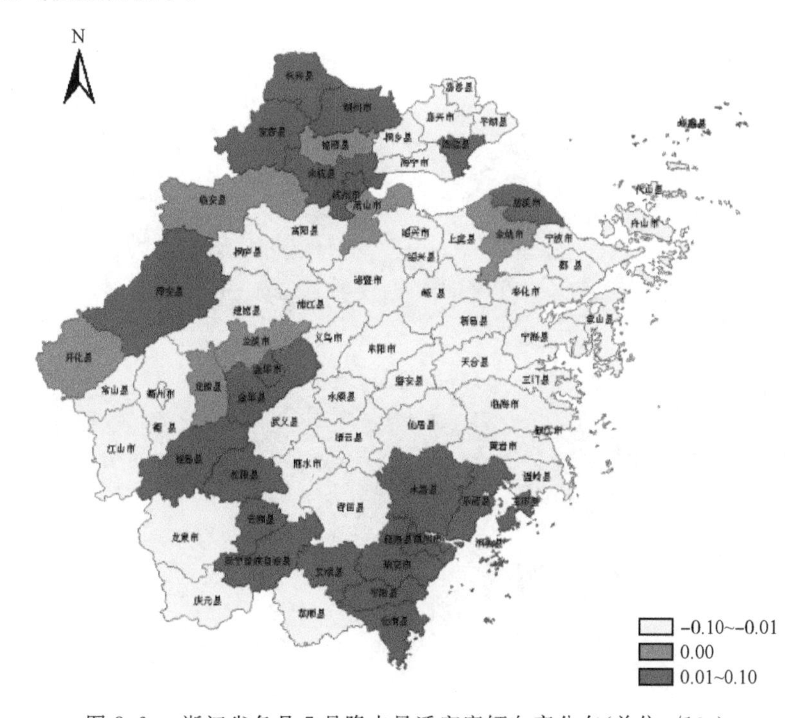

图 8.6a　浙江省各县 7 月降水量适宜度倾向率分布(单位：/10a)

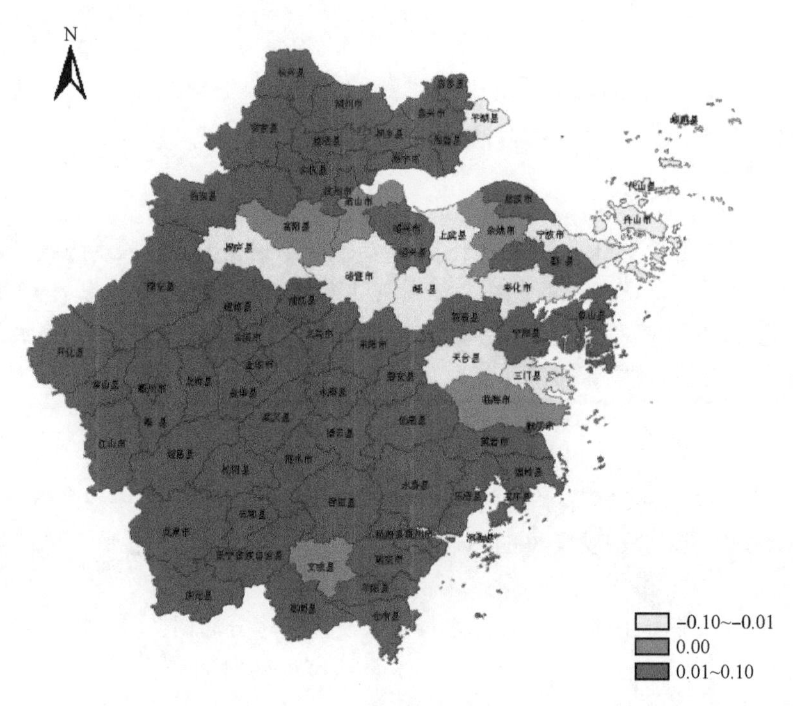

图 8.6b 浙江省各县 8 月降水量适宜度倾向率分布(单位:/10a)

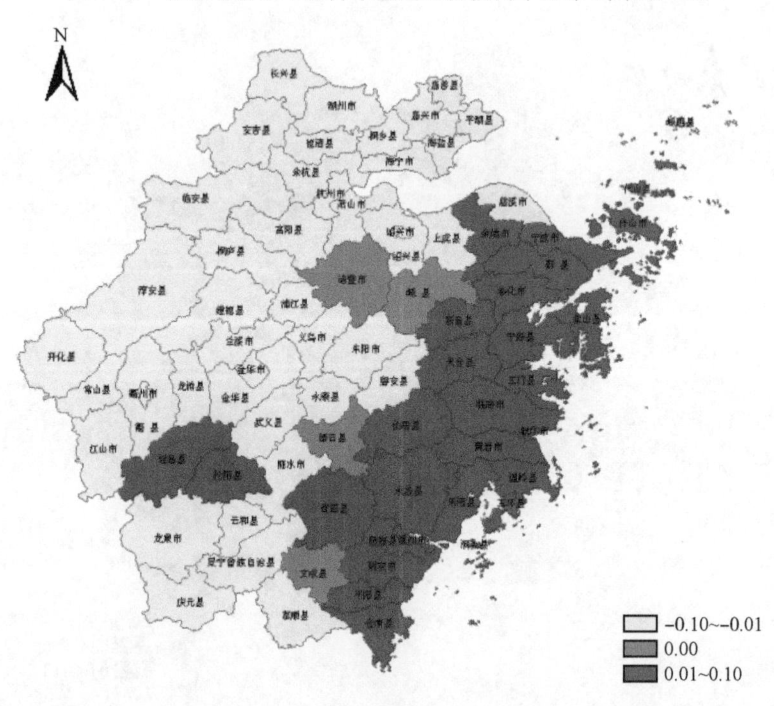

图 8.6c 浙江省各县 9 月降水量适宜度倾向率分布(单位:/10a)

第 9 章　茶叶气象灾害防御技术

9.1　霜冻的种类

霜冻是影响春季名优茶生产最主要的农业气象灾害。霜冻按其形成的原因可分为三种:平流霜冻、辐射霜冻、平流—辐射霜冻。

平流霜冻是由北方强冷空气南下直接引起的霜冻。这种霜冻常见于早春和晚秋,在一天的任何时间内都可能出现,影响范围很广,而且可以造成区域性的灾害。

辐射霜冻是由夜间辐射冷却而引起的霜冻。这种霜冻只出现在少云和风弱的夜间或早晨。

平流—辐射霜冻是由平流降温和辐射冷却同时作用而引起的霜冻。这种霜冻的后期可转为辐射霜冻。

春季茶叶霜冻灾害可分为两种情况:一种是出现在地面冷锋过境后,地面受冷高压控制出现晴朗无风的后半夜到早晨,茶树冠层辐射降温到－2℃以下,使茶芽或嫩叶遭受冻害;另一种是地面冷锋过境后,地面受冷高压控制出现晴朗无风的后半夜到早晨,茶树冠层辐射降温到 0℃以下,近地面层水汽在茶树冠层凝华形成的霜附着在茶树冠层上,日出后霜融化吸收热量使茶树冠层降温到－2℃以下,造成茶芽或嫩叶遭受冻害。

从第 5 章可知,晴朗无风的后半夜到早晨,茶树顶部冠层温度比空气温度偏低 2～3℃。因此在水汽充沛时,晴朗无风的后半夜到早晨,当最低气温达到 2～3℃时,局部地区可造成茶树霜冻灾害。

9.2　覆盖防霜冻

最低温度的出现是由于散热所造成的,因此减缓散热速率可以减少能量的损失，从而使物体处于较高的能量水平，维持较高的温度。覆盖是指通过作物秸秆、杂草和遮阳网覆盖茶树蓬面，从而减缓茶丛散热速率和阻隔冷空气侵入茶丛内部，达到防御霜冻的目的。

为了研究覆盖的防霜冻效果，2012 年 2 月 10 日 16 时到 3 月 31 日 10 时，在新昌县新林乡彭顶山村自动气象站所在茶园进行覆盖茶树蓬面的试验。试验茶树品种为 8 年生平阳早和乌牛早，其中平阳早茶树蓬面在 2011 年 9 月修剪成离地面 80 cm 的平面，乌牛早茶树在 2011 年 5 月修剪到离地 15 cm 后，由其自然生长，树冠顶部离地面 150 cm。设对照(不覆盖)、覆盖稻草、2 层遮阳网三个处理，重复 3 次，随机排列。在茶树蓬面安放自动温度记录仪，每隔 10 分钟记录一次温度。

9.2.1 覆盖对最低温度的影响

图 9.1 是茶蓬表面覆盖和未覆盖的最低温度变化图。三个处理的茶蓬表面逐日最低温度变化趋势基本一致，但不同实验处理之间则存在较大差异。平面型茶蓬覆盖后茶蓬表面最低温度比对照提高 1.5～2.0℃，丛生型茶蓬覆盖后茶蓬表面最低温度比对照提高 0.6～1.4℃。覆盖稻草和覆盖遮阳网效果接近。

9.2.2 经济效益分析

遮阳网覆盖每亩成本在 1200 元左右，遮阳网可多次使用，在茶叶刚进入开采期时采用遮阳网覆盖可取得较好效益。同时使用遮阳网覆盖不受地形限制，是一种比较实用的防霜冻方法。稻草覆盖采用农户自产的水稻剩余品，经济成本低，是一种比较实用的防霜冻方法，但稻草覆盖存在移去稻草覆盖时茶蓬仍会遗留稻草的问题。

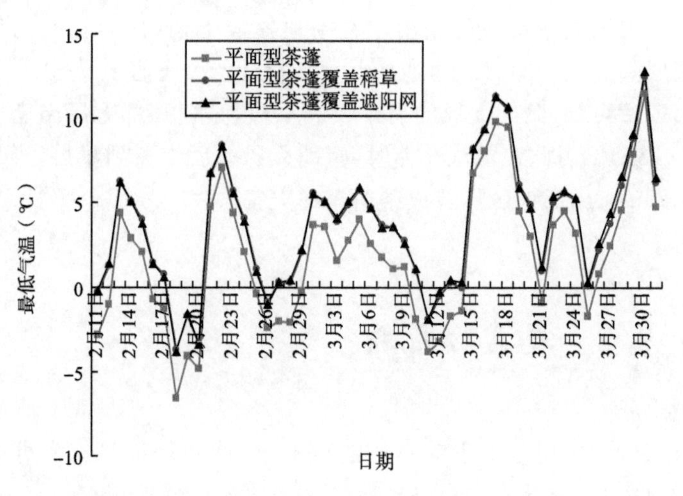

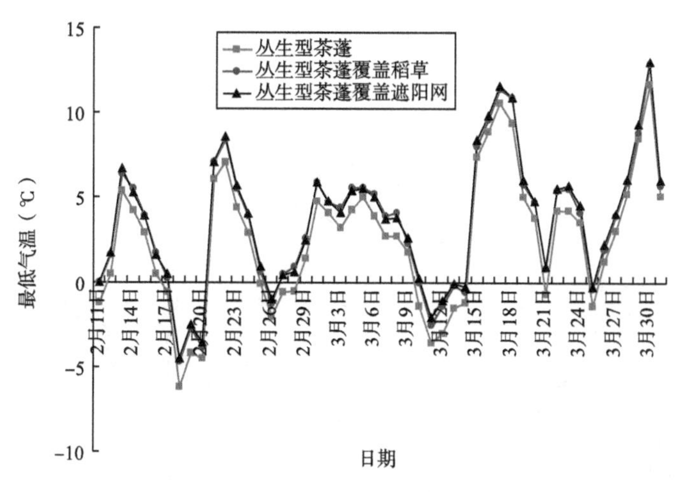

图 9.1　茶蓬表面最低温度变化

9.3　风扇防霜冻

春季霜冻一般出现在冷空气过境后晴朗无风的早晨，在辐射降温作用下，近地面层出现逆温层。通过在茶园架设风扇利用扰动空气的方法，充分混合逆温上、下层的空气，以提高茶树冠层温度，达到防霜冻的目的。

9.3.1　早春茶园气温的垂直分布情况

在春季晴朗无风的夜晚，近地面层存在逆温层：气温随高度增加而增加。我们在大明有机茶场分别测定了 1.5 m、3.5 m、6 m 处的空气温度，选取了相对具有代表性的 2012 年 3 月 11 日 16 时到 3 月 12 日 15 时（天气为晴朗微风），进行茶园气温垂直分布分析（图 9.2）。

由图 9.2 可知，在该试验茶园白天（08:00—18:00）气温符合大气垂直分布规律，即 $T_{6.0\,m}<T_{3.5\,m}<T_{1.5\,m}$，气温随着高度的增加而降低。日落（18:00 左右）以后，由于大气长波辐射使近地面空气层冷却，气温分布发生逆转，离地面越近降温越快，离地面越远降温越慢，因而形成自地面开始向上的辐射冷却，出现逆温，茶园气温垂直分布表现为 $T_{6.0\,m}>T_{3.5\,m}>T_{1.5\,m}$，$T_{6.0\,m}$ 与 $T_{1.5\,m}$ 的平均温差在 −2.5℃ 左右，并在凌晨 06:00 左右逆温最强，$T_{6.0\,m}$ 与 $T_{1.5\,m}$ 的温差达到了 3℃。另外，茶园各层气温的昼夜温差也呈现梯度分布，6.0 m 高度气温日较差为 11.3℃，3.5 m 高度为 13.3℃，1.5 m 高度为

19.0℃,即低层气温日较差远大于高层。近地层的日较差大,辐射降温效应明显,容易造成霜冻。

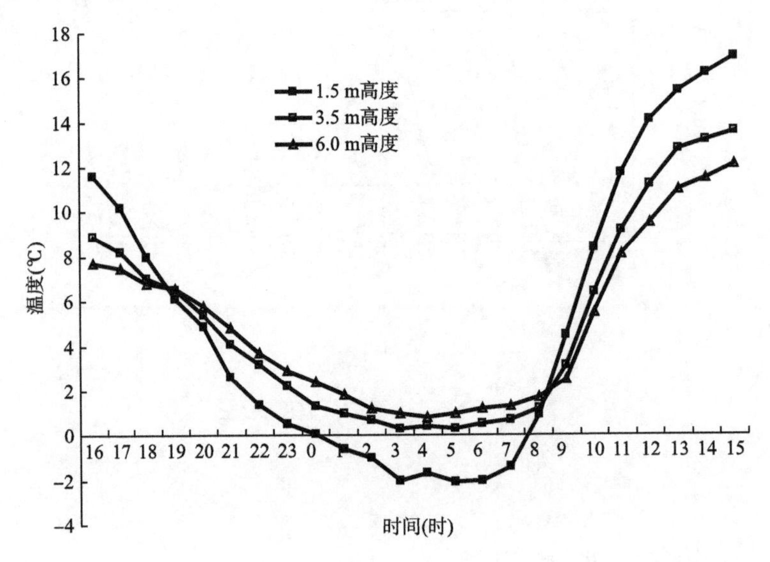

图 9.2　2012 年 3 月 11 日 16 时到 3 月 12 日 15 时茶园气温垂直分布

9.3.2　风扇增温效应

大明茶场在 2010 年下半年安装了 10 台高架风扇防霜系统,2 台高架风扇的距离为 70 m,回转直径为 90 cm,安装高度为 6.5 m,俯角为 30°。风扇风速大于 0.6 m/s 时即可有效扰动空气起到防霜作用,所以将风速大于0.6 m/s 的分布范围计入,单台风扇控制的有效作用范围在 1000 m^2 左右。并设定当防霜风扇系统自带温度传感器探测到茶树冠层气温低于3℃时,防霜风扇就会自动开启。试验茶树品种为 10 年生鸠坑,茶树蓬面离地面 80 cm。2012 年 2 月 10 日 16 时到 3 月 31 日 10 时,在风扇影响区和不影响区的茶树蓬面分别放置最低气温表,观测每天的最低冠层气温,风扇启动后的冠层气温观测结果见表 9.1。采用风扇扰动后,茶树冠层最低气温增加了 2.5～4.5℃。

表 9.1　2012 年 3 月风扇扰动增温效果

	10 日	11 日	12 日	14 日	21 日	25 日	26 日	27 日
最低气温(℃)	0.5	−2.3	−1.0	1.0	1.2	0.1	2.3	4.0
对照冠层最低气温(℃)	−2.1	−4.8	−3.6	−1.7	−1.2	−2.8	−0.5	1.3
风扇作用冠层最低气温(℃)	1.2	−0.3	0.2	1.3	1.8	0.5	2.4	4.3

9.3.3　经济效益分析

一台风扇安装价格在2万元左右，保护面积在1.5亩，正常情况下茶园经济产值在4000～7000元/亩，因此在规模茶场可以安装风扇防霜冻系统。在山区，地形起伏大，不适宜采用。

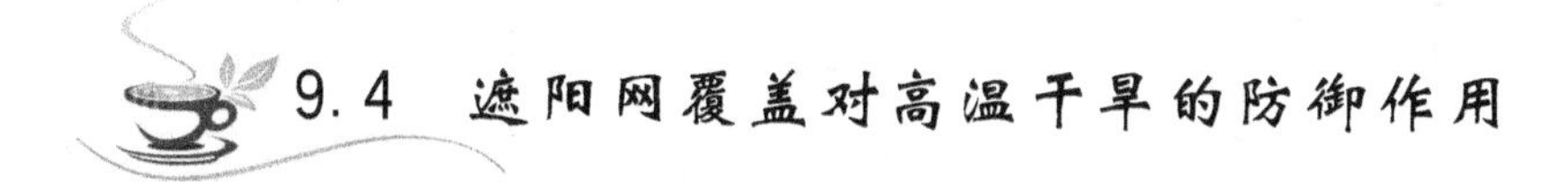

9.4　遮阳网覆盖对高温干旱的防御作用

肖润林等(2005)研究表明，在夏季茶园采用遮阳网覆盖能有效缓解高温干旱对茶叶生长的影响。

9.4.1　遮阳网覆盖对茶园温度的调节

表9.2是肖润林等(2005)在2003年7月15日—8月5日高温干旱期间采用遮阳网覆盖后得到的茶园温度情况。由表9.2可见，在7:00、9:00、11:00、13:00、15:00、17:00和19:00各个观测时段，茶园气温、树冠温度、叶面温度、地面温度和5 cm、10 cm、15 cm、20 cm深处土壤温度均低于露地对照。其中遮阳网覆盖对茶园地面温度影响最大，日平均地面温度比露地对照茶园低9.1℃，覆盖茶园地面极端高温比露地对照茶园低22.9℃；其次，是土壤温度，遮阳网覆盖茶园5 cm、10 cm、15 cm和20 cm深处土壤日均温分别比露地对照茶园低3.9℃、3.6℃、3.0℃和2.5℃；而树冠温度、叶面温度和茶园气温日均温分别比露地对照茶园低3.4℃、3.2℃和0.6℃。

遮阳网覆盖对各个观测时段茶园温度的影响以极端高温和13时茶园温度影响最大，地面极端高温比露地对照茶园低22.9℃，地面温度、叶面温度、

表9.2　2003年7月15日—8月5日高温干旱期间遮阳网覆盖对茶园温度的影响(℃)(引自肖润林等，2005)

处理	项目	7:00	9:00	11:00	13:00	15:00	17:00	19:00	日均温	极端高温
遮荫	树冠温度	27.8	32.4	36.5	38.2	36.3	34.4	29.8	33.6	42.5
	茶园气温	27.6	35.6	37.4	39.3	38.1	36.5	32.4	35.3	41.5
	叶面温度	32.2	35.0	39.1	40.3	36.9	34.5	31.2	35.6	40.9
	地面温度	26.8	30.4	34.3	37.4	35.8	33.5	30.4	32.7	41.5
	5 cm土温	26.7	27.2	28.5	29.9	30.2	30.0	29.5	28.9	31.4
	10 cm土温	27.2	27.2	27.6	28.6	29.2	29.4	29.1	28.3	31.0
	15 cm土温	27.4	27.3	27.4	27.9	28.4	28.8	28.7	28.0	30.0
	20 cm土温	27.4	27.3	27.3	27.4	27.6	27.8	27.9	27.5	29.0

续表

处理	项目	7:00	9:00	11:00	13:00	15:00	17:00	19:00	日均温	极端高温
露地（对照）	树冠温度	30.4	37.3	41.2	43.0	39.2	37.0	30.6	37.0	48.4
	茶园气温	28.2	36.9	38.1	40.1	38.4	37.0	32.7	35.9	42.4
	叶面温度	36.4	37.8	43.7	45.5	40.3	36.1	31.8	38.8	47.8
	地面温度	28.8	37.8	48.6	54.2	48.4	41.2	33.5	41.8	64.4
	5 cm 土温	28.7	30.0	32.4	35.1	35.3	34.6	33.5	32.8	37.5
	10 cm 土温	29.6	29.8	30.8	32.5	33.5	33.8	33.4	31.9	35.5
	15 cm 土温	29.8	29.6	29.9	31.1	31.9	32.4	32.5	31.0	33.2
	20 cm 土温	29.6	29.5	29.4	29.9	30.2	30.6	30.8	30.0	32.0

5 cm 深土壤温度、树冠温度、10 cm 深土壤温度、15 cm 深土壤温度、20 cm深土壤温度和茶园气温在观测期间出现的极端高温分别比露地对照茶园低 22.9℃、7.9℃、6.5℃、4.5℃、3.2℃、3.0℃和 0.9℃。

9.4.2 遮阳网覆盖对茶园土壤水分含量、空气湿度和茶叶含水量的影响

7—8 月遮阳网覆盖可以明显增加茶园土壤水分含量、空气湿度和茶叶含水量(表 9.3)。从表 9.3 可见，遮阳网覆盖茶园的 0～20 cm 土层土壤含水量和 20～40 cm 土层土壤含水量分别比露地对照茶园高 30.3％和 26.7％，空气湿度比露地对照茶园高 5.9％。茶树叶片(一芽二叶)含水量比露地对照茶园高 6.7％。这是因为遮阳网覆盖降低了茶园温度，特别是降低了地面温度，有效地减少了土壤表面水分蒸发。2003 年高温干旱危害特别严重，6 月 27 日—8 月 7 日连续 41 d 晴朗高温天气。从每隔 5 d 1 次的茶园土壤水分连续观测结果看，连续 26 d 晴朗高温天气后(7 月 20 日)露地对照茶园土壤水分含量低于 10％，而遮阳网覆盖茶园连续 36 d 晴朗高温天气后(7 月 30 日)土壤水分含量才低于 10％，说明应用遮阳网覆盖可以有效地延缓高温干旱对茶树产生的影响。

表 9.3　遮阳网覆盖对茶园土壤水分含量、空气湿度和茶叶含水量的影响
(引自肖润林等，2005)

处理	0～20 cm 土层含水量		20～40 cm 土层含水量		空气湿度		茶叶含水量	
	含水量(％)	比对照增减(％)	含水量(％)	比对照增减(％)	含水量(％)	比对照增减(％)	含水量(％)	比对照增减(％)
遮阳网	15.9	30.3	16.8	26.7	66.1	5.9	73.7	6.7
露地(对照)	12.2	—	13.1	—	62.4	—	69.1	—

第10章　浙江省茶叶冻害服务系统

为了使项目成果投入业务运行，我们开发了浙江省茶叶冻害服务系统。系统软件运行平台采用中文 Windows 系统。系统可实现茶叶采摘指数自动生成、霜冻预评估、霜冻灾后评估。

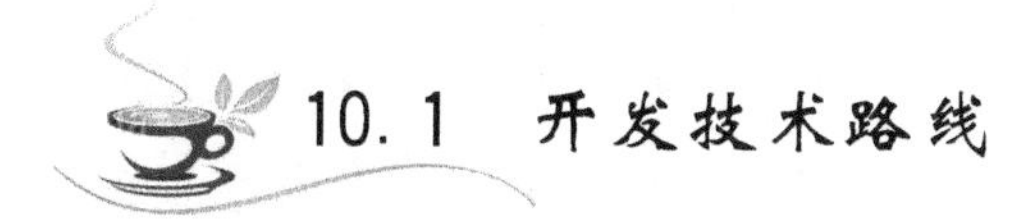

10.1　开发技术路线

目前，随着 GIS 在气象业务中的广泛应用，其强大的数据叠加显示、数据分析、查询、管理等功能已经在气象业务系统中得到了验证。将 GIS 功能引入浙江省茶叶冻害服务系统中，有效地增加了气象信息系统地理定位、分析、多源数据叠加显示功能，使气象信息显示更加直观、信息更加丰富。因此，系统的数据显示采用 GIS 平台来实现。

10.1.1　软件环境

考虑到 Windows 操作系统已成为我国气象业务部门的主要操作系统，系统的运行环境以 Windows 为主，数据库采用中型数据库。软件环境如表 10.1 所示。

表 10.1　软件环境

客户端操作系统	建议使用 Windows XP
数据库	SQL Server 2005 或 SQL Server 2008
	Word2003、Excel2003、Access2003
GIS 环境	ArGIS9.2

10.1.2　开发工具

ArcGIS 作为当前国际最流行的、最大的 GIS 软件，其优良稳定性能已经得到了广泛的认可，尤其是它的空间数据库管理技术，能够允许 ArcGIS 在多种数据库平台上管理地理信息，这些平台包括 Oracle，Microsoft SQL

Server 等，使得地理数据能够轻易地存放到关系型数据库中。同时，其数据无极放大显示、空间分析功能（包括各种类型插值），使开发基于 GIS 的浙江省茶叶冻害服务系统成为可能。

浙江省茶叶冻害服务系统按照实际业务需要，以 GIS 平台作为技术手段，以业务运行流程作为路线，设计了 C/S 系统。系统采用了 Borland 公司的 Delphi、微软公司的 .Net 和当前国际最流行的 GIS 软件 ArcGIS 为技术手段。其中 C/S 采用了基于构件的开发方法（表 10.2）。

基于构件的开发（Component-Based Development，简称 CBD）或基于构件的软件工程（Component-Based Software Engineering，简称 CBSE）是一种新的软件开发方法。它是在一定构件模型的支持下，复用构件库中的一个或多个软件构件，通过组合手段高效、高质量地构造应用软件系统的过程。

采用构件技术是进行系统开发的流行趋势，有利于各模块之间的重新组合和代码共享，也便于系统的集成。基于 COM 的软件开发中要求把模块的粒度尽量降低，各模块之间必须做到轻便、易于维护和扩展，又能够互相调用。

系统的 C/S 部分采用 Delphi7.0＋ArcEngine9.2 来实现。

表 10.2　C/S 开发环境

开发工具	Delphi7.0
使用组件	ADO2.7
GIS 组件	ArcEngine9.2
	Raize3.0、ToolBar2000

10.2　数据库设计

10.2.1　数据分析

浙江省茶叶冻害服务系统主要包括基础地理数据和气象数据。其中，基础地理数据包括浙江省自动观测站点和浙江省县界数据；气象数据包括浙江省自动站历史和实时数据资料。

10.2.2　基础数据处理方案

地理信息系统（GIS）是一种采集、存储、管理、分析、显示与应用地理信息的计算机系统，是分析和处理海量地理数据的通用技术。地理信息系统是以地理空间数据库为基础，在计算机软硬件的支持下，运用系统工程和信

息科学的理论,科学管理和综合分析具有空间内涵的地理数据,以提供管理、决策等所需信息的技术系统。目前,随着GIS技术广泛应用于资源调查、环境评估、灾害预测、国土管理、城市规划、邮电通讯、交通运输、军事公安、水利电力、公共设施管理、农林牧业、统计、商业金融等领域,为各个行业提供了高效的空间信息处理能力和强大的决策支持能力。

ArcGIS作为当前国际最流行的、最大的GIS软件,其优良稳定性能已经得到了广泛的认可。它的空间数据库管理技术能很好地管理空间数据。ArcSDE作为ArcGIS的空间数据引擎,是ArcGIS与关系数据库之间的GIS通道。它允许用户在多种数据管理系统中管理地理信息,并使所有的ArcGIS应用程序都能够使用这些数据。ArcSDE是ArcGIS系统的一个关键部件,它允许ArcGIS在多种数据库平台上管理地理信息。这些平台包括Oracle,Microsoft SQL Server等。通过ArcSDE,基础地理数据能够轻易地存放到关系型数据库中。基础地理数据存放在空间数据库中,再通过ArcGIS控件读取,实现显示、放大、缩小、漫游、数据叠加、信息查询等操作。

10.2.3 气象数据处理方案

气象数据主要用于查询、标注、灾害评估等方面。站点的观测数据主要是通过离散站点按照既定时间观测获得。在灾害评估、标注方面,对于这种数据处理方法,是将其存放于关系型数据库SQL Server数据库中,然后采用ArcGIS中动态Jion的方法与空间数据库中的相应的站点矢量数据结合起来,完成标注,或者对灾害进行评估,再利用ArcGIS中的插值方法对评价结果进行插值,生成空间化图像,以直观地显示其空间分布特征。

10.2.4 数据库设计

考虑到气象数据较大和数据安全,系统采用微软公司的SQL Server2005作为数据库管理平台,通过ArcSDE将空间数据存放到空间数据库中。数据库结构设计和空间数据库物理设计分别如图10.1和图10.2所示。

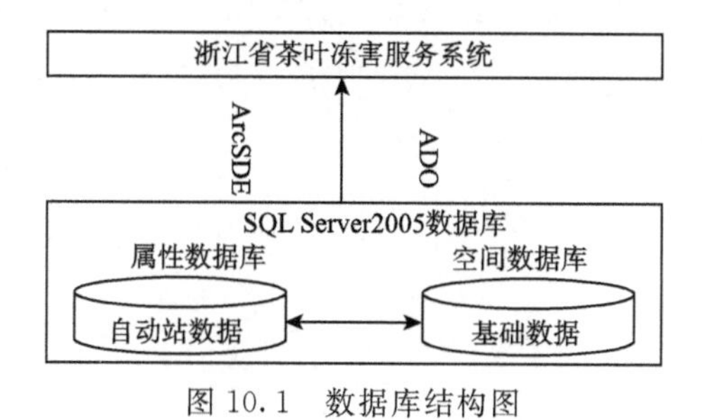

图10.1 数据库结构图

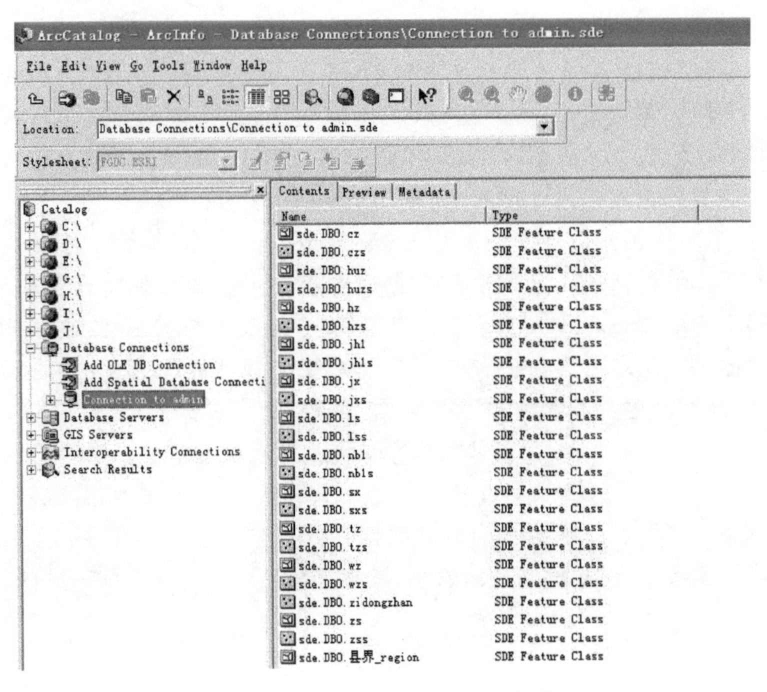

图 10.2 空间数据库物理设计图

10.3 系统设计

系统包括基本功能和专业功能。基本功能包括参数设置、打印、图形输出、放大、缩小、信息查询、距离（面积）量算、信息标注、图层颜色设置等；专业功能包括色斑图级别设置、茶叶采摘指数查询、日最低气温录入、茶叶冻害预警、茶叶冻害等级评估、专题图输出、色斑图颜色调整等（图 10.3）。

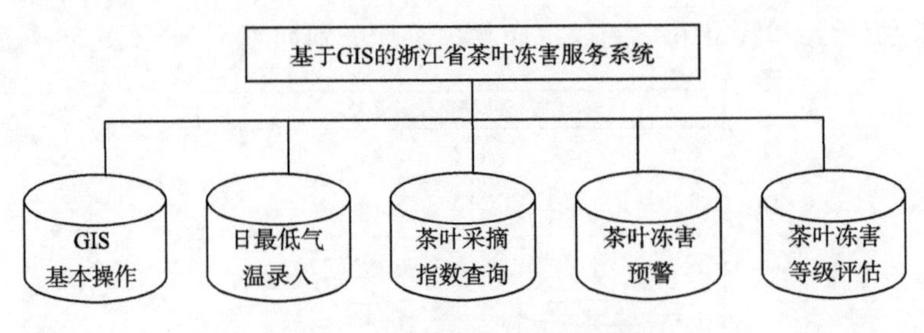

图 10.3 前台显示系统功能框架

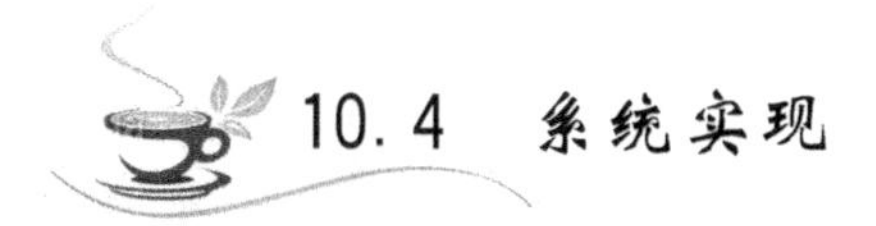

10.4 系统实现

10.4.1 基于GIS的茶叶冻害服务系统

系统主界面见图10.4。

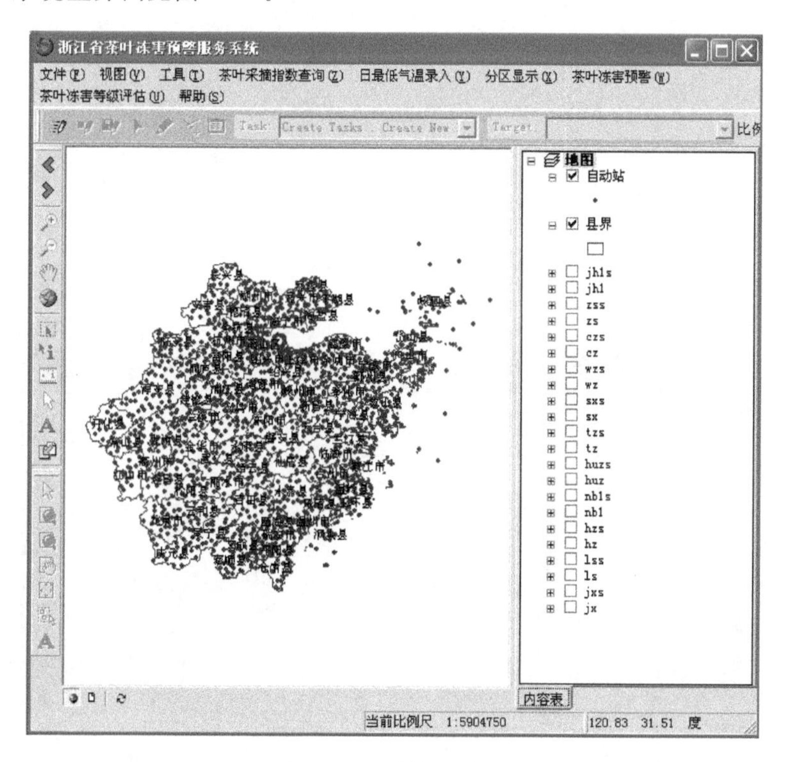

图10.4 系统主界面

10.4.2 基本操作功能

系统主要包括放大、缩小、漫游、信息查询、距离量测、打印等GIS常见功能(见图10.5)。

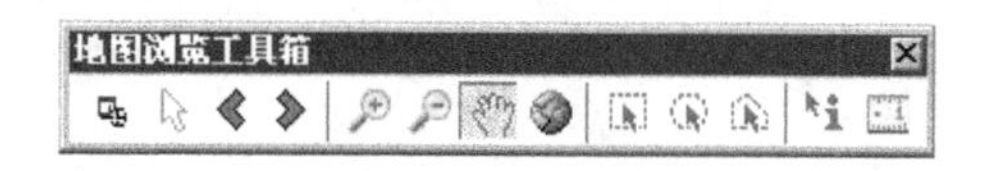

图10.5 基本工具

10.4.3 分区显示

点击分区显示菜单，弹出主界面（图 10.6）。选择地市如点击“杭州”，然后点击“加载”，系统主界面即显示杭州县界图（图 10.7）。点击“退出”则返回主界面。

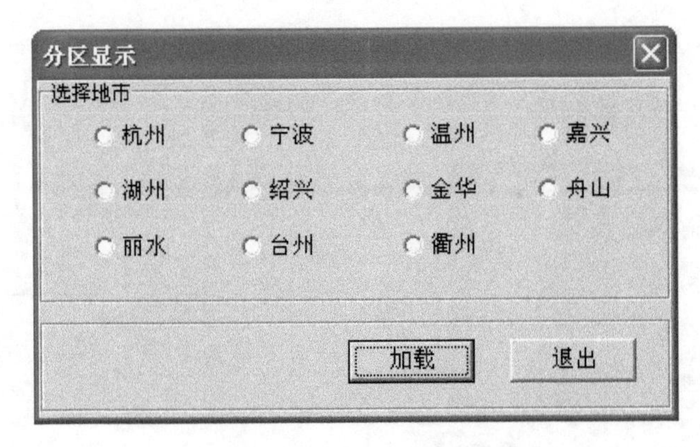

图 10.6 分区显示界面

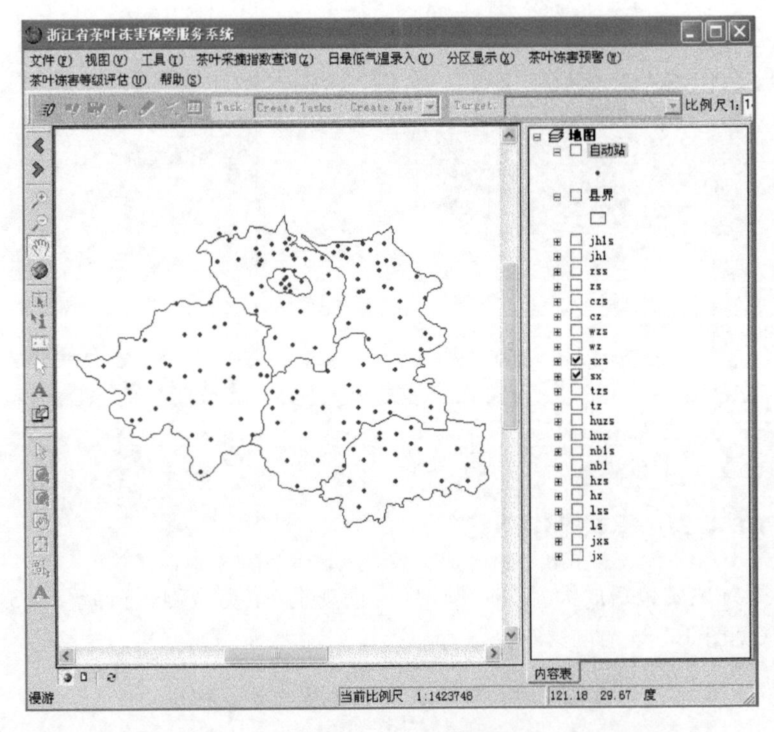

图 10.7 分区显示结果

10.5　茶叶采摘指数查询

点击茶叶采摘指数查询菜单，弹出主界面(图 10.8)。“研究区域”自动与系统主界面所显示图层所对应，选择日期，点击“查询”后生成所选日期当天茶叶采摘指数空间分布图(图 10.9)。点击“关闭”则返回系统主界面。

图 10.8　茶叶采摘指数查询界面

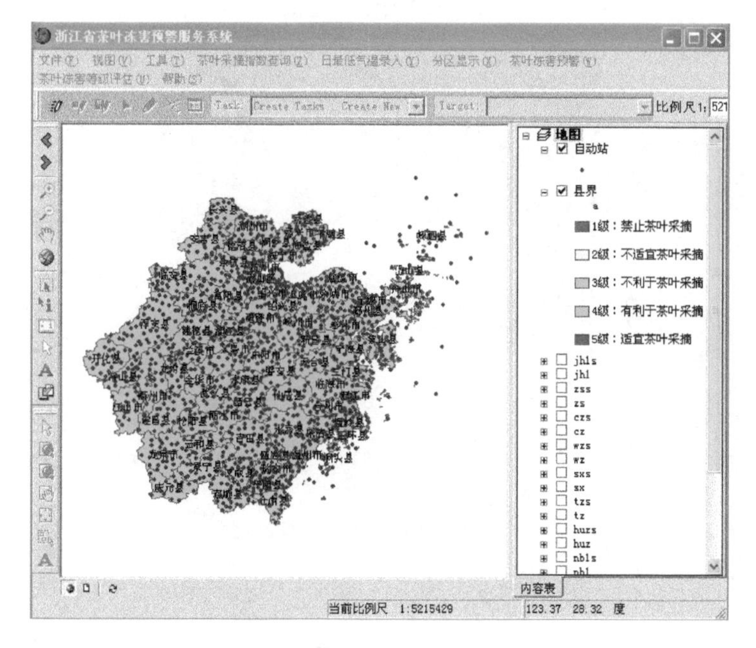

图 10.9　茶叶采摘指数空间分布

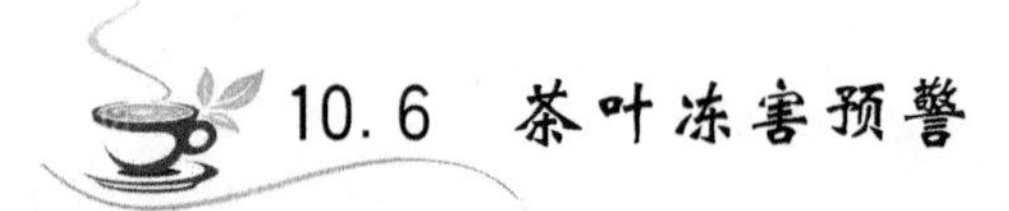

10.6 茶叶冻害预警

首先点击日最低气温录入菜单，弹出主界面（图 10.10）。依次输入各个地市日最低气温（预报），点击“入库”弹出数据入库成功后，点击茶叶冻害预警菜单，弹出主界面（图 10.11）。“区域”自动与系统主界面所显示图层所对应，选择茶树品种（如乌牛早、龙井 43、鸠坑），选择日期后点击“预警”则生成茶叶冻害预警分布图（图 10.12）。点击“退出”则返回系统主界面。

日最低气温录入

杭州	2	湖州	2	丽水	5
宁波	4	绍兴	2	台州	4
温州	8	金华	4	衢州	5
嘉兴	2	舟山	4		

入库　退出

图 10.10　日最低气温录入界面

茶叶冻害预警

区域：浙江省

品种：乌牛早

日期：2012- 3-22

预警　退出

图 10.11　茶叶冻害预警界面

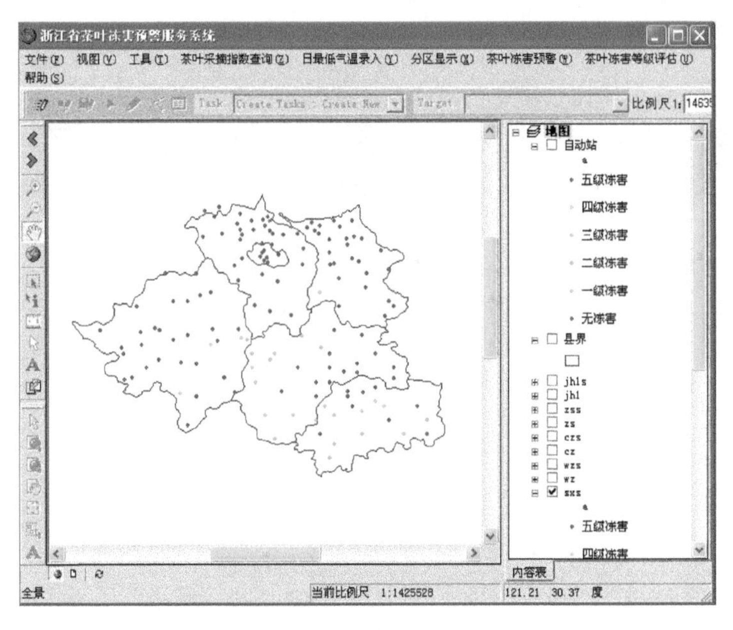

图 10.12　茶叶冻害预警分布

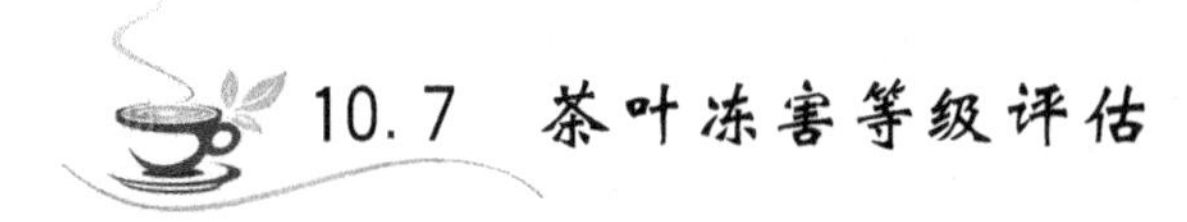

10.7　茶叶冻害等级评估

点击茶叶冻害评估菜单，弹出主界面(图 10.13)。“区域”自动与系统主界面所显示图层所对应，选择茶树品种(如乌牛早、龙井 43、鸠坑)，选择日期后点击“评估”则生成茶叶冻害评估分布图(图 10.14)。点击“退出”则返回系统主界面。

茶叶冻害评估

区域：绍兴市

品种：乌牛早

日期：2013- 3-14

评估　退出

图 10.13　茶叶冻害评估界面

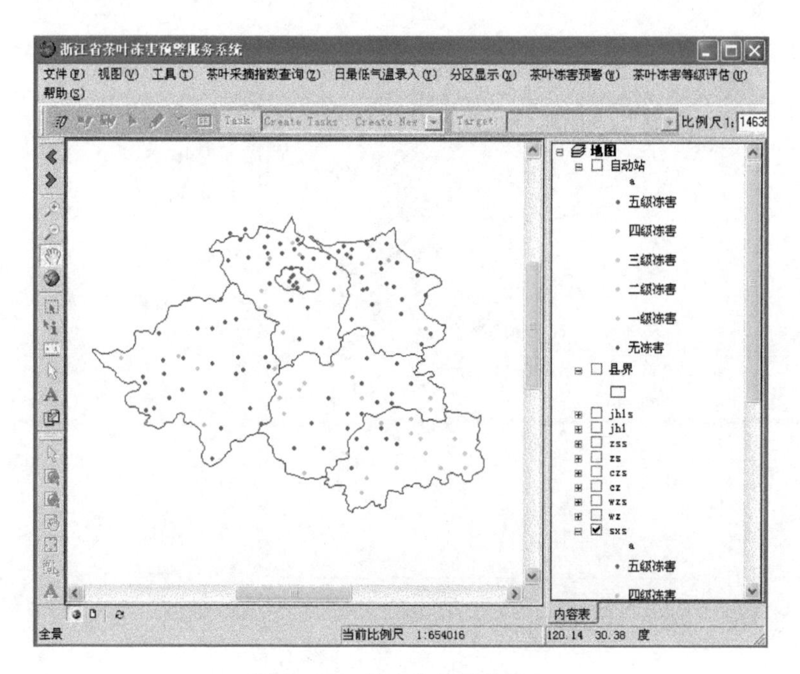

图 10.14 茶叶冻害评估分布

附录 1

茶叶气象采摘指数

茶叶采摘与降水、温度密切相关。阴雨天青茶含水量较高，对刚采摘下来的青茶不能马上用于制茶，需延长摊放时间，才能保证茶叶色泽、香气等方面不受影响，同时阴雨天气也不利于茶工采摘。茶叶气象采摘指数定义如附表 1.1 所示。

附表 1.1 茶叶气象采摘指数定义

茶叶气象采摘指数	天气描述
茶叶气象采摘指数 1 级，禁止茶叶采摘	有大到暴雨或雷暴
茶叶气象采摘指数 2 级，不适宜茶叶采摘	有小雨或小到中雨，没有雷暴，采茶工可带雨具采摘茶叶
茶叶气象采摘指数 3 级，不利于茶叶采摘	当天有零星小雨或前 1 d 有明显的降水，茶园土壤较泥泞，茶丛中雨水较多
茶叶气象采摘指数 4 级，有利于茶叶采摘	当天无雨且前 1 d 没有明显的降水，前 2 d 有降水，茶丛中雨水较少
茶叶气象采摘指数 5 级，适宜茶叶采摘	前 3 d 天气都为无雨天气，茶园土壤较干燥，茶丛中没有雨水

霜冻指数

霜冻指数是指茶叶遭受霜冻的几率和程度。由于县气象站位于县城附近，地势较低，而茶树多种植于山地，海拔高度往往高于县气象站所在地，因此，当冷空气影响时，茶树所在地最低气温往往低于县气象站所在地的最低气温。定义茶叶霜冻指数如附表 1.2 所示。

附表 1.2 茶叶霜冻指数定义

霜冻指数	天气描述
霜冻指数 0 级，茶叶不会遭受霜冻	最低气温在 5℃以上
霜冻指数 1 级，部分山区茶叶可能会遭受霜冻	最低气温在 3～5℃
霜冻指数 2 级，茶叶可能会遭受霜冻	最低气温在 1～3℃
霜冻指数 3 级，茶叶会遭受霜冻	最低气温在－1～1℃
霜冻指数 4 级，茶叶会遭受较重霜冻	最低气温在－3～－1℃
霜冻指数 5 级，茶叶会遭受严重霜冻	最低气温在－3℃以下

附录 2

茶叶观测方法

茶叶观测分萌动期、开采期观测和冻害调查两部分。

一、萌动期、开采期观测

茶叶气象观测服务点的选择：茶叶气象观测服务点应位于不同海拔高度、有代表性的茶场，茶场或附近建有中尺度自动气象站。指定专人负责观测。同时收集近几年不同地区茶场不同茶树品种历年种植面积和各品种茶叶开采期、采摘结束期、鲜叶逐日采摘量，以及 3 到 4 月霜冻情况。

茶叶生育期观测表（附表 2.1）应详细记录观测点名称、经纬度、海拔高度，必须详细记录供试茶园的基本情况（包括建园时间、四周环境、山体分布、水体的远近）和田间管理。调查测定土壤容重、有机质含量、酸碱度和茶园土壤中氮、磷、钾等有效养分情况。

附表 2.1 茶叶生育期观测表

地点：　　海拔高度：　　经度：　　纬度：　　日期格式：日/月

生育期 品种	萌芽			开采期					休眠期
	初期	盛期	芽生长期	特级	1 级	2 级	3 级	4 级	

续表

生育期 品种	萌芽			开采期					休眠期
	初期	盛期	芽生长期	特级	1 级	2 级	3 级	4 级	
基本情况：									
田间管理：									

调查观测方法主要包括：

(1)取样方法：对于某一品种茶树，在茶园四角离茶园边 3～5 m 处各选一个 1 m^2 的区域，作为观测样本。记录观测样本的树龄、品种、种植方式。

(2)观测方法

①春季营养芽萌发期在一定温度条件下，营养芽(包括顶芽和腋芽)吸收水分和养料后会开始膨胀增大。芽开始膨大至鳞片展开芽体向上伸展是新梢萌发期，鱼叶展开到驻芽开始形成是新梢伸长期，驻芽开始出现以后为新梢开始进入成熟期。各期的标准如下。

萌芽初期：鳞片开展 10%～15%；

萌芽盛期：鳞片开展 50%以上；

伸长初期：鱼叶开展 10%～15%。

观察方法系根据上述取样方法，在试验点上选取一定面积(一般 1 平方尺*)的营养芽(顶芽及近顶芽的每一个腋芽)为观测对象，计算未萌动芽，以及鳞片、鱼叶、真叶开展情况与数目，再分别折算百分率，对照以上标准看其处于什么营养生长期。此项目每隔 2～3 d 观测一次，每次上午 08—11 时进行。

②开采期

根据龙井茶制作特点和气象服务需要，将茶叶的开采期根据各级茶叶采摘标准分为特级茶、1 级茶、2 级茶、3 级茶、4 级茶。各级茶叶采摘标准见附表 2.2。

---

* 1 平方尺≈0.11 平方米。

附表 2.2　各级茶叶采摘标准

级别	质量要求
特级	一芽一叶初展，芽叶夹角度小，芽长于叶，芽叶匀齐肥壮，芽叶长度不超过 2.5 cm
1 级	一芽一叶至一芽二叶初展，以一芽一叶为主，一芽二叶初展在 10%以下，芽稍长于叶，芽叶完整、匀净，芽叶长度不超过 3 cm
2 级	一芽一叶至一芽二叶，一芽二叶在 30%以下，芽与叶长度基本相等，芽叶完整，芽叶长度不超过 3.5 cm
3 级	一芽二叶至一芽三叶初展，以一芽二叶为主，一芽三叶不超过 30%，叶长于芽，芽叶完整，芽叶长度不超过 4 cm
4 级	一芽二叶至一芽三叶，一芽三叶不超过 50%，叶长于芽，有部分嫩的对夹叶，长度不超过 4.5 cm

茶树蓬面每平方米达到 10～15 个可开采的标准芽叶为开采期。

③冬季休眠期营养芽的生长和休止与气温的关系是极为密切的，当气温下降到一定程度时，营养芽不再活动，待最后一批新梢停止生长达 50%以上时，作为进入冬眠期，并注意观察每次寒潮来临前后叶片和新梢的变化。

二、冻害调查

冻害是影响春茶生产的主要气象灾害。冻害调查分冬季冻害调查和春茶采摘期间的低温霜冻调查。冬季冻害调查在每年茶芽开始萌动时进行调查。春茶采摘期间的低温霜冻调查：在茶芽开始萌动到特级茶开采期之间，如气象站出现最低气温度在 0℃以下或出现连续低温雨雪冰冻天气后，或者在特级茶开采后气象站出现最低气温为 5℃以下时，注意开展霜冻冻害调查和观测。冻害级别判定标准如下：

1 级　叶片周缘受冻呈黄褐色或红色，略有损伤；

2 级　顶部叶片受冻枯萎，冻伤率为 10%～30%，10%嫩梢受害；

3 级　顶部叶片冻伤率为 30%～50%，10%～30%嫩梢受害；

4 级　顶部叶片冻伤率为 50%～80%，大部分嫩梢萎蔫，少量枝干折断，生长枝基部冻裂；

5 级　叶片冻伤率为 80%以上，嫩梢全部萎蔫，大量枝干冻伤、折断或整株死亡。

注：1 级可能减产 10%以下，2 级可能减产 10%～30%，3 级可能减产 30%～50%，4 级可能减产 50%～80%，5 级可能减产 80%。

茶叶冻害调查表(附表 2.3)应详细记录茶园地理位置、地形、坡向、海拔高度、茶树品种、树龄、各级冻害面积，并用数码相机拍照。

附表 2.3　茶叶冻害调查表

调查员		调查时间				茶园名称			
乡镇		村				地名		地形	
经度		纬度				海拔高度		坡向	
茶树品种	树龄	茶园面积	萌动期（日/月）	开采期（日/月）	各级冻害面积				
					一级	二级	三级	四级	五级

茶园基本情况

茶园管理情况

冻害过程及前期天气

参考文献

蔡晓红,屠幼英.2010.科学引导茶叶综合利用,推动茶产业发展[J].茶叶,**36**(1):10-13.

财政部调研组.2008.江苏发展农村金融与农业保险调查[J].中国财政,(13):42-44.

陈荣冰,钱书云,郭元超.1988.春茶开采期测报研究[J].福建省农科院学报,**3**(2):10-18.

陈荣冰.1987.茶树越冬芽萌发生长期与气象条件的关系[J].农业气象,(3):10-14.

陈新建,陶建平.2008.基于风险区划的水稻区域产量保险费率研究[J].华中农业大学学报(社会科学版),(4):14-17.

陈志银,范兴海.1988.龙井茶开采期的农业气象分析[J].中国茶叶,(1):10-12.

程德瑜.1987.高山优质绿茶的农业气象条件分析[J].茶叶,(3):20-21.

丁国光,吴孔凡,易赞.2008.黑龙江、吉林农业保险情况调研[J].中国财政,(11):41-43.

丁俊之.2001.论茶叶在当代饮料中的地位及大趋势——21世纪的饮料将是茶的世界[J].农业考古,(4):241-244.

杜鹏,李世奎,温福光,等.1995.珠江三角洲主要热带果树农业气象灾害风险分析[J].应用气象学报,(S1):26-32.

杜鹏,李世奎.1997.农业气象灾害风险评价模型及应用[J].气象学报,(1):95-104.

杜尧东,李春梅,毛慧琴.2006.广东省香蕉与荔枝寒害致灾因子和综合气候指标研究[J].生态学杂志,**25**(2):225-230.

宫德吉,陈素华.1999.农业气象灾害损失评估方法及其在产量预报中的应用[J].应用气象学报,**10**(1):66-71.

胡政,孙昭民.1999.灾害风险评估与保险[M].北京:地震出版社.

胡江林,张德山,王志斌,等.2005.北京地区未来1～3天昼夜气温预报模型[J].气象,**31**(1):67-68.

胡永光,李萍萍,戴青玲,等.2007.茶园高架风扇防霜系统设计与试验[J].农业机械学报,**38**(12):97-99,124.

胡振亮.1985.气象条件对鲜叶生化成分变化影响的初步研究[J].中国茶叶,(3):22-25.

黄艳,李旭,张广胜.2007.国际农业保险创新产品及其在中国适用性分析[J].沈阳农业大学学报(社会科学版),**9**(6):848-850.

黄寿波.1985.我国茶树气象研究进展(综述)[J].浙江大学学报(农业与生命科学版),**11**(1):87-96.

黄寿波.1986.我国主要高山名茶产地生态气候的研究[J].地理科学,(2):125-132.

黄寿波.1982.鲜叶采摘量的月分布与气象条件的关系[J].中国茶叶,(6):37-38,8.

黄寿波.1981.浙江茶区茶树旱热害的气候分析[J].茶叶,(2):8-11.

黄寿波.1983.茶园霜冻及其防御措施[J].中国茶叶,(1):34-35.

霍治国，李世奎，王素艳，等. 2003. 主要农业气象灾害风险评估技术及其应用研究[J]. 自然资源学报，**18**(6)：692-703.

康海宁，陈波，韩超，等. 2007. HPLC法测定茶叶水提液中五种儿茶素和咖啡碱及其用于茶叶分类的研究[J]. 分析测试学报，**26**(2)：211-215.

黎健龙，李家贤，唐劲驰，等. 2007. 热旱对茶树产量的影响及防灾措施浅析[J]. 茶叶科学技术，(4)：9-10.

李倬，贺龄萱. 2005. 茶与气象[M]. 北京：气象出版社.

李腊梅，马军辉，罗列万，等. 2007. 龙井43在浙江省的推广及效益分析[J]. 茶叶，**33**(1)：38-40.

李强子，张飞飞，杜鑫，等. 2009. 汶川地震粮食受损遥感快速估算与分析[J]. 遥感学报，**13**(5)：934-951.

李荣平，周广胜，阎巧玲. 2005. 植物物候模型研究[J]. 中国农业气象，**26**(4)：210-214.

李世奎，霍治国，王素艳，等. 2004. 农业气象灾害风险评估体系及模型研究[J]. 自然灾害学报，**13**(1)：77-87.

刘静，马力文，张晓煜，等. 2004. 春小麦干热风灾害监测指标与损失评估模型方法探讨——以宁夏引黄灌区为例[J]. 应用气象学报，**15**(2)：217-225.

刘富知. 1986. 茶叶产量与气象因子的关系[J]. 茶叶科学，**6**(1)：9-14.

刘荣花，朱自玺，方文松. 2003. 华北平原冬小麦干旱灾害风险和灾损评估[J]. 自然灾害学报，**12**(2)：170-174.

刘荣花. 2008. 河南省冬小麦干旱风险分析与评估技术研究[D]. 南京信息工程大学.

刘玉英，徐泽，罗云米. 2010. 干旱胁迫对不同茶树品种生理特性的影响[J]. 西南农业学报，**23**(2)：387-389.

娄伟平，利红，华江，等. 2010. 柑橘气象指数保险合同费率厘定分析及设计[J]. 中国农业科学，**43**(9)：1904-1911.

娄伟平，吴利红，倪沪平，等. 2009. 柑橘冻害保险气象理赔指数设计[J]. 中国农业科学，**42**(4)：1339-1347.

娄伟平. 1996. 影响新昌名优茶生产的气象条件分析[J]. 浙江气象科技，**17**(1)：34-36.

陆锦时，魏芳华，李春华. 1994. 茶树品种主要化学成分与品质关系的研究[J]. 西南农业学报，**13**(S1)：1-5.

陆文渊，钱文春，顾泽，等. 2009. 安吉白茶茶园风扇防霜冻效果的研究[J]. 茶叶，**35**(4)：215-218.

罗晓丹，潘启日. 2010. 广东省阳山县茶叶产量和质量与气象及生态因子的关系分析[J]. 河北农业科学，**14**(4)：6-7，10.

马晓群，陈晓艺，盛绍学. 2003. 安徽省冬小麦渍涝灾害损失评估模型研究[J]. 自然灾害学报，**12**(1)：158-162.

倪雪华. 2002. 浙江省茶产业结构调整的实证研究[D]. 浙江大学.

皮立波，李军. 2003. 我国农村经济发展新阶段的保险需求与商业性供给分析[J]. 中国农村经济，**19**(5)：68-75.

钱书云，陈荣冰. 1986. 春茶采摘预报期研究[J]. 茶叶科学技术，(4)：15-18.

秦志敏，付晓青，肖润林，等. 2011. 不同颜色遮阳网遮光对丘陵茶园夏秋茶和春茶产量及主要生化成分的影响[J]. 生态学报，**31**(16)：4509-4516.

商彦蕊. 1999. 农业旱灾风险与脆弱性评估及其相关关系的建立[J]. 河北师范大学学报，**23**(3)：420-428.

田生华. 2005. 晚霜冻对陇南茶树的危害及防御措施[J]. 甘肃科技，**21**(10)：203-204.

田永辉，梁远发，令狐昌弟，等. 2005. 冻害、冰雹对茶树生理生化的影响[J]. 山地农业生物学报，**24**(2)：135-137.

宛晓春. 2007. 茶叶生物化学[M]. 北京：中国农业出版社：8-67.

汪春园，荣光明. 1996. 茶叶品质与海拔高度及其生态因子的关系[J]. 生态学杂志，**15**(1)：57-60.

王春乙，王石立，霍治国，等. 2005. 近10年来中国主要农业气象灾害监测预警与评估技术研究进展[J]. 气象学报，**63**(5)：659-671.

王怀龙，王本一，鲍进兴. 1981. 春季茶芽萌动起点温度和积温统计方法的探讨[J]. 农业气象，(2)：65-70.

王丽红，杨汭华，田志宏，等. 2007. 非参数核密度法厘定玉米区域产量保险费率研究——以河北安国市为例[J]. 中国农业大学学报，**12**(1)：90-94.

王石立. 1997. 冬小麦生长模式及其在干旱影响评估中的应用[C]//王馥棠，徐祥德，王春乙. 华北农业干旱研究进展. 北京：气象出版社，110-117.

王世斌. 2003. 晚霜冻对茶树的危害及防御[J]. 中国茶叶，(5)：28-29.

韦泽初，田应时，刘纯业. 1990. 广东三、四月份的阴雨天气与春茶产量的相关分析及预报[J]. 广东茶业，**1**：14-17.

吴国林. 2003. 春茶及中高档茶产量与气象因子的关系[J]. 茶业通报，(4)：170-171.

吴宏议，李向军，张明英. 2011. 不同天气状况对北京气温分布的影响分析[A]. 第28届中国气象学会年会——S7城市气象精细预报与服务[C].

吴利红，毛裕定，胡德云，等. 2005. 地面气候资料序列均一性检验与订正系统[J]. 浙江气象，(4)：40-44.

袭祝香，马树庆，王琪. 2003. 东北区低温冷害风险评估及区划[J]. 自然灾害学报，**12**(2)：98-102.

新昌县气象站编. 1983. 新昌县农业气候资源与区划[Z].

徐德源，王健，任水莲，等. 2007. 新疆杏的气候生态适应性及花期霜冻气候风险区划[J]. 中国生态农业学报，**15**(2)：18-21.

肖润林，王久荣，汤宇，等. 2005. 高温干旱季节遮阳网覆盖对茶园温湿度和茶树生理的影响[J]. 生态学杂志，**24**(3)：251-255.

许映莲，李旭群. 2012. 苏南茶区早春茶树冻害的分级和防御对策探讨[J]. 中国茶叶，(1)：8-10.

薛昌颖，霍治国，李世奎. 2003. 华北北部冬小麦干旱和产量灾损的风险评估[J]. 自然灾害学报，**12**(1)：131-139.

杨亚军. 1989. 品种间茶多酚含量差异及其与茶叶品质关系的探讨[J]. 中国茶叶，(5)：8-10.

姚晓红，许彦平，王润元，等. 2008. 天水市农业气象灾害对主要粮食作物产量的影响[J].

中国农业气象，**29**(2)：221-223.

叶久生，刘金根，何基宏. 1998. 几种抗晚霜冻农业技术措施的应用试验[J]. 中国茶叶，(4)：25.

叶克铨，李有明. 1990. 乌牛早春茶发育期热量指标及适栽区分析[J]. 浙江气象科技，**11**(1)：25-27.

银霞，罗军武，岳婕，等. 2010. 安化不同茶树品种化学成分含量的比较研究[J]. 湖南农业科学，(9)：22-24.

张妙芬. 2012. 茶叶中茶多酚含量测定方法的研究[J]. 化学工程与装备，(5)：152-155.

张雪芬，郑有飞，王春乙，等. 2009. 河南省冬小麦晚霜冻害时空分布与多时间尺度变化规律分析[J]. 气象学报，**67**(2)：321-330.

张跃华，顾海英，史清华. 2006. 1935 年以来中国农业保险制度研究的回顾与反思[J]. 农业经济问题，**27**(6)：43-47.

赵峰，千怀遂，焦士兴. 农作物气候适宜度模型研究[J]. 资源科学，2003，**25**(6)：77-82.

赵应时. 2004. 遥感应用分析原理与方法[M]. 北京：科学出版社.

赵应中. 1991. 气象条件对绿茶品质的影响[J]. 茶业通报，(2)：22-23，6.

浙江大学 CARD 农业品牌研究中心中国茶叶区域公用品牌价值评估课题组. 2011. 中国茶叶区域公用品牌价值评估报告[J]. 中国茶叶，(5)：4-10.

浙江省茶叶产业协会. 2011. 2010 年度浙江茶产业发展报告[J]. 中国茶叶，**41**(5)：20-21.

中华人民共和国国家质量监督检验检疫总局. 2008. GB/T 18650—2008-T 地理标志产品 龙井茶[S].

钟秀丽，王道龙，李玉中，等. 2007. 黄淮麦区小麦拔节后霜害的风险评估[J]. 应用气象学报，(1)：102-107.

朱蓓，张天西. 2006. 农业保险存在问题及其对策[J]. 安徽农业科学，**34**(6)：1245-1246，1248.

朱琳，王万瑞，仁宗启，等. 2003. 陕北仁用杏的花期霜冻气候风险分析及区划[J]. 中国农业气象，(2)：50-52.

朱永兴，过婉珍. 1993. 春茶适采期预报模型的建立[J]. 茶叶科学，**13**(1)：9-14.

朱永兴，姜爱芹. 2010. 咖啡、可可和茶的全球发展比较研究[J]. 茶叶科学，**30**(6)：493-500.

朱自振. 1993. 中国茶叶历史概略(续)[J]. 农业考古，(4)：235-241，284.

AERTSENS J，VERBEKE W，MONDELAERS K，et al. 2009. Personal determinants of organic food consumption：A review [J]. British Food Journal，**111**：1140-1167.

ALAN P K，BARRY K G. 2000. Nonparametric estimation of crop insurance rates revisited [J]. American Journal of Agricultural Economics，**83**(3)：463-478.

AHAS R，AASA A，MENZEL A，et al. 2002. Changes in European spring phenology [J]. International Journal of Climatology，**22**：1727-1738.

ALBERT W，CYNTHIA J H. 2005. Calculating daily mean air temperatures by different methods：implications from a non-linear algorithm [J]. Agricultural and Forest Meteorology，**128**(1-2)：57-65.

ALLEN R J, DEGAETANO A T. 2001. Estimating missing daily temperature extremes using an optimized regression approach [J]. International Journal of Climatology, **21**:1305-1319.

AVOLIO E, ORLANDI F, BELLECCI C, et al. 2012. Assessment of the impact of climate change on the olive flowering in Calabria (Southern Italy) [J]. Theor. Appl. Climatology., **107**(3-4): 531-540.

BAI L, MA C, GONG S, et al. 2007. Food safety assurance systems in China [J]. Food Control, **18**(5):480-484.

BARENDSZ A W. 1998. Food safety and total quality management [J]. Food Control, **9**:163-170.

BARNETT B J, MAHUL O. 2007. Weather index insurance for agriculture and rural areas in lower-income countries [J]. American Journal of Agricultural Economics, **89**(5):1241-1247.

BARNETT B J. 2004. Agricultural index insurance products: strengths and limitations [R]. Presented at the 2004 USDA Agricultural Outlook Forum, Arlington, Virginia.

BARRY J B, OLIVIER M. 2007. Weather index insurance for agriculture and rural areas in lower-income countries [J]. American Journal of Agricultural Economics, **89**(5): 1241-1247.

BECKER F, LI Z L. 1993. Feasibility of land surface temperature and emissivity determination from AVHRR data [J]. Remote Sensing of Environment, **43**(1):67-85.

BECKER F, LI Z L. 1990. Towards a local split window method over land surfaces [J]. International Journal of Remote Sensing, **11**(3):369-393.

BENISTON M. 2003. Climatic change in mountain regions: A review of possible impacts [J]. Climatic Change, **59**:5-31.

BREUSTEDT G, BOKUSHEVA R, HEIDELBACH O. 2008. Evaluating the potential of index insurance schemes to reduce crop yield risk in an arid region [J]. Journal of Agricultural Economics, **59**(2):312-328.

BRICE C, SMITH A. 2001. The effects of caffeine on simulated driving, subjective alertness and sustained at tention [J]. Hum Psycho-pharmacol, **16**(7):523-531.

BURGES C J C. 1998. A tutorial on support vector machines for pattern recognition [J]. Date Mining and Knowledge Discovery, **2**:121-167.

CABRERA C, ARTACHO R, GIMENEZ R. 2006. Beneficial effects of green tea—a review [J]. Journal of the American College of Nutrition, **25**(2):79-99.

CAO L J, TAY E H. 2003. Support vector machine with adaptive parameters in financial time series forecasting [J]. IEEE Transactions on Neural Networks, **11**(6): 1506-1518.

CHACKO S M, THAMBI P T, KUTTAN R, et al. 2010. Beneficial effects of green tea: a literature review [J]. Chinese Medicine, **5**:13.

CANNELL M G R, SMITH R I. 1986. Climatic warming, spring budburst and frost damage of trees [J]. J. Appl. Ecol. , **23**:177-191.

CHANGERE A, LAL R. 1997. Slope position and erosional effect on soil properties and corn production on a Miamian soil in central Ohio [J]. Journal of Sustainable Agriculture, **11**(1):15-21.

CHANTARAT C, BARRETT C B, MUDE A G, et al. 2007. Using weather index insurance to improve drought response for famine prevention [J]. American Journal of Agricultural Economics, **89**(5):1262-1268.

CHEN E, ALLEN L H, BARTHOLIC J F, et al. 1983. Comparison of winter-nocturnal geostationary satellite infrared-surface temperature with shelter—height temperature in Florida [J]. Remote Sensing of Environment, **13**(4):313-327.

CHEN Q, ZHAO J, VITTAYAPADUNG S. 2008. Identification of the green tea grade level using electronic tongue and pattern recognition [J]. Food Research International, **41**(5):500-504.

CHEN S, MIRANDA M. 2004. Modeling multivariate crop yield densities with frequent extreme values [R]. Paper presented at the American Agricultural Economics Association Annual Meeting, Denver, Colorado.

CHENG K S, SUA Y, KUO F. 2008. Assessing the effect of landcover changes on air temperature using remote sensing images—A pilot study in northern Taiwan [J]. Landscape and Urban Planning, **85**(2):85-96.

CHENG T O. 2006. All teas are not created equal:The Chinese green tea and cardiovascular health [J]. International Journal of Cardiology, **108**(3):301-308.

CHMIELEWSKI F M, ROTZER T. 2001. Response of tree phenology to climate change across Europe [J]. Agric. Forest Meteorol. **108**:101-112.

CHRISTERSSON L. 1971. Frost damage resulting from ice crystal formation in seedlings of spruce and pine [J]. Physiologia Plantarum, **25**(2):273-278.

CILAR J, LY H, LI Z Q, et al. 1997. Multitemporal, Multichannel AVHRR data sets for land biosphere studies-artifacts and corrections [J]. Remote Sensing of Environment, **60**:35-57.

CITTADINI E D, RIDDER N, PERI P L, et al. 2006. A method for assessing frost damage risk in sweet cherry orchards of South Patagonia [J]. Agricultural and forest meteorology, **141**:235-243.

COLOMBO S. 1994. Timing of cold temperature exposure affects root and shoot frost hardiness of Picea Mariana container seedlings [J]. Scandinavian Journal of Forest Research, **9**(1-4):52-59.

COLOMBO S J. 1998. Climatic warming and its effect on bud burst and risk of frost damage to white spruce in Canada [J]. The Forestry Chronicle, **74**(4):567-577.

COOPER R, MORRE D J, MORRE D M. 2005. Medicinal benefits of green tea:part I. Review of noncancer health benefits [J]. The Journal of Alternative and Complementary Medicine, **11**(3):521-528.

COULIBALY P, EVORA N D. 2007. Comparison of neural network methods for infilling missing daily weather records [J]. Journal of Hydrology, **341**(1-2):27-41.

DASH P, GOTTSCHE F M, OLESEN F S, et al. 2002. Land surface temperature and emissivity estimation from passive sensor data: Theory and practice-current trends [J]. International Journal of Remote Sensing, **23**(13):2563-2594.

DAVIS F A, TARPLAY J D. 1983. Estimation of shelter temperatures from operational satellite sounder data [J]. Journal of Applied Meteorology, **22**(3):369-376.

DEBASISH B, SRIMANTA P, DIPAK C P. 2007. Support vector regression [J]. Neural Information Processing, **11**(10):203-224.

DEGAETANO A T, EGGLESTON K L, KNAPP W W. 1995. A method to estimate daily maximum and minimum temperature observations [J]. Journal of Applied Meteorology, **34**(2):371-380.

DEYLE R E, FRENCH S P, OLSHANSKY R B, et al. 1998. Hazard assessment: The factual basis for planning and mitigation. In: Burby, R. J. (Ed.), Cooperating with Nature. Joseph Henry Press, Washington, DC, pp: 119-166.

DUFRESNE C J, FARNWORTH E R. 2001. A review of latest research findings on the health promotion properties of tea [J]. The Journal of Nutritional Biochemistry, **12**(7):404-421.

EDUARDO D C, NICO R, PABLO L P, et al. 2006. A method for assessing frost damage risk in sweet cherry orchards of South Patagonia [J]. Agricultural and forest meteorology, **141**:235-243.

FENG M C, YANG W D, CAO L L, et al. 2009. Monitoring winter wheat freeze injury using multi-temporal MODIS Data [J]. Agricultural Sciences in China, **8**(9): 1053-1062.

FLORIO E N, LELE S R, CHANG Y C, et al. 2004. Integrating AVHRR satellite data and NOAA ground observations to predict surface air temperature: A statistical approach [J]. International Journal of Remote Sensing, **25**(15):2979-2994.

FRANCA G B, CRACKNELL A P. 1994. Retrieval of land and sea surface temperature using NOAA-11 AVHRR data in northeastern Brazil [J]. Remote Sensing of Environment, **15**:1695-1712.

FRANCOIS C, BOSSENOA R, VACHERA J J, et al. 1999. Frost risk mapping derived from satellite and surface data over the Bolivian Altiplano [J]. Agricultural and Forest Meteorology, **95**(2):113-137.

GINE X, ROBERT M T, JAMES V. 2007. Statistical analysis of rainfall insurance payouts in southern India [J]. American Journal of Agricultural Economics, **89**(5): 1248-1254.

GOODWIN B K, ROBERTS M C, COBLE K H. 2000. Measurement of price risk in revenue insurance: Implications of distributional assumptions [J]. Journal of Agricultural and Resource Economics, **25**(1):195-214.

GOTO M, KOMABA M, HORIKAWA T, et al. 1993. The role of ice nucleation-active bacteria on frost damage of tea plants [J]. Annals of the Phytopathological Society of Japan, **59**(5):535-543.

GOTO T, YOSHIDA Y, KISO M, et al. 1996. Simultaneous analysis of individual catechins and caffeine in green tea [J]. Journal of Chromatography A, **749**(1):295-299.

GRAHAM H N. 1992. Green tea composition, consumption, and polyphenol chemistry [J]. Preventive Medicine, **21**(3):334-350

HOPPE P. 2007. Scientific and economic rationale for weather risk insurance for agriculture [C]. In: Sivakumar MVK, Motha RP, eds. Managing Weather and Climate Risks in Agriculture. Springer Berlin Heidelberg. pp:367-375.

HANNINEN H. 1991. Does climatic warming increase the risk of frost damage in northern trees? [J]. Plant, Cell & Environment, **14**:449-454.

HOWDEN S M, SOUSSANA J F, TUBIELLO F N, et al. 2007. Adapting agriculture to climate change [J]. Proc. Natl. Acad. Sci. USA, 104:19691-19696.

HOWLETT R A, KELLEY K M. 2005. Caffeine administration results in greater tension development in previously fatigued canine muscle in situ [J]. Experimental Physiology, **90**(6):873-879.

HUANG S. 1989. Meteorology of the tea plant in China: A review [J]. Agricultural and Forest Meteorology, **47**(1):19-30.

HUTH R, NEMEOVA I. 1995. Estimation of missing daily temperatures: can a weather categorization improve its accuracy? [J]. Journal of Climate, **8**(7):1901-1916.

ISHIMARU K, TOGAWA E, OOKAWA T. 2008. New target for rice lodging resistance and its effect in a typhoon [J]. Planta, **227**(3):601-609.

JACKSON J E, HAMER P J C. 1980. The causes of year-to-year variation in the average yield of Cox's Orange Pippin apple in England [J]. Journal of Horticultural Science, **55**(2):149-156.

JAMIESON P D, PORTER J R, GOUDRIAAN, et al. 1998. A comparison of the models AFRCWHEAT2, CERES-Wheat, Sirius, SUCROS2 and SWHEAT with measurements from wheat grown under drought [J]. Field Crops Reseach, **55**:23-44.

JASINSKI M. 1990. Sensitivity of the normalized difference vegetation index to subpixel canopy cover, soil albedo, and pixel scale [J]. Remote Sensing of Environment, **32**(2):169-187.

JORDAN D N, SMITH W K. 1995. Microclimate factors influencing the frequency and duration of growth season frost for subalpine plants [J]. Agricultural and Forest Meteorology, **77**(1-2):17-30

JORDAN D N, SMITH W K. 1994. Energy balance analysis of nighttime leaf temperatures and frost formation in a subalpine environment [J]. Agricultural and Forest Meteorology, **71**(3-4):359-372.

JUNEJA L R, CHU D C, OKUBO T, et al. 1999. L-theanine—a unique amino acid of green tea and its relaxation effect in humans [J]. Trends in Food Science & Technology, **10**(6-7):199-204.

KATKOVNIK V, SHMULEVICH I. 2000. Nonparametric density estimation with adaptive varying window size. In Conference on Image and Signal Processing for Remote Sensing VI, European Symposium on Remote Sensing, Barcelona, Spain, September:25-29.

KER A, GOODWIN B. 1992. Rating and yield predicting procedures for the group risk federal crop insurance program [R]. Progress Report delivered to Federal Crop Insurance Corporation.

KERR Y H, LAGOUARDE J P, IMBERNON J. 1992. Accurate land surface temperature retrieval from AVHRR data with use of an improved split window algorithm [J]. Remote Sensing of Environment, **41**(2-3):197-209.

KHAN N, MUKHTAR H. 2007. Tea polyphenols for health promotion [J]. Life Sciences, **81**(7):519-533.

KRAMER K. 1994. A modelling analysis of the effects of climatic warming on the probability of spring frost damage to tree species in The Netherlands and Germany [J]. Plant, Cell & Environment, **17**(4):367-377.

KRAVCHENKO A N, BULLOCK D G. 2000. Correlation of corn and soybean grain yield with topography and soil properties [J]. Agronomy Journal, **92**(1):75-83.

LENNON J J, TURNER J R G. 1995. Predicting the spatial-distribution of climate-temperature in Great Britain [J]. Journal of Animal Ecology, **64**(3):370-392.

LIAO S, KAO Y, HIIPAKKA R. 2001. Green tea:Biochemical and biological basis for health benefits [J]. Vitamins & Hormones, **62**:1-94.

LINDKVISTA L, GUSTAVSSONA T, BOGRENB J. 2000. A frost assessment method for mountainous areas [J]. Agricultural and Forest Meteorology, **102**(1):51-67.

LINDOW S E. 1983. The role of bacterial ice nucleation in frost injury to plants [J]. Annual Review of Phytopathology, **21**:363-384.

LIU H, YANG J, DRURY C, et al. 2011. Using the DSSAT-CERES-Maize model to simulate crop yield and nitrogen cycling in fields under long-term continuous maize production [J]. Nutrient Cycling in Agroecosystems, **89**(3):313-328.

LOU W, SUN S. 2013. Design of agricultural insurance policy for tea tree freezing damage in Zhejiang Province, China [J]. Theoretical and Applied Climatology, **111**:713-728.

LOU W P, QIU X F, WU L H, et al. 2009. Scheme of weather-based indemnity indices for insuring against freeze damage to Citrus Orchards in Zhejiang, China [J]. Agricultural Sciences in China, **8**(11):1321-1331

LOU W P, WU L H, ChEN H Y, et al. 2012. Assessment of rice yield loss due to torrential rain:A case study of Yuhang County,Zhejiang Province, China [J]. Natural Hazards, **60**:311-320.

LU J L, PAN S S, ZhENG X Q, et al. 2009. Effects of lipophillic pigments on colour of the green tea infusion [J]. International Journal of Food Science & Technology, **44** (12):2505-2511.

MAKING T. 1985. Frost injury to tea tree and ice nucleation-active bacteria [J]. Plant Protection, **39**:14-17.

MARLETTO V, VENTURA F, FONTANA G, et al. 2007. Wheat growth simulation and yield prediction with seasonal forecasts and a numerical model [J]. Agricultural and Forest Meteorology, **147**(1-2):71-79.

MCMILLIN L M, CROSBY D S. 1984. Theory and validation of the multiple window sea surface temperature technique [J]. Journal of Geophysical Research, **89**: 3655-3661.

MOTHA R P. 2007. Development of an agricultural weather policy [J]. Agricultural and Forest Meteorology, **142**:303-313.

NELSON J, PALZKILL D, BARTELS P. 1993. Irrigation cut-off date affects growth, frost damage, and yield of Jojoba [J]. Journal of the American Society for Horticultural Science, **118**(6):731-735.

MEINKE H, HOWDEN S M, STRUIK P C, et al. 2009. Adaptation science for agriculture and natural resource management:Urgency and theoretical basis [J]. Current Opinion in Environmental Sustainability, **1**:69-76.

MOONEN A C, ERCOLI L, MARIOTTI M, et al. 2002. Climate change in Italy indicated by agrometeorological indices over 122 years [J]. Agricultural and Forest Meteorology, **111**:13-27.

NIE S P, XIE M Y. 2011. A review on the isolation and structure of tea polysaccharides and their bioactivities [J]. Food Hydrocolloids, **25**(2):144-149.

NORMAN J M, KUSTAS W P, HUMES K S. 1995. Source approach for estimating soil and vegetation energy fluxes in observations of directional radiometric surface temperature [J]. Agricultural and Forest Meteorology, **77**(3-4):263-293.

OKAMOTO K, YAMAKAWA S, KAWASHIMA H. 1998. Estimation of flood damage to rice production in North Korea in 1995 [J]. International Journal of Remote Sensing, **19**(2):365-371.

PATEL N R, MEHTA A N, SHEKH A M. 2001. Canopy temperature and water stress quantificaiton in rainfed pigeonpea (*Cajanus cajan* (L.) Millsp.) [J]. Agricultural and Forest Meteorology, **109**(3):223-232.

PRABHAKARA C, DALU G, KUNDE V G. 1974. Estimation of sea surface temperature from remote sensing in the 11-to 13-μm window region [J]. Journal of Geophysical Research, **79**(33):5039-5044.

PRATA A J, PLATT C M R. 1991. Land surface temperature measurements from the AVHRR [C]. Proceedings of the 5th AVHRR Data Users' Meeting, Tromso, Norway, pp:433-438.

PRICE J C. 1984. Land surface temperature measurements from split window channels of NOAA-7 advance very high resolution radiometer [J]. Journal of Geophysical Research, **89**(5):7231-7237.

QIN Z, DALL'OLOM D, KARNIELI A, et al. 2001. Derivation of split window algorithm and its sensitivity analysis for retrieving land surface temperature from NOAA-advanced very high resolution radiometer data [J]. Journal of Geophysical Research, **106**(D19):22655-22670.

RAMIREZ O A, MISRA S K, NELSON J. 2003. Efficient estimation of agricultural time series models with non-normal dependent variables [J]. American Journal of Agricultural Economics, **85**(4):1029-1040.

RIGBY J R, PORPORATO A. 2008. Spring frost risk in a changing climate [J]. Geophys. Res. Lett., **35**, L12703, doi:10.1029/2008GL033955.

RAPHAEL N K, HOLLY H W, DOUGLAS L Y. 2006. Weather-based crop insurance contracts for african countries [R]. International Association of Agricultural Economists Conference, Gold Coast, Australia.

RUNNING S W, JUSTICE C, SALOMONSON V, et al. 1994. Terrestrial remote sensing science and algorithms planned for EOS/MODIS [J]. International Journal of Remote Sensing, **15**(17):3587-3620.

SALISBURY J W, D'ARIA D M. 1994. Emissivity of terrestrial material in the 3-5 mm atmospheric window [J]. Remote Sensing of Environment, **47**:345-361.

SAUNDERS R W, KRIEBEL K T. 1988. An improved method for detecting clear sky and cloudy radiances from AVHRR data [J]. International Journal of Remote Sensing, **9**:123-150.

SCHNITKEY G D, SHERRICK B J, IRWIN S H. 2002. Evaluation of risk reductions associated with multi-peril crop insurance products [J]. Agricultural Finance Review, **63**(1):1-21.

SEBALD D J, BUCKEW J A. 2000. Support vector machine techniques for nonlinear equalization [J]. IEEE Transactions on Signal Processing, **48**(11):3217-3226.

SHIGETO K, TOMOYUKI I, MINOMURA M, et al. 2000. Relations between surface temperature and air temperature on a local scale during winter nights [J]. Journal of Applied Meteorology and Climatology, **39**:1570-1579.

SILLEOS N, ALEXANDRIDISB T, GITASC I, et al. 2006. Vegetation indices: Advances made in biomass estimation and vegetation monitoring in the last 30 years [J]. Geocarto International, **21**(4):21-28.

SILLEOS N, PERAKIS K, PETSANIS G. 2002. Assessment of crop damage using space remote sensing and GIS [J]. International Journal of Remote Sensing, **23**(3):417-427.

SILVA-CASTANEDA L. 2012. A forest of evidence: third-party certification and multiple forms of proof—a case study of oil palm plantations in Indonesia [J]. Agriculture and Human Values, **29**:361-370.

SKEES J. 2003. Drawing from lessons learned on index insurance to consider financing famine relief efforts [R]. Presented at the Inter-American Development Bank, Washington, DC.

SKEES J R, BLACK J R, BARNETT B J. 1997. Designing and rating an area yield crop insurance contract [J]. American Journal of Agricultural Economics, **79**:430-438.

SMITH V H, CHOUINARD H H, BAQUET A E. 1994. Almost ideal area yield crop insurance contracts [J]. Agricultural and Resource Economics Review, **23** (1): 75-83.

SMITH V H. 2003. Federal crop and crop revenue insurance programs: income protection [R]. Agricultural Economics & Economics, Briefing No. 11,

SNYDER R L, MELO-ABREU J P. 2005. Frost Protection: Fundamentals, practice, and economics (FAO Environment and Natural Resources) [M]. Cambridge: Cambridge University Press.

SOBRINO J, COLL C, CASELLES V. 1991. Atmospheric correction for land surface temperature using NOAA-11 AVHRR channels 4 and 5 [J]. Remote Sensing of Environment, **38**(1):19-34.

SOBRINO J, JIMENEZ-MUNOZA J, VERHOEF W. 2005. Canopy directional emissivity: Comparison between models [J]. Remote Sensing of Environment, **99** (3): 304-314.

SPARKS T H, CAREY P K, COMBES J. 1997. First leafing dates of trees in Surey between 1947 and 1996 [J]. London Naturalis, **76**: 15-20.

STEPHENS W, OTHIENO C O, CARR M K V. 1992. Climate and weather variability at the Tea Research Foundation of Kenya [J]. Agricultural and Forest Meteorology, **61**:219-235.

SUTINEN M, ARORA R, WISNIEWSKI M, et al. 2001. Mechanisms of Frost Survival and Freeze-Damage in Nature [J]. Tree Physiology, **1**:89-120.

SYKES M T, PRENTICE I C, CRAMER W, et al. 1996. A bioclimatic model for the potential distributions of north European tree species under present and future climates [J]. Journal of Biogeography, **23**(2):203-233.

TANG Q Y, ZHANG C X. 2013. Data Processing System (DPS) software with experimental design, statistical analysis and data mining developed for use in entomological research [J]. Insect Science, **20**(2):254-260.

TONG S, KOLLER D. 2002. Support vector machine active learning with applications to text classification [J]. The Journal of Machine Learning Research, **2**(3):45-66.

ULIVIERI C, CASTRONUOVO M M, FRANCIONI R, et al. 1994. A split window algorithm for estimating land surface temperature from satellites [J]. Advances in Space Research, **14**:59-65.

United Nations, Department of Humanitarian Affairs. 1992. Internationally agreed glossary of basic terms related to disaster management [R]. DNA/93/36, Geneva.

VALOR E, CASELLES V. 1996. Mapping land surface emissivity from NDVI: Application to European, African, and South American areas [J]. Remote Sensing of Environment, **57**(3): 167-184.

GRIEND A, OWE M. 1993. On the relationship between thermal emissivity and the normalized difference vegetation index for natural surfaces [J]. International Journal of Remote Sensing, **14**: 1119-1121.

VAYALIL P, MITTAL A, HARA Y, et al. 2004. Green tea Polyphenols prevent ultraviolet light-induced oxidative damage and matrix metalloproteinases expression in mouse skin [J]. Journal of Investigative Dermatology, **122**: 1480-1487.

WAGNER S W, REICOSKY D C. 1992. Closed-chamber effects on leaf temperature, canopy photosynthesis, and evapotranspiration [J]. Agronomy Journal, **84** (4): 731-738.

WALTHER G R, POST E, CONVEY P, et al. 2002. Ecological responses to recent climate change [J]. Nature, **416**: 389-395.

WAN Z, DOZIER J. 1996. A generalized split-window algorithm for retrieving land-surface temperature from space [J]. IEEE Trans. Geoscience and Remote Sensing, 34: 892-905.

WAN Z, LI Z L. 1997. A physics-based algorithm for retrieving land-surface emissivity and temperature from EOS/MODIS data [J]. IEEE Trans. Geoscience and Remote Sensing, **35**: 980-996.

WAN Z, ZHANG Y, MA X, et al. 1999. Vicarious calibration of the Moderate-Resolution Imaging Spectroradiometer Airborne Simulator (MAS) thermal-infrared channels [J]. Appl. Optics., **38**: 6294-6306.

WAN Z, ZHANG Y, ZHANG Y Q, et al. 2002. Validation of the land-surface temperature products retrieved from Moderate Resolution Imaging Spectroradiometer data [J]. Remote Sensing of Environment, 83: 163-180.

WAN Z M, JEFF D. 1989. Land-surface temperature measurement from space: physical principles and inverse modeling [J]. IEEE Transactions on Geoscience and Remote Sensing, **27**(3): 268-278.

WILLSON K C, CLIFFORD M N. 1992. Tea: cultivation to consumption [M]. Chapman & Hall London, pp: 87-105.

WU H, HUBBARD K, WILHITE D. 2004. An agricultural drought risk-assessment model for corn and soybeans [J]. International Journal of Climatology, **24** (6): 723-741.

YANG X, TANG G, XIAO C. 2007. Terrain revised model for air temperature in mountainous area based on DEMs [J]. Journal of Geographical Sciences, **17**(4): 399-408.

ZAVERI N T. 2006. Green tea and its polyphenolic catechins: Medicinal uses in cancer and noncancer applications [J]. Life Science, **78**(18): 2073-2080.

ZENG L. 2000. Weather derivatives and weather insurance: Concept, application, and analysis [J]. Bulletin of the American Meteorological Society, **81**(9):2075-2082.

ZHENG G, SAYAMA V, OKUBO T, et al. 2004. Anti-obesity effects of three major components of green tea, Catechins, Caffeine and Theanine, in Mice [J]. In Vivo, **18**(1):55-62.